TRAITÉ

SUR LE PASTEL

ET

L'EXTRACTION DE SON INDIGO.

TRAITÉ
SUR LE PASTEL

ET

L'EXTRACTION DE SON INDIGO.

Par M.ᵣ GIOBERT,

Professeur de Chimie à Turin, Directeur de l'École impériale pour la fabrication de l'Indigo, Membre de plusieurs Académies et Sociétés savantes.

IMPRIMÉ PAR ORDRE DE SA MAJESTÉ IMPÉRIALE ET ROYALE.

A PARIS,
DE L'IMPRIMERIE IMPÉRIALE.

1813.

AVERTISSEMENT.

Ce n'est qu'avec une grande répugnance que je présente au public cet ouvrage, sur un sujet qui excite dans ce moment, l'attention de toute l'Europe.

Étranger à la langue dans laquelle j'ai été contraint de l'écrire, j'aurais desiré qu'avant de le livrer à l'impression, il eût été traduit en français par un écrivain habile, connaissant la matière et les ressources de la langue.

Le plan n'a pu en être conçu qu'en septembre; et j'ai dû l'avoir terminé avant la fin de novembre.

La nature et la division de l'ouvrage entraînent des répétitions fréquentes; mais une rédaction précipitée a dû nécessairement en augmenter beaucoup le nombre. J'aurais desiré avoir assez de temps pour faire disparaître toutes celles qui ne sont pas nécessaires.

Cet ouvrage est divisé en trois parties.

Je traite dans la Ire, de la culture de la plante, et de la fabrication du pastel.

J'ai mis tous mes soins pour faire connaître avec exactitude la culture que trois cents ans d'expérience ont fait juger la meilleure dans le pays où je l'ai étudiée. Un succès constant lui a mérité une réputation distinguée dans les départemens qui l'environnent et dans toute l'Italie, par l'excellence du pastel qu'il fournit.

Lorsque j'ai cru entrevoir dans cette culture ou des défauts ou des préjugés, je les ai médités, j'ai soumis mes soupçons au conseil des cultivateurs les plus instruits, et j'ai encore consulté l'expérience.

La IIe partie est destinée exclusivement à l'art d'extraire l'indigo de cette plante.

J'ai tâché de présenter un précis de tout ce qu'on avait fait jusqu'à présent. Je me suis efforcé de faire connaître dans cette partie tout ce qu'on peut extraire des ouvrages qui ont traité de ce sujet jusqu'à ce jour; et j'ai tiré aussi beaucoup de matériaux de la masse de mémoires que le décret du 10 juillet 1810 a fait naître en grand nombre, et qui ont été présentés, soit au ministère de l'intérieur, soit à celui des manufactures et du commerce. Si on trouve que j'en aie oublié quelques-uns, c'est qu'ils ne sont pas venus à ma connaissance. Chargé de répéter tous les procédés connus, et ceux que l'on proposait, je fais connaître le compte que j'ai dû en rendre, les résultats que j'en ai obtenus, les observations auxquelles ils ont donné lieu, les opinions qu'ils ont fait naître, le jugement que j'ai dû en porter, et quelquefois avec le mien celui de mes collègues et autres qui les ont répétés. J'espère qu'on me rendra la justice de trouver que je le fais avec la franchise et l'impartialité qui doivent conduire l'ami des arts.

Cette deuxième partie embrasse encore tout ce que mes propres recherches et mon expérience ont pu m'apprendre, pendant l'espace de deux années que j'ai travaillé à cet art avec autant de soin que de zèle, à l'école expérimentale dont le Gouvernement m'à confié la direction. Je fais connaître plusieurs procédés différens auxquels je suis parvenu, et qui donnent tous un indigo aussi pur que l'étranger ; j'ai indiqué ici l'action que l'eau de chaux exerce dans les fonctions de précipitant, et les moyens par lesquels, en adoptant un procédé d'extraction quelconque, on parvient aisément à obtenir un très-bel indigo. Cette partie est terminée par quelques chapitres étrangers à mon but principal, mais que j'ai cru utile de joindre à cet ouvrage. Je traite, dans ces chapitres, quelques questions d'économie, et celle en particulier de la quantité d'indigo qu'on extrait, et du prix auquel il revient dans le commerce. On ne manquera pas d'observer que le produit que je prends en compte est beaucoup moins fort que celui qu'annoncent avoir obtenu beaucoup d'autres qui ont travaillé sur ce sujet. Je n'ai jamais perdu de vue qu'il serait contraire à la probité, d'engager des honnêtes pères de famille à des entreprises dangereuses; et je n'ai jamais oublié que je dois aimer mieux qu'ils obtiennent des produits beaucoup plus forts que ceux que j'annonce, que de m'exposer au reproche d'avoir compromis leur fortune.

La IIIe partie est entièrement chimique. Mon but a été d'établir quelques principes servant de base à l'art de l'indigotier, auquel on n'avait pas encore appliqué les lumières de cette science. J'ai toujours pensé que le seul moyen de faire faire des progrès aux arts, consiste à les assujettir à une théorie. Je puis certainement, et je dois même quelquefois m'être trompé; mais les principes que je déduis de mes recherches me paraissent suffire pour l'explication de tous les phénomènes que l'art de l'indigotier nous présente. Lors même que ces principes seraient faux, je croirais encore qu'il était utile, pour l'avancement de l'art, de les avoir établis. Cette partie est entièrement du ressort de la science. Je me croirai heureux, si je parviens à exciter l'attention de quelques chimistes plus habiles et plus à la portée que je ne l'ai été, dans un pays dénué de tous moyens, de faire des expériences délicates. Placé moi-même, pour l'avenir, dans des circonstances plus favorables, je pourrai continuer mes recherches à tous égards ; je serai toujours le premier à dénoncer et à rectifier mes erreurs, dès l'instant que je les aurai reconnues.

TABLE

DES CHAPITRES.

Ire PARTIE.

DU PASTEL, DE SA CULTURE ET DE SA FABRICATION.

II.e PARTIE.

ART D'EXTRAIRE L'INDIGO.

SECTION I.re

De l'Indigo en général.

SECTION III.

Des Appareils, Vaisseaux, Ustensiles et Instrumens divers dont se sert l'Indigotier.

SECTION IV.

De l'Extraction de l'Indigo du pastel en général, et des différens Procédés proposés jusqu'à l'époque du Décret impérial de Juillet 1810.

SECTION VII.

De la Préparation de l'Indigo.

IIIe PARTIE.

RECHERCHES SUR LES PRINCIPES DE L'ART DE L'INDIGOTIER.

TRAITÉ

TRAITÉ
SUR LE PASTEL

ET

L'EXTRACTION DE SON INDIGO.

Ire PARTIE.

DU PASTEL, DE SA CULTURE ET DE SA FABRICATION.

CHAPITRE Ier

Du Pastel, de ses Espèces et Variétés.

LE mot *pastel* a dans la langue française une double signification, qui donne lieu assez souvent à une confusion qu'il serait utile d'éviter.

On l'emploie pour désigner un genre de plantes, l'*isatis* des botanistes, et plus particulièrement

A

l'espèce indiquée par le nom spécifique de *tinctoria*. On se sert encore du même nom, pour désigner une espèce de pâte, que l'on fait avec cette plante écrasée sous une meule, et pourrie, dont on fait un grand usage dans la teinture.

La même amphibologie a lieu aussi dans la langue italienne; les mots *guado, gualdo* sont employés, soit pour désigner ce produit pâteux dont venons de parler, soit pour désigner la plante.

Il paraît qu'on éviterait toute confusion, en conservant le nom de *pastel* à la pâte, en italien *pastello*, et en donnant celui d'*isatis* ou celui de *vouede* en français, et de *gualdo* en italien, à la plante. C'est sous cette acception que je ferai usage de ces mots dans cet ouvrage.

L'isatis cultivé est actuellement si connu de tout le monde, qu'il doit paraître inutile d'en donner la description. Les botanistes nous ont fait connaître plusieurs espèces de ce genre. Il y a lieu de présumer que toutes sont indigofères. J'ai essayé l'*isatis alsatica*, l'*isatis silvestris*, et l'*isatis lusitanica*, dont quelques botanistes font autant d'espèces ; toutes ont donné de l'indigo. On convient cependant en général que l'*isatis tinctoria* est le plus riche en matière colorante.

On rapporte à cette espèce, le pastel ou l'*isatis* que nous cultivons. Il lui appartient très - certainement; mais à la rigueur, le véritable pastel que nous cultivons n'est pas plus l'isatis des teinturiers, que le chou - fleur, le brocoli et les choux de nos jardins, ne sont la *brassica oleracea* des botanistes.

Le véritable pastel, que d'un consentement unanime on croit la meilleure espèce, et la plus riche en matière colorante, est sensiblement éloigné de son type primitif. C'est évidemment une variété formée par la culture, à laquelle ont contribué, sans doute, le climat, le terrain, les engrais, et la manière sur-tout de le récolter, qui trop souvent ne consiste qu'en un étêtement. Son port est plus haut, et jette beaucoup plus de feuilles; elles sont plus larges, moins lancéolées, plus charnues et plus grasses; toute la plante est moins glabre, et sur-tout d'une couleur verte, tellement glauque, qu'elle se rapproche assez du chou brocoli.

Ces différences suffisent pour en faire une variété particulière et importante; et comme elle se reproduit sans s'altérer, et se conserve avec des soins, on doit la distinguer, et il ne faut rien négliger pour en assurer la conservation.

On trouve encore des preuves de cet éloignement de son état primitif, dans les efforts que cette variété fait continuellement pour s'en rapprocher.

On sait que pour peu qu'on le néglige, le

véritable pastel s'altère. On croit communément qu'il dégénère ; c'est une erreur : c'est, au contraire, une véritable régénération qui a lieu, puisque , par cette altération , il se rapproche par degrés de sa nature primitive, et finit par s'identifier avec le pastel sauvage de nos campagnes, le véritable *isatis tinctoria* des botanistes.

Les cultivateurs reconnaissent deux degrés de cette prétendue dégénération, qui n'est, comme nous venons de le dire, qu'une véritable régénération, ou rapprochement de son état primitif. Il y a sans doute beaucoup de degrés intermédiaires qu'une observation exacte pourrait indiquer ; mais on s'en tient, en général, aux deux degrés énoncés ci-dessus qui forment deux nuances de régénération qu'on a bien distinguées, et qu'on regarde comme deux variétés différentes de la plante.

Par le premier degré, elle ne fait que s'éloigner de l'état de la variété du véritable pastel, en se rapprochant de celui qui lui est naturel. On donne à celui qui a éprouvé cette altération le nom de *bâtard*. Ses feuilles sont déjà moins lisses , moins grasses, et leur vert sur-tout moins glauque. Dans un certain degré, on commence à observer que des poils garnissent la nervure longitudinale de ses feuilles, sur-tout à la surface inférieure. Dans cet état d'altération, il est déjà sensiblement moins riche en matière colorante ; il faut donc avoir soin de l'écarter de la culture.

Par le deuxième degré, cette variété s'identifie avec l'isatis des teinturiers ; toute la surface de ses feuilles devient rude, et l'inférieure, sur-tout, se couvre de poils : on la désigne très-exactement alors par le nom de *sauvage.*

Le défaut des conditions qui ont contribué à former la bonne variété est évidemment la cause qui la fait rapprocher de son état primitif.

Nous voyons la variété se perfectionner par la chaleur des climats. L'isatis cultivé de Quiers, transporté à Naples, et reporté de Naples à Quiers, n'y est presque plus reconnaissable, tant il a gagné par le climat de Naples. Prise dans toute sa perfection à Naples, cette variété se soutient bien dans la France méridionale, près de Toulouse, dans l'Umbrie, en Toscane ; elle se soutient encore très-bien dans le Piémont : mais nous la voyons s'altérer par-tout, lorsque, et toutes les fois que, d'une exposition brûlante, on la sème dans des lieux frais et ombragés ; le nombre des plantes de cette variété qui, dans cette dernière circonstance, s'abâtardissent chaque année, est dans une proportion au moins dix fois plus forte que lorsqu'on la cultive dans de bonnes expositions, à un grand soleil.

Les cultivateurs de cette plante ont observé de

tout temps que , parmi les causes qui contribuent le plus à l'abâtardissement du véritable isatis cultivé, une des plus actives, est la légèreté des terres. Nous voyons en effet l'isatis indigène croître de préférence dans des terres légères, et la bonne variété à culti-ver , se conserver mieux dans les terres très-fortes et argileuses.

Dans les champs cultivés en isatis , où l'on néglige les récoltes en temps et lieu, quoique les plantes proviennent de la même graine , et croissent dans le même terrain, on observe un nombre d'individus abâ-tardis, au moins vingt fois plus grand que dans les champs où les récoltes ont été faites en temps et lieu.

Ces observations répandent beaucoup de lu-mières sur les moyens de conserver cette variété précieuse , qu'on ne trouve plus guères dans les pays du nord, où cependant on a souvent envoyé de bonne graine. La culture de l'isatis , sous ce point de vue, ne doit se faire qu'en bon terrain, bien gras, fort, compacte , point ombragé , à une bonne exposition au midi. Ensuite , dans tout pays où la chaleur serait in-suffisante, comme la régénération aurait lieu malgré tous les soins que nous venons d'indiquer, on ne pourra mieux faire que de renoncer à perpétuer cette variété, et de changer de temps en temps la graine, en la tirant des départemens méridionaux.

CHAPITRE II.

Du Sol qui convient à l'Isatis.

Si l'on n'écoutait que les habitans des villes ou des villages dans lesquels la culture de cette plante a été introduite depuis long-temps, il n'y aurait que leur sol qui y fût propre. Par-tout ailleurs, selon eux, l'isatis ne viendrait point, ou du moins, s'il y pouvait végéter, il n'aurait aucune bonne qualité. Ils iraient presque à dire que la providence n'a fait l'isatis que pour leur terrain, et a destiné exclusivement leurs terres à la culture de cette plante. Le temps est arrivé où ces préjugés, trop généralement répandus, doivent cesser de maîtriser l'opinion publique. L'expérience a prouvé qu'à l'exception des terrains humides, l'isatis vient assez bien par-tout. Je l'ai vu abondamment cultivé dans des terres tellement fortes, qu'on les emploie à la fabrication de la poterie ordinaire, et y donner cependant de belles récoltes. Je l'ai cultivé moi-même fort en grand, comme fourrage vert d'hiver, pour mes troupeaux, dans des terrains très-légers, dans des terrains d'alluvions ou dépôts sablonneux laissés par le Pô ; et il y a réussi beaucoup mieux que près des villes qui prétendent avoir reçu de la nature la faveur exclusive de posséder des terres qui lui soient propres. A l'égard de la qualité,

A 4

ou de la plus ou moins grande abondance de la matière colorante, on doit poser en principe, que *la matière colorante est dans le fumier*, c'est-à-dire, que *la plante fournira d'autant plus de matière colorante, qu'elle aura végété sur un terrain plus gras.* L'expérience journalière confirme cette vérité ; et l'isatis qui a végété dans un jardin bien gras, donne même une matière colorante qui a plus d'éclat. On sait que l'indigotier présente le même phénomène : sur des terres récemment défrichées, l'anil fournit abondamment de l'indigo pendant huit à dix ans ; mais lorsque le terrain commence à s'épuiser, la quantité de matière colorante s'affaiblit dans la même proportion, et il faut en abandonner la culture. Quant à la nature du sol, on ne se trompera jamais en donnant à l'isatis un terrain tel qu'il convient à la culture du bled, c'est-à-dire plutôt fort que léger, et qui sur-tout soit bien amendé.

S'il s'agissait de décider lequel des terrains l'isatis aime de préférence, il paraît qu'en adoptant celui que cette plante a elle-même choisi pour y croître spontanément, on aurait l'indication assurée du sol qui lui convient.

En examinant ce sujet sous ce point de vue, qui ne saurait induire en erreur, quant à l'espèce, nous trouverions que les terrains plutôt légers que trop forts lui sont préférables. L'isatis est indigène de nos environs de Turin ; on le trouve abondamment dans la vallée de Suse, et fréquemment dans les plaines aux pieds de nos montagnes. Là, par-tout, le terrain est loin d'être fort et argileux. L'isatis qu'on a semé aux environs de Turin, a donné constamment, en feuilles, un produit triple de celui que donne une égale étendue de terrain à Quiers où l'on croit le terrain exclusif. Le terrain de Quiers est très-fort; celui de Turin, au contraire, est assez léger. Quant à la matière colorante, l'expérience a confirmé de même que l'isatis qui a été semé dans de bonnes terres, à Turin, en donne un tiers en sus de la quantité qu'on obtient en général d'un poids égal d'isatis des champs à terrain fort de Quiers, et toutes les expériences ont prouvé que la couleur est d'un bleu plus vif et plus éclatant. Ce petit nombre d'observations doit rassurer tout le monde sur le succès qu'on obtiendra par-tout de la culture de l'isatis. L'opinion trop long-temps accréditée des terres, des expositions, des climats exclusifs, doit être regardée comme un préjugé dangereux, que l'intérêt particulier seul a enfanté et cherche à accréditer, mais que l'intérêt général doit proscrire (1). Cependant on ne doit pas oublier

---

(1) On a fait, cette année 1812, des expériences à ce sujet dans un des départemens les plus septentrionaux de l'Empire, et où la nature des terres paraît avoir une influence beaucoup plus

ce que j'ai remarqué à l'égard de la conservation de la variété sur la fin du chapitre précédent. Pour avoir de plus grands produits en feuilles et en indigo, on peut préférer les terres moins fortes, et on peut établir avec confiance des cultures même sur des terres légères, telles que celles que l'isatis indigène sauvage préfère ; mais, pour perpétuer la bonne

---

mauvaise que par-tout ailleurs, par des circonstances bien connues de tout le monde. C'est dans le département du Zuyderzée et aux environs d'Amsterdam : *la culture de l'isatis a réussi très-bien dans les terres sablonneuses, mêlées de tourbes, bien travaillées et fumées, ainsi que dans du sable bien engraissé.... On en a cultivé dans un sol argileux et très-compacte, et la végétation n'y était ni moins forte ni moins vigoureuse.*

Il résulte des expériences qui ont été faites, 1.º *que tout pastel cultivé dans ce département, et sur quelque terrain que ce soit, peut fournir le principe colorant qui a été nommé* indigo-pastel ;

2.º *Que la différence du sol, léger ou argileux, n'a offert aucune variété notable dans la quantité ni dans la qualité de l'indigo qu'on en a obtenu.*

J'ai extrait cette note du rapport fait à son Excellence le ministre du commerce et des manufactures, par M. le préfet du département du Zuyderzée, le 19 décembre 1812.

J'ajouterai que la quantité d'indigo qu'on a extrait à Amsterdam est assez considérable. *Il en résulte,* est-il dit dans ce rapport, *que cent livres de feuilles de pastel ont donné trois onces d'indigo très-pur.* Cette expression, qui désigne la très-grande pureté de l'indigo, peut être adoptée, parce qu'elle est écrite avec connaissance de cause. Les opérations d'extraction ont été exécutées par M. Reinhardt, professeur de chimie, et membre de l'institut de Hollande ; et l'indigo obtenu a été essayé par un teinturier habile, qui l'a reconnu d'excellente qualité.

race, il sera important de se ménager une culture en terre forte, réunissant les qualités et les conditions énoncées dans le chapitre précédent.

CHAPITRE III.

De la Préparation des Terres pour la Culture de l'Isatis.

LA préparation de la terre pour la culture de l'isatis ne diffère point de celle que l'on fait pour la culture du blé. On donne en général deux labours; les cultivateurs très-soigneux en donnent trois. Il est bon de les multiplier autant qu'il est possible. Le but de ces labours n'est pas seulement d'ameublir le terrain; il est encore utile de les multiplier pour détruire les mauvaises herbes. La dépense d'un ou deux labours est abondamment compensée par les économies de sarclage qui en résultent dans la suite, lorsque la plante est parvenue à une certaine grandeur, et qu'il s'agit d'arracher ces herbes. C'est encore dans le même but qu'il devient utile de donner à ces labours le plus de profondeur que l'on peut. La terre que, par ce moyen, l'on ramène à la surface, renferme moins de graines de mauvaises herbes; et par la profondeur des labours on a encore l'avantage de ramener à la superficie du champ une terre qui n'a pas été épuisée par les plantes dont la culture a précédé, dans l'assolement, celle de l'isatis.

En Piémont, l'on préfère en général les terres sur lesquelles on a cultivé le maïs, parce que la culture de cette dernière plante exige elle-même des labours multipliés et des sarclages ; ces champs se trouvent par là moins infestés de mauvaises herbes.

Les terres sur lesquelles on aurait cultivé une plante à sarclage quelconque, rempliraient le même but, ainsi que celles qu'on aurait entretenues en prairies artificielles, par exemple, en trèfle, &c. Les labours sur trèfle doivent se commencer au plus tard à la moitié d'août, et il serait utile de les commencer même avant cette époque ; si l'importance d'une récolte de trèfle à fourrage ou à graine ne s'y opposait pas ; ceux sur plantes à sarclage peuvent ne commencer qu'en octobre. Dans tous les cas, il est utile de laisser un intervalle d'une quinzaine de jours, entre un labour et l'autre. Les graines ramenées à la surface de la terre par le premier labour, ayant germé, le deuxième enterrera les petites plantes ; et c'est ainsi qu'en répétant les labours, on travaille à détruire les mauvaises herbes.

Lorsque la terre est assez préparée par les labours, on lui donne une dernière préparation dans les pays où l'on cultive sur des terrains très-forts ; cette préparation est toute particulière pour l'isatis. On creuse profondément à la bêche, l'ouverture des sillons, on en soulève la terre et on la porte sur l'ados.

Cette profondeur donnée à l'ouverture des sillons remplit le but avantageux de faciliter l'écoulement des eaux. On la pratique aussi, dit-on, pour fournir un sentier plus commode aux ouvriers qui auront à en faire la cueillette; et pour rendre celle-ci plus facile encore, le sillon est disposé de manière, par la terre qu'on y porte sur l'ados, qu'il forme exactement un demi-cercle. Cette dernière préparation qui est assez dispendieuse, puisqu'elle coûte environ 26 fr. par hectare, est bien loin d'être utile, excepté dans les petites cultures qu'on destine à former la graine pour la conservation de la bonne variété. Dans tout autre cas, et par-tout où les terrains n'étant pas aussi forts, ne peuvent pas retenir l'eau très-long-temps, on ne saurait la conseiller. Il n'est pas nécessaire d'abord que l'ouverture du sillon soit fort large, il suffit que des enfans puissent y placer leurs pieds; en second lieu la disposition du sillon à dos d'âne trop élevé, entraîne un inconvénient que j'ai souvent fait observer, et sur les mauvais effets duquel tout le monde est d'accord. A la faveur de cette grande courbure sur une terre bien ameublie, il arrive qu'à la première pluie, une partie de la terre est entraînée par l'eau dans le fossé, ce qui fait que le collet de la racine de la plus grande partie des plantes est mis tout-à-fait à découvert; d'où il résulte qu'un grand nombre de ces plantes

sont détruites, ou se trouvent en état de véritable souffrance pendant toute leur végétation. On
peut sans doute remédier à cet inconvénient par
des sarclages, et par le curement des petits fossés qui
forment la division des sillons ; mais ces opérations
sont dispendieuses, et il faut les éviter lorsqu'on
peut, sans frais, obtenir le même résultat. On y parvient par des sillons un peu plus aplatis, et qui
n'offrent aucun obstacle à une récolte commode.
Les épinards se cultivent dans nos jardins sur des
sillons parfaitement aplatis ; et cela n'a jamais
nui à leur récolte. Il y a encore un autre inconvénient qui est très-important, et qui dépend de
cette manière de disposer les terres, en autant de
monticules prolongés ; c'est que l'on favorise ainsi
beaucoup trop l'action du soleil. Dans les pays très-
chauds où cette culture a lieu, rien n'est plus commun que de voir la troisième et la quatrième récolte des
feuilles en juillet et août, brûlées par le hâle et la
sécheresse ; cependant on observe constamment que
cette même sécheresse est bravée impunément par
toutes les plantes qui se trouvent dans le creux des
fossés, au pied et sur les côtés des monticules. Le mal
est toujours sensiblement proportionné à la hauteur
qu'on a donnée aux monticules, et à la profondeur
donnée aux fossés.

D'après ces observations, je conseille de ne pas

disposer les sillons autrement que pour le blé. Il suffit qu'ils soient un peu plus élevés, pour que l'eau puisse s'écouler.

J'ai eu occasion aussi d'observer que, pour la culture de cette plante, il n'est pas même nécessaire que la terre soit aussi ameublie qu'on le pratique généralement. C'est beaucoup trop favoriser la végétation des mauvaises herbes, que de trop ameublir le terrain. L'isatis est une plante robuste ; sa racine pivotante est forte et ligneuse ; elle peut aisément vaincre les obstacles que lui opposerait une terre même compacte, et elle ne doit en trouver aucun dans les terrains un peu légers. Nous semons nos trèfles sur les prés et dans les champs au printemps, où la terre a été rendue très-compacte par des pluies répétées, et des dessiccations brusquement opérées par des vents. La racine du trèfle, pivotante, comme celle de l'isatis, mais moins grosse et moins forte, ne trouve pas pour cela d'obstacles à bien s'enfoncer dans le terrain ; à plus forte raison on doit le dire de la racine de l'isatis ; et une expérience de cinq années consécutives l'a pleinement confirmé.

Je cultive depuis cinq ans une plate-bande d'isatis dans un jardin dont le terrain est très-fort. Chaque année la plante a végété par une reproduction spontanée, par la graine qui est tombée ; la terre n'a jamais été ameublie ni remuée, et cette culture n'est pas moins prospère et moins vigoureuse que celle des terrains les plus soigneusement cultivés. Il paraît d'après cela que, sans vouloir condamner l'utilité des labours multipliés, cette plante, sur-tout là où les terrains ne sont pas bien forts, pourrait très-bien être semée sur une terre préparée même par un seul labour. On n'aurait soin que de herser après avoir semé, et cela dans le but d'enterrer la graine. Cette pratique, dont je conseille de faire l'expérience, réunirait beaucoup d'avantages. On trouverait d'abord une grande économie dans les labours, et ensuite on donnerait moins de facilité à l'accroissement des mauvaises herbes; ce qui, dans la culture de cette plante, est un objet d'une importance majeure; il doit s'ensuivre enfin de cette pratique que, sur une terre moins ameublie, l'action des pluies ne pourrait point parvenir à découvrir la racine de tant d'individus, ce qui occasionne des pertes énormes dans les produits en feuilles.

CHAPITRE IV.

Des Engrais propres à la culture de l'Isatis.

L'ISATIS s'accommode de toute sorte d'engrais; mais leur influence est fort différente, moins relativement à la vigueur et à la végétation de la plante, qu'à la qualité de la matière colorante et à la quantité
qu'elle

qu'elle en pourra fournir. Toutes les substances animales et végétales bien décomposées contribuent, en général, à augmenter dans la plante la proportion de matière colorante, tandis qu'elles activent en même temps la végétation, et assurent un plus grand produit en feuilles. Les engrais stimulans, tels que la chaux, le plâtre, &c., contribuent sensiblement au succès de sa végétation, sans que la proportion de matière colorante en soit beaucoup augmentée. Tel est le résultat général des observations que j'ai pu faire sur l'action des deux genres d'engrais relativement à la végétation de cette plante. Mais cette influence des engrais, sur-tout par rapport aux engrais nourrissans, quoique générale, m'a paru essentiellement différer dans les degrés d'activité. Le plus propre à augmenter la proportion de matière colorante, parmi les engrais faits avec des substances animales, m'a paru être celui qui provient des fosses d'aisance ou des matières fécales; le fumier de mouton m'a aussi paru excellent. Dans quelques parties de la France méridionale, comme en Piémont, on trouvera un excellent et très-puissant engrais dans la poudre qu'on sépare par le battage de la bourre de soie. Les vers à soie qui restent après le tirage, pourris dans des fosses et mêlés avec des terres, sont aussi un excellent engrais, et très-actif quoiqu'en très-petite proportion. J'ai vu à Quiers des sillons d'un

B

champ planté en isatis, sur lesquels on avait répandu quelques poignées de cet engrais ; ces sillons se distinguaient à de grandes distances, non - seulement par une plus grande hauteur de la plante et par une largeur considérable des feuilles, mais aussi par leur apparence glauque, qui est le signe immanquable auquel on reconnaît la richesse de la plante en matière colorante. Au reste, le fumier bien pourri est un engrais très-bon ; mais tous les observateurs sont d'accord que l'action des engrais nourrissans sur la végétation, est beaucoup plus efficace, lorsqu'ils ont été presque consommés ou réduits en terreau par la putréfaction.

D'après ce principe, on ne doit point semer l'isatis sur un champ engraissé à la manière ordinaire, c'est-à-dire avec du fumier de paille qui a servi de litière aux animaux. Je n'ai jamais vu employer d'engrais pour cette culture ; mais, lorsqu'on a fumé, on fait une première récolte, sur-tout d'une plante à sarclage, telle que le maïs. C'est sur ce terrain, dont le fumier est consommé en grande partie, que l'isatis vient le mieux et de la meilleure qualité. Si l'on avait des engrais bien décomposés, on pourrait alors semer dessus, et cela n'en vaudrait que mieux, tant pour la production en feuilles, que pour la richesse de la matière colorante ; mais il faudrait toujours avoir soin que ce ne fussent que des engrais ne portant

point , ou presque point , de mauvaises graines.
Quant aux engrais stimulans, tous ceux dont l'influence bienfaisante sur les plantes légumineuses a
été bien reconnue , conviennent à l'isatis ; telles
sont les cendres lessivées, la chaux, le plâtre, ainsi
que les terres à salpêtre lessivées. Les plâtras sont
également recherchés à Alby et à Quiers , et leurs
effets sont remarquables. Nous dirons ailleurs que,
pour augmenter la masse de ces engrais dans un
grand établissement, on doit conserver les eaux des
cuves, ou les extraits qui ont déposé leur indigo,
les eaux de lavage de la fécule, et même toute la
chaux qui reste dans les cuves à eau de chaux.

Le repos des terres est encore censé être un
excellent moyen de fécondité pour les terres destinées à la culture de l'isatis ; on le pratique assez
souvent à Quiers.

Enfin, parmi les engrais propres à cette plante, il
ne faut pas oublier l'isatis lui-même ; il doit, plus
que tout autre, exciter l'attention. L'art d'extraire
l'indigo de cette plante nous garantit , sous ce point
de vue, un bénéfice dont on ne peut pas trop calculer
l'importance. Dans l'ancienne manière d'appliquer à
la teinture la matière colorante de cette plante, ou
dans l'art de faire le pastel, rien de ce qu'on recueille
du champ ne lui est rendu. C'est là, sans doute, la
cause de la grande action épuisante qu'on a attribuée

à ce végétal. Tout le monde connaît ce principe fondamental, base de toute agriculture raisonnée ; savoir, que *les végétaux donnent au terrain plus de matière qu'ils n'en reçoivent.* Tout lui est rendu dans l'art d'extraire l'indigo ; et cette seule considération suffit pour ôter toute crainte que nos terres puissent s'épuiser par la culture de l'isatis dont on extrait l'indigo, comme elles se sont épuisées par la culture de cette même plante employée à fournir le pastel. Par la seule application de ce principe, il doit rester bien démontré que, si, dans la méthode actuelle de réduire la plante en pastel, la fécondité de nos campagnes a dû s'affaiblir, la méthode nouvelle d'en extraire l'indigo, doit leur assurer, au contraire, une source d'amélioration certaine et toujours croissante.

La meilleure manière d'employer les feuilles de pastel pour engrais dans une indigoterie, consiste à les disposer dans une fosse, en couches alternatives de feuilles usées et de terre. Si on voulait les employer à augmenter la quantité de fumier, on pourrait les placer, avec d'autres substances végétales, dans une grande fosse, où on ramasserait encore toutes les eaux de lavage de l'indigo, et même la chaux éteinte qui a servi à l'eau de chaux. La masse de l'isatis et la chaux fournissent ainsi un ferment aussi propre à faciliter la décomposition des substances végétales, que pourrait le faire une des meilleures substances animales; et si l'on a le soin de ne faire pourrir avec ces substances très-fermentescibles que de fortes substances végétales, telles que les tiges de maïs, la paille de sarrasin, les fougères, &c., on aura des terreaux précieux, qu'on pourra répandre sur les cultures avant de semer, sans aucune crainte d'ajouter des graines de mauvaises herbes.

CHAPITRE V.

Du Temps et de la Manière de semer l'Isatis.

ON peut semer l'isatis en toute saison, et on doit le faire si l'on veut tirer de sa culture tout le bénéfice qu'on est en droit d'en attendre.

Pour les grandes cultures, dont l'objet serait d'en récolter régulièrement les feuilles, soit pour les réduire en pastel, soit pour en extraire l'indigo, on le sème communément en automne dans quelques pays, comme dans les départemens du Pô, du Trasimène et de Gènes; et on le sème au printemps dans quelques autres, comme en Toscane, à Albi, &c.

Il n'y a pas de doute que le semis d'automne ne soit le plus avantageux.

1.º L'expérience a prouvé qu'en semant en automne, on gagne, dans le cours de la végétation,

une récolte en feuilles ; ce qui est très-important.
2.º Mais un autre avantage de cette pratique, c'est
que l'isatis étant une des premières plantes qui pous-
sent au printemps et qui végètent même en hiver, il
s'ensuit que les plantes semées en automne sont
déjà renforcées en mars, lors de l'époque de la germination des mauvaises graines. Par là les plantes
d'isatis n'en sont pas aussi fortement endommagées;
et il en résulte ensuite, qu'il devient plus facile de
nettoyer le champ de mauvaises herbes. 3.º On doit
trouver enfin plus utile, et sur-tout plus commode,
de semer en automne, en ce que ce travail se fait
à une époque où tous les autres ont cessé. On ne
sème que lorsqu'on a fini avec le bled, savoir,
du 4 au 15 ou 20 novembre, et même plus tard.
On sème plutôt dans le département du Trasimène, savoir, du 15 septembre au 15 octobre ; mais
nous verrons bientôt que c'est une pratique vicieuse,
quoiqu'elle puisse être suivie sous un autre point
de vue.

L'époque du printemps paraît préférée dans les
départemens de l'intérieur, et il est difficile d'en
connaître la raison. On serait dans l'erreur, si l'on
supposait que l'isatis souffre par des hivers trop rigoureux. L'hiver passé (j'écris en septembre 1812)
a prouvé le contraire. On n'eut jamais, en Piémont d'exemple d'un froid ni plus fort, ni plus long.

Douze à quatorze degrés de froid au-dessous de la glace, se succédèrent sans interruption, pendant plus de quarante jours, et la terre était presque à découvert. Les cultures de l'isatis, à Quiers, n'en ont pas sensiblement souffert. Les hivers sont d'ailleurs plus rudes à Quiers qu'à Paris ; ainsi rien ne paraît s'opposer à ce qu'on sème en automne, même dans le nord de la France. Le bénéfice d'une ou de deux récoltes de plus, mérite bien qu'on y fasse attention. J'ajouterai que, d'après des observations faites depuis plusieurs années dans le jardin botanique d'Amsterdam, il est prouvé que l'isatis supporte très-bien le froid des hivers de ce climat, que l'on sait être très-humide.

On peut semer l'isatis en juillet ; ce n'est certainement pas pour avoir les plus abondantes productions ; mais on va voir que si l'on a le bonheur d'éprouver un cours favorable dans les saisons, on ne saurait trop conseiller cette culture, aux teinturiers sur-tout qui, n'étant que de petits propriétaires, ne peuvent négliger la culture des denrées de première nécessité, et cependant ont besoin d'indigo.

En juillet, on peut semer sur chaume, c'est-à-dire, sur un champ dont on a déjà fait la récolte en bled. L'isatis, semé à cette époque, fournit une première récolte à la mi-septembre, une seconde

à la mi-octobre, et enfin une troisième en novembre, si la saison est favorable. S'il arrivait qu'à
cause d'un hiver précoce, on ne pût point profiter
de cette troisième récolte, on y trouverait cependant
un bénéfice considérable, soit en destinant la feuille
au pâturage des moutons, soit en la laissant se détruire pour engrais. L'isatis monte de bonne heure
au printemps, et fournit par des pousses nouvelles,
ou une récolte pour l'indigo, si on le destine à cet
usage, ou une matière végétale abondante, et
propre, ainsi que sa racine, à féconder le terrain,
avant que de procéder aux labours pour une autre
culture. Tant de produits sont autant de bénéfices
trouvés sur une terre qui a déjà donné ses productions ordinaires. Cette culture n'est qu'intermédiaire
aux autres; et, indépendamment des trois récoltes
en feuilles dont nous venons de parler, on peut
avoir, dans les départemens méridionaux, un quatrième produit en graine, au printemps suivant.
Ce produit en graine, qu'on ne considère guère dans
ce moment, deviendra certainement important sous
peu de temps, et le sera pendant plusieurs années.

Enfin, on peut semer l'isatis, depuis le 15 août
jusqu'au 15 septembre; mais ce n'est plus alors que
pour avoir de la graine au printemps. L'isatis est
bien une plante bisannuelle; mais l'expérience a
démontré (au moins dans nos climats) que, semée

à cette époque, elle ne monte pas moins bien au printemps suivant, et qu'elle fournit beaucoup de graine. On a constaté en Piémont ce résultat plusieurs fois, et on l'a obtenu constamment, même dans des localités qu'on aurait jugées peu favorables. J'ai pratiqué cette année cette méthode en grand, sur dix hectares. Elle est extrêmement avantageuse, en ce qu'on a un produit très-considérable en graines, sans rien déranger dans le cours des autres cultures. La graine de l'isatis est à sa parfaite maturité au 10 juin au plus tard; et à cette époque, on a encore le temps de semer le maïs sur le même terrain. Cette culture se trouve un peu retardée, il est vrai; mais, assez souvent, c'est un grand avantage, à cause des pluies du mois de mai.

J'ai déjà observé que cet avantage est commun au semis que l'on fait en juillet, et il n'est pas nécessaire de dire que celui-ci est à préférer, soit à cause du produit qu'on retire encore en feuilles, soit à cause de la meilleure qualité de la graine qui en proviendra.

Il n'est pas indispensable de donner à la graine d'isatis quelque préparation ; mais on peut, si l'on veut, se borner à faire macérer dans l'eau celle qu'on sème en juillet, pour en accélérer la germination. En général, quoique cela ne soit point pratiqué, je crois qu'il est très-important de lui donner une préparation très-simple. Elle consiste à l'envelopper de terre, à l'humecter d'eau, et à la remuer et retourner dans de la terre sèche, pour en enduire toute la silique, ou, pour ainsi dire, la *bonboner*. Deux bons effets doivent résulter de cette pratique. Le premier est celui de donner à cette graine plus de pesanteur; par cela seul, elle sera moins emportée par les vents, et le semis en deviendra plus égal. Le second est que les radicules des graines de la silique, trouvant plus promptement, lors de la germination, de la terre pour s'y enfoncer, il doit en résulter des plantes plus robustes, et en périr beaucoup moins. Joignez à cet avantage une germination plus prompte et sur-tout plus assurée. Il est assez indifférent que la graine soit de la récolte précédente ou non. Cette graine conserve très-long-temps sa faculté germinative, lorsqu'elle est (comme on le fait communément) conservée dans sa silique, et en lieu sec. Rien n'est plus commun que de voir semer des graines gardées pendant trois et quatre ans, et on a des exemples de graines conservées jusqu'à vingt ans, sans qu'on se soit aperçu que sa faculté germinative en ait été affaiblie.

La manière de la répandre est la même que celle du bled. On la sème à la volée, et on met, par hectare, à-peu-près autant de mesures de graines d'isatis que de mesures de bled. Cette quantité est, à la vérité, un peu forte; mais il vaut beaucoup mieux en mettre trop, que de semer trop clair.

Lors du premier nettoyage du champ, il est aisé d'arracher, avec les mauvaises herbes, ce qui serait de trop ; et on a l'avantage de pouvoir arracher les plantes faibles et d'éclaircir le semis, pour ne laisser que les plantes les plus vigoureuses et les plus robustes.

La graine une fois répandue doit être couverte : c'est une mauvaise pratique que celle de négliger de la couvrir. C'est en grande partie à cette négligence qu'est dû le malheur trop commun d'avoir beaucoup de plantes dont la racine reste à découvert. Ces individus ne sont jamais bien productifs en feuilles, et dans les cultures qu'on laisse pour graine, la plus grande partie périt pendant l'hiver ; ce qui diminue considérablement le produit. Les graines à découvert sont d'ailleurs très-sujettes à être emportées par le vent; ce qui affaiblit la proportion dans le semis, ou le rend très-inégal. Pour couvrir cette graine, il n'est nécessaire d'aucun labour; la herse et un rateau commun suffisent pour cet effet. La pratique de *bonboner* la graine, que j'ai conseillée plus haut, contribuera encore à prévenir en partie les inconvéniens que je viens d'exposer.

Quels que soient les soins qu'on ait pris pour répandre la graine, il y aura toujours des inégalités, qu'il serait à desirer d'éviter. Beaucoup de petits espaces de terre à découvert forment, par leur réunion, des étendues considérables qu'il serait utile de rendre productives. On ne peut remédier à cet inconvénient que par la transplantation ou le repiquage, et heureusement l'isatis reprend très-bien par cette opération. Nous en avons fait l'expérience cette année ; il n'a manqué aucune plante. Par-tout donc où il y a des vides, des enfans peuvent y pratiquer des trous et y placer des plantes qu'ils choisiront parmi les moins faibles, et qu'ils arracheront aux endroits où elles sont trop épaisses. La manière d'exécuter cette opération est la même que celle pratiquée pour les choux : on coupe l'extrémité du pivot, on forme un trou et on y met la plante avec le soin de bien la recouvrir jusqu'au-dessus du collet. Quelque minutieuse que cette pratique puisse paraître, les peines et les frais s'en trouveront abondamment compensés. J'ai dans ce moment une petite culture toute en plantes repiquées de cette manière ; jamais on n'a vu une culture plus belle : on dirait que l'isatis gagne à cette opération ; les plantes se sont beaucoup élevées, et ont jeté des branches de toutes parts (1).

---

(1) Un cultivateur des environs de Turin vient de me faire connaître une culture assez considérable, qu'il a conduite entiè-

CHAPITRE VI.

Des soins qu'exige l'Isatis pendant sa végétation.

Les soins que l'isatis exige pendant sa végétation forment la partie la plus embarrassante, la plus dispendieuse, mais la plus essentielle de cette culture. Aucune plante ne demande à être tenue avec autant de propreté. Des plantes étrangères ne nuiraient pas seulement à sa végétation ; mais, arrachées avec les feuilles de l'isatis, elles altéreraient le pastel qui en proviendrait, si elles sont destinées à être réduites en pastel ; et un mélange de plantes étrangères avec les feuilles de l'isatis, ne serait point reçu par l'indigotier. Il faut donc porter le plus grand soin à ce

---

rement de cette manière, par transplantation. C'est M. Valfré ; sa culture est dans le jardin du ci-devant couvent de Saint-Sauveur, et contient trois arpens. M. Valfré a été si parfaitement satisfait du résultat de son expérience, que déjà il a formé sa pépinière de plants, pour continuer cette année ses cultures par transplantation. Cette expérience prouve non-seulement l'avantage de remplir en repiquant les vides dans les cultures ; mais elle prouve que la transplantation est même à préférer au semis sur place. M. Valfré en a obtenu un produit extraordinaire en feuilles, et a trouvé, par son expérience, que le prix de 25 centimes, fixé au myriagramme de feuilles, est si profitable, qu'il vient de préférer dans son jardin la culture de l'isatis à celle de toute autre plante potagère.

que ces cultures soient constamment bien nettoyées de toutes herbes étrangères. Il n'y a que deux moyens de parvenir à ce résultat, c'est de sarcler souvent, ou de les arracher à la main, de temps en temps, lorsqu'il en survient.

On range au nombre des mauvaises herbes, les plantes de l'isatis qui ont dégénéré, et sur-tout le sauvage ; c'est pourquoi cette opération ne doit se confier qu'à la direction des personnes qui connaissent bien la plante et ses variétés. Le bâtard même doit être arraché avec soin.

Le sarclage paraît préférable, et il est en usage presque par-tout. A Quiers cependant, où on le pratiquait autrefois, on l'a abandonné ; on le croit trop dispendieux, et l'on préfère arracher à la main toute plante étrangère. Il serait difficile de décider laquelle de ces deux méthodes offre le plus d'avantages. Il se peut que là où il y a beaucoup de bras de peu de valeur, il soit plus économique d'arracher à la main : par-tout ailleurs il est certain que le sarclage est préférable. Chacun doit se régler d'après les circonstances particulières dans lesquelles il se trouve placé.

J'ai essayé cette année, sur la petite culture des plantes repiquées dont j'ai parlé dans l'article précédent, une méthode toute différente, qui a réussi parfaitement pour toutes les récoltes qui ont succédé à la première ; c'est un changement dans la manière de récolter les feuilles. Il en sera parlé lorsqu'on traitera de la récolte.

Une circonstance qui, dans tous les cas, me paraît rendre le sarclage préférable, est que l'on parvient, par cette opération, à garnir de terre les plantes dont le collet de la racine se trouve découvert. En arrachant les herbes, il arrive souvent le contraire ; ce qui doit faire préférer le sarclage.

Quelle que soit la manière qu'on adopte, cette opération doit souvent se répéter, et se multiplier au point qu'on ne doit souffrir aucune herbe étrangère.

CHAPITRE VII.

Des Maladies de l'Isatis, et des Insectes qui l'attaquent.

L'ISATIS est sujet à quelques maladies qui sont aussi faciles à reconnaître que difficiles à guérir ou à prévenir.

Il en est deux qui se font principalement remarquer. On pourrait désigner la première par le nom de *rouille*, d'après les effets qu'elle produit sur la plante. Par cette maladie, les feuilles se couvrent de pustules ou taches jaunes au commencement, et qui ensuite brunissent et prennent une véritable couleur de rouille. On en attribue la cause à des changemens trop fréquens dans l'atmosphère, à des pluies et des brouillards suivis de coups de soleil trop forts, ou à des vents violens ; en un mot, aux variations de saison et à la nature de ces mêmes vents qui ont dominé. Il n'y a point alors de remède. Pour peu que la feuille soit grande, il faut la cueillir. Si l'on perd ainsi en partie sur cette récolte, qui d'ailleurs est d'une mauvaise qualité, on dispose du moins la plante à une production utile.

La seconde maladie peut être nommée *arsure*. On lui donne à Quiers le nom de *brusarola*, qui y répond : c'est évidemment l'effet d'une trop forte chaleur et d'un défaut d'humidité. La plante languit, les feuilles semblent se dessécher et prennent les caractères de la maturité parfaite, quoiqu'elles n'aient qu'un quart ou un tiers de leur volume.

Il n'y a qu'une pluie abondante qui puisse remédier à cet accident ; encore il faudrait de suite récolter, pour bien jouir de la récolte suivante. Si cette pluie favorable ne survient pas, il vaut beaucoup mieux de ne point toucher à la plante ; si on récoltait dans cet état, elle ne pourrait pas repousser. Le seul remède qu'il y aurait à faire, serait celui des arrosemens lorsque l'on pourrait pratiquer l'irrigation ; mais on doit bien se garder de faire usage de ce remède, plus dangereux encore que la maladie. On

sait

sait combien l'irrigation épuise les champs. La valeur de trois récoltes ne compenserait pas celle du fumier qui serait nécessaire pour rétablir le champ dans l'état où il se trouvait avant l'irrigation. Ce principe est général et bien reconnu pour toute culture. L'irrigation d'ailleurs est contraire à l'isatis, au moins à la matière colorante. Ce principe doit être adopté tant par l'indigotier, que par le cultivateur. Le premier doit refuser avec soin toute feuille d'Isatis qu'on aurait poussée par l'irrigation. Une grande sécheresse peut cependant autoriser à en faire usage une seule fois après la cueillette ; mais le cultivateur peut demeurer convaincu qu'il ne parviendrait pas deux fois à tromper l'indigotier : la trop petite proportion d'indigo qu'il retirerait de ces feuilles, ne manquerait pas de l'instruire.

Nous sommes loin encore de connaître tous les insectes qui attaquent l'isatis ; mais on connaît les ravages que deux sur-tout produisent. On donne à ces insectes les noms de *puce* et de *pou*. La première a presque détruit cette année (1812) les quatre premières récoltes dans plusieurs cultures de Quiers, sans qu'on ait réussi à y apporter aucun remède. L'instruction officielle de 1812 annonçait qu'on s'en garantit en Languedoc avec de la cendre, et sur-tout avec un mélange de cendre et de chaux : nous avons conseillé de tenter cette expérience, et quelques

C

cultivateurs se sont empressés de l'exécuter, mais sans succès. Cet insecte ne prolonge pas d'ordinaire ses ravages au - delà de la deuxième récolte. On a toujours cru qu'il périssait à cette époque : cette année il a parcouru une carrière bien plus longue ; mais c'est un exemple unique. On ne connaît point de remède à ce malheur, si celui que nous venons d'indiquer est inutile.

Les dégâts que le second insecte produit sont, en général, moins funestes : il paraît plus tard, et ne nuit point, conséquemment, aux premières récoltes, qui sont les plus importantes. Au reste, lorsqu'il paraît, on ne connaît pas plus de remède efficace contre lui que contre le premier.

L'isatis, étant rebuté par plusieurs animaux, on dirait qu'à l'exception de ces insectes qui lui sont propres, il ne doit point être attaqué par d'autres; ce serait une erreur. Les limaçons lui font du tort; et j'ai observé, cette année, qu'il est attaqué par une chenille, qui pourra bien quelquefois lui devenir funeste : c'est la chenille du papillon des choux. En général, cependant, cette chenille préfère ces derniers, et ne m'a paru se jeter sur l'isatis que lorsque les choux lui manquent. Cette observation nous indique un moyen de garantir, jusqu'à un certain point, de ses ravages, les cultures d'isatis. Ce moyen consisterait à placer quelques choux çà et là dans les champs d'isatis. Dès l'instant que l'on remarquerait les petites chenilles écloses sur les feuilles de chou, on parviendrait peut-être aisément à s'en délivrer en arrachant ces feuilles, et en les emportant; ou bien, lorsqu'on les remarquerait sur les choux et qu'elles les auraient presque détruits, on procéderait à la cueillette des feuilles de l'isatis, si l'époque était favorable. Les chenilles, ainsi dépourvues de nourriture, seraient forcées de s'en aller, ou périraient faute de moyens de subsistance; mais c'est à l'expérience à confirmer cette opinion, que nous a fait naître l'observation faite cette année, dont l'exemple peut-être ne sera pas souvent renouvelé.

CHAPITRE VIII.

Du Point de maturité dans les feuilles de l'Isatis, et de la manière de les récolter.

L'ÉPOQUE la plus favorable à la récolte des feuilles de l'isatis est un des points les plus intéressans dans la culture de cette plante. L'expérience prouve que la matière colorante existe déjà dans les feuilles les plus tendres; et l'expérience prouve de même que la matière colorante existe dans les feuilles parvenues au plus haut degré de maturité. Enfin on trouve cette matière dans les feuilles à toutes les périodes de leur végétation.

Lorsqu'on examine la matière colorante des feuilles de l'isatis à ses diverses périodes de végétation, on y remarque des différences très-sensibles dans sa vivacité et dans son éclat. Dans les feuilles jeunes, la matière colorante qu'on en extrait, est d'un bleu tendre très-agréable ; elle est d'un bleu plus foncé dans les feuilles du moyen âge, et elle a beaucoup plus d'éclat, sans paraître aussi agréable ; enfin, dans les feuilles parfaitement mûres, la couleur bleue tire plus vers le noir ; une nuance de rouge se fait remarquer, et la matière colorante, en général, est terne, ou, du moins, n'a plus l'éclat qu'elle avait dans les périodes précédentes. A ces différences on peut ajouter que la matière colorante des feuilles trop tendres, est très-difficile à se précipiter, et reste beaucoup trop long-temps suspendue dans l'eau après le battage, et même dans les lavages successifs.

Ce sujet présente ainsi deux questions fort importantes. La première, celle de déterminer l'époque à laquelle la matière colorante est la plus abondante ; la deuxième, de connaître l'époque où la matière colorante, étant dans sa plus grande abondance, jouit cependant de tout son éclat et de toutes les qualités que l'on recherche dans le meilleur indigo. Cette deuxième question devient peut-être encore plus importante sous un autre rapport. Il est très-possible, il est même probable, qu'avec des changemens dans son éclat, il en survienne dans sa fixité; mais on n'a, sur cela, aucun fait positivement établi.

Si l'on consulte la pratique de tous les pays où l'on cultive l'isatis pour le réduire en pastel, on trouve un parfait accord dans l'opinion sur l'époque la plus favorable à la récolte; c'est, dit-on, celle de la maturité des feuilles; c'est lorsque les feuilles commencent à jaunir. On croit, en général, que si l'on faisait du pastel avec des feuilles plus tendres, il ne serait pas de bonne qualité. L'instruction officielle de 1812 rapporte que *des expériences faites à Alby, ont prouvé que les coques provenant des feuilles que l'on coupe avant qu'elles jaunissent ou s'affaissent, au moment où elles offrent sur leurs bords une nuance d'un violet clair, produisent des couleurs plus belles, et plus intenses, que les coques que l'on obtient des feuilles cueillies plus tard.* Ce résultat *des couleurs plus intenses* paraîtrait prouver que le pastel de ces feuilles contiendrait plus de matière colorante; et ce résultat serait d'accord avec les expériences qu'on a faites directement sur la quantité de l'indigo contenu dans les feuilles à différens degrés de végétation. Ces expériences ont prouvé que les feuilles récoltées dans leur plus grande vigueur, lorsque leur couleur verte devient bleuâtre, et avant qu'elles commencent à jaunir, donnent beaucoup

plus d'indigo ; cependant les mots *couleurs plus intenses* ne prouvent point qu'à poids égal, ce pastel ait
donné plus de matière colorante : l'intensité pouvant
très-bien être l'effet, non de la proportion, mais de
l'état et de la dissolubilité de l'indigo : d'une autre
part, ces feuilles étant plus riches en indigo, cet
indigo étant la matière colorante, et cette matière
colorante devant se trouver dans le pastel qui en provient, ce pastel doit gagner en qualité à proportion de la plus grande quantité de matière colorante
dont il est enrichi. Malgré cela nous avons vu que
les fabricans de pastel soutiennent l'opinion précisément contraire ; ils sont dans la conviction que le
pastel des feuilles mûres, moins riches en indigo,
est de meilleure qualité ; et que celui, au contraire,
qui provient des feuilles plus tendres, auxquelles
nous trouvons plus de matière colorante, est d'une
qualité très-inférieure.

Une grande partie des cultivateurs fabricans de
pastel de Quiers, sont en même temps teinturiers
en pastel ou *guesderons ;* et on ne saurait leur contester, ni une grande connaissance du pastel, ni de
grandes connaissances dans l'art de le traiter en teinture. Ils montent leurs cuves en pur pastel, et en tirent
des couleurs aussi belles que celles de l'indigo (1).

____

(1) M. Alexandre Mazera, de Quiers, a teint ce printemps,
à Savillan, dans la manufacture du sieur Depaoli, différentes

A ces titres, leur opinion mérite tous les égards, et il y aurait de la prévention à la condamner sans examen.

J'ai médité long-temps sur ce sujet; j'ai suivi leurs travaux, et je crois être parvenu à la source de ces différences dans l'opinion. Je suis parfaitement convaincu, avec les cultivateurs de Quiers, que le pastel de leurs feuilles mûres est meilleur, et je suis convaincu en même temps que celui des feuilles plus tendres doit l'être, quoiqu'il ne le soit pas en effet. La source de ce résultat contradictoire est à mon avis toute entière dans la pratique ordinaire de faire le pastel; et cette erreur disparaîtra, je pense, dès l'instant qu'on voudra bien faire, dans la pratique de

---

pièces de drap avec le pastel pur, en différentes nuances, depuis le bleu clair jusqu'au plus foncé. On a dressé procès-verbal de cette opération, et tout le monde a été d'accord que les couleurs provenant d'une cuve d'indigo, qu'on leur a comparées, n'avaient ni plus de vivacité ni plus d'éclat. Il a demandé, et M. le préfet lui accorda, de répéter la même expérience à Turin; il procéda à la teinture de quatre pièces de drap fin, fourni par la fabrique de la société Pastorale, en quatre nuances différentes de bleu. Les experts teinturiers, et une députation de fabricans et de savans de l'académie ont dû déclarer que ces couleurs ne présentaient pas la moindre différence avec celles sur les mêmes étoffes qu'on leur comparait, et qui étaient teintes par le plus fin indigo de Bengale. Ce résultat suffirait pour répondre à ceux qui prononcent que le pastel dans les cuves ne doit être regardé que comme matière fermentescible.

C 4

cet art, quelques changemens, que le progrès des lumières réclame et que j'aurai soin d'indiquer en leur lieu.

La cause de ce contraste d'opinions est dans la différence de l'état des feuilles, par rapport à l'humidité. Dans le pastel provenant des feuilles bien mûres, toute, ou presque toute la matière des feuilles y entre. Lors du broyage des feuilles sous la meule, et dans la fermentation successive de la pâte, il s'en sépare bien un suc, mais c'est en une quantité qui n'égale pas la moitié de celui qui se sépare, par les mêmes opérations, des feuilles plus tendres. Or comme ces jus, soit celui qui sort des feuilles lors du broyage, soit celui qui coule pendant la fermentation, sont rejetés comme inutiles, il s'ensuit que, par le surplus de jus des feuilles tendres, on rejette non-seulement une proportion de matière colorante égale à celle qu'elles contiennent de plus que les feuilles à une plus grande maturité, mais encore un fort excédant, ce qui laisse aux feuilles plus mûres une supériorité dans la proportion de matière colorante.

Au reste, il ne peut être douteux que, dans les feuilles à une maturité moindre que celle à laquelle on est dans l'usage de récolter, il y a non-seulement plus de matière colorante, mais encore qu'elle conserve un plus grand éclat. C'est de ce principe que doit

partir le fabricant d'indigo, quelle que soit d'ailleurs
l'opinion qu'en porteraient les fabricans de pastel. Les
expériences directes que j'ai faites dans la vue d'éclaircir
cette question importante, ont prouvé que, relativement à une récolte faite pendant la bonne saison, la
proportion d'indigo s'augmente par une marche régulière, depuis le onzième jusqu'au seizième jour
de végétation ; qu'elle reste alors quatre à cinq jours
stationnaire, et qu'ensuite elle s'affaiblit. Ces expériences répétées en différens lieux, à Alby, à Bed-
ford, à Tortone, ont donné par-tout le même résultat.
Je ne connais que M. Cioni qui annonce des différences peu sensibles. Il lui a paru que l'extraction
de l'indigo est seulement plus facile, mais que la
quantité en indigo n'est pas sensiblement plus forte.
Cependant ce résultat même annonce qu'il y a un
peu plus d'indigo dans les feuilles à un moyen
degré de maturité, qu'à celui de maturité parfaite
préférée par les cultivateurs de pastel. Il n'est pas
difficile de sentir qu'un poids donné de feuilles
tendres bien succulentes, et qui perdraient par leur
dessiccation un cinquième en sus de ce que perd
un poids égal de feuilles à leur parfaite maturité,
ne saurait point représenter un poids de matière répondant à celui de ces dernières ; or, si, sous un
moindre poids de matière, les feuilles fraîches ont
autant d'indigo qu'un plus fort poids de feuilles

mûres, il est raisonnable de conclure que la proportion de matière colorante est plus forte dans les premières. Il suit de là que la meilleure époque pour la récolte est entre seize et vingt jours de végétation dans la bonne saison.

En automne, on pourra la prolonger entre le vingtième et le vingt-quatrième. On connaît, au reste, qu'elle est l'époque la plus favorable aux signes suivans :

La feuille dans toute sa vigueur, est épaisse, grasse, lisse, luisante, et sur-tout glauque, c'est-à-dire recouverte d'une efflorescence gris-bleuâtre, que le frottement avec les doigts enlève ; ses bords sont violets.

En récoltant les feuilles aux époques que je viens d'indiquer, on n'aura pas seulement l'avantage de leur plus grande richesse en indigo, et d'une matière colorante plus éclatante ; on aura celui encore très-important d'un plus grand produit en feuilles. Dans la manière ordinaire, on ne fait la récolte qu'à trente-quatre ou trente-cinq jours de végétation, et on fait cinq récoltes. Il n'est pas nécessaire d'observer que le nombre des récoltes est double. Cette seule circonstance des récoltes plus fréquentes, suffirait pour rendre cette méthode préférable à toute autre.

Dans les climats analogues à celui où j'écris, et en

semant en automne, la première récolte a lieu aux derniers jours d'avril, si le printemps n'a pas été retardé ; mais au plus tard au 10 de mai ; et on doit continuer ces récoltes jusqu'à la fin de novembre. Celles d'automne ne sont pas aussi riches en matière colorante, et encore moins celles de novembre qui sont déjà maltraitées par la gelée blanche ; cependant elles ne sont pas à rejeter ; elles donnent de l'indigo et un très-bel indigo. J'en ai travaillé au-delà de mille myriagrammes en novembre et décembre de 1811, un des hivers les plus anticipés et des plus rigoureux ; très-souvent elles étaient gelées ; cependant elles donnaient de l'indigo d'excellente qualité. C'est avec l'indigo de ces feuilles qu'ont été exécutées les expériences publiques faites comparativement sur l'indigo-pastel, et le bengale bleu flottant, à Turin, dont il a été rendu compte dans le journal officiel du 29 avril 1812.

La manière dont se fait la récolte des feuilles peut paraître bien simple ; cependant on n'est guère d'accord à cet égard, et deux manières différentes ont également leurs partisans. Par l'une, on récolte les feuilles à la main, en tordant avec les doigts ce qu'elle peut en contenir : par l'autre, on coupe la plante avec une serpe ; dans l'un et l'autre procédé, on doit avoir soin de ne point endommager le collet de la plante. La première manière à la main est plus généralement suivie ; elle est en usage à Alby, à Quiers, en Toscane et à Riéti. La deuxième est en usage encore dans quelques départemens de l'Empire, et paraît adoptée en Allemagne, puisqu'elle est conseillée par M. Henry. L'emploi des instrumens en fer se trouve défendu par l'ordonnance de 1699 ; on n'en connaît pas la raison. Nous croyons que cette dernière est préférable. La récolte à la main a le grand inconvénient d'arracher quelquefois de terre la plante toute entière avec sa racine ; ce qui est un double mal : premièrement, parce que ce sont autant de plantes perdues que celles qu'on a arrachées ; en second lieu, parce que la racine, qui n'a point de matière colorante, altère le pastel qui en provient, et le bain que l'on fait avec les feuilles, pour en extraire l'indigo.

Tout se réunit donc à conseiller l'emploi des instrumens en fer et tranchans, dont la plaie est très-probablement encore plus facile à guérir que celle d'un torsion toujours inégale. On peut employer à cette opération, soit une petite faucille, soit une serpe ; mais M. de Lasteyrie a décrit un instrument particulier qu'il croit préférable, et qu'il faudrait comparer aux précédens.

J'ai essayé cette année une manière différente de récolter, qui a fourni les meilleurs résultats. Je la propose pour les petites cultures, et je la soumets à l'expérience pour les grandes. Cette manière consiste à ne couper que les feuilles les plus grandes avec des ciseaux. Dès que la plante est dans toute sa vigueur, comme on l'a dit ci-devant, on lui enlève les feuilles les plus larges du bas, et on épargne les plus petites et la tige. On récolte par ce moyen tous les huit jours, parce que les feuilles qui n'avaient pas acquis assez de volume, et qu'on a laissées, prennent dans cet espace toute leur croissance ; ces feuilles contribuent à la nourriture même de la plante qui en devient plus robuste, et en y laissant la tige, on ne la force pas à une pousse nouvelle. Par cette méthode, la plante s'élève, jette des branches latérales, dont chacune donne un feuillage abondant. L'isatis repiqué et ainsi traité, n'est plus reconnaissable ; on le prendrait pour une culture de choux brocolis ; les mauvaises herbes , à commencer de la deuxième cueillette , ne sont plus embarrassantes ; l'isatis les étouffe toutes par son feuillage. On ne manquera pas d'opposer à cette méthode, qu'elle est trop dispendieuse : je suis très-persuadé du contraire, et je la crois la plus économique. Je suis loin de contester que les dépenses de cueillette ne soient plus fortes ; mais les économies que l'on ferait sur le nettoyage du champ des mauvaises herbes , et la valeur d'un produit, qu'on ne risque pas d'exagérer en la portant au triple, sont plus que propres non-seulement

(46)

à balancer le surcroît de dépense en cueillette, mais encore à donner un bénéfice considérable (1).

A Quiers, les feuilles que l'on récolte sont mises dans des sacs : c'est une mauvaise pratique, qui doit entraîner une grande consommation de toile, et qui expose les feuilles à s'échauffer, ce qui est jugé nuisible par les fabricans de pastel, et qui très-sûrement est nuisible aussi pour les feuilles dont on doit extraire l'indigo. On en trouvera la raison dans la troisième partie de cet ouvrage.

L'emploi des paniers est préférable, et il est utile d'y avoir recours pour transporter toute la masse qu'une charrette doit conduire à l'atelier. Les grands paniers d'osier qu'on adapte aux chars, et dont on fait usage pour transporter le maïs du champ à la grange, sont très-propres à cette opération; ils sont même à préférer à ces charrettes particulières de Cartwright, en ce que le grossier tissu en osier laisse des ouvertures à l'air qui, en se renouvelant, empêche que les feuilles ne s'échauffent.

---

(1) M. le sénateur Chaptal, comte de Chanteloup, m'a assuré qu'une expérience analogue a été faite cette année à Alby, par M. Rouques, très-avantageusement connu par son établissement de fabrication d'indigo-pastel. Le succès de l'expérience d'Alby ayant été aussi complet que celui que j'ai obtenu à Turin, j'invite avec confiance les cultivateurs à essayer cette nouvelle manière de récolter si abondante, et riche en bénéfices. Cet objet est trop intéressant, pour qu'il reste long-temps indécis.

CHAPITRE IX.

Des Cultures qu'on laisse pour Graine.

LORS de la dernière ou avant-dernière cueillette des feuilles, on doit épargner une partie de la culture, pour la destiner à fournir de la graine au printemps prochain. Dans toutes les cultures, il est de la plus grande importance de se ménager des moyens de se procurer la meilleure graine pour les cultures successives. Ce que nous avons remarqué sur cette variété, au chapitre I.er, doit déjà faire connaître que ce soin est plus nécessaire encore pour l'isatis. On choisit, aux époques ci-dessus indiquées, les cultures les meilleures et dans la proportion convenable, suivant la quantité de graine qu'on se propose de récolter. Ce choix ne doit pas seulement tomber sur les cultures présentant les plantes les plus vigoureuses, il doit tomber principalement sur celles qui, dans le courant de l'année, ont montré le moins de plantes; et il faut écarter celles qui ont de la disposition à se régénérer, dans le sens que nous avons indiqué plus haut, *p. 3.* Les soins qu'on doit prendre à cet égard doivent être excessifs; ceux qu'y mettent à Quiers les cultivateurs distingués, sont extrêmes. Une plante tendant à se régénérer ainsi, fournirait de la graine dont les productions dégénéreraient de plus en plus de la variété utile dans les cultures successives. Il faut donc écarter jusqu'à celles qui ne seraient que suspectes. Au lieu, par conséquent, de procéder à la récolte des feuilles de cette partie de la culture, les *fattoire*, factrices, ou femmes-chefs de laboureurs, et, ce qui vaut mieux encore, les propriétaires eux-mêmes, doivent parcourir les champs, et en arracher soigneusement toutes les plantes tendant ou paraissant tendre à la régénération. Cette opération doit être faite deux fois en automne; on la répète une troisième fois encore au mois de mars suivant, et enfin une quatrième fois à la fin d'avril. A cette époque, la plante a commencé à monter, et on a plus de facilité pour mieux reconnaître les individus qui auraient pu échapper à la surveillance des opérations précédentes. C'est en partie dans ce but, de pouvoir mieux distinguer les plantes suspectes, qu'on évite de récolter les feuilles de cette portion de la culture destinée à fournir de la graine; mais on les épargne encore sous un autre point de vue également important. L'expérience a prouvé que les plantes dont on n'a pas cueilli les feuilles à la dernière, ou, mieux encore, aux deux dernières récoltes, donnent plus abondamment de graine, et que cette graine est plus nourrie et par conséquent meilleure.

Le bon cultivateur, qui aime à se procurer la meilleure graine, ajoute encore de nouveaux soins à ceux

que

que je viens de décrire. Lors de l'inspection de ses cultures, il ne fait pas seulement arracher les plantes justement soupçonnées de tendre à s'altérer, mais il fait arracher également toutes les plantes faibles. Ce n'est pas une perte bien considérable, que celle de la graine que ces plantes fourniraient : l'isatis en donne assez abondamment pour qu'on ne doive pas s'y arrêter ; d'ailleurs elle se trouve compensée par une plus grande production de la part des plantes subsistantes, qui par là se trouvent beaucoup plus à leur aise. La graine, qui par ces soins provient des plantes les plus robustes, remplit à-la-fois différens buts utiles ; elle fournit des semis plus égaux et plus nourris, des individus plus forts, et contribue essentiellement à la conservation de la bonne variété.

La récolte de la graine ne diffère presque pas de celle du blé : on coupe les tiges à la faucille, et on en fait des gerbes ; seulement l'opération de la faucille doit être faite de bon matin sur la rosée. Cette graine se détache aisément, et c'est pour éviter des pertes qu'on la coupe sur la rosée. Le degré de maturité se reconnaît à une belle couleur violette que la graine a prise sur presque toute la plante. Les gerbes sont portées à la grange sur des chars ; mais on doit avoir soin, pour ne pas les égréner, de ne les charger que le matin de bonne heure, ou bien le soir.

D

On conserve la récolte en grange pendant deux ou trois jours ; ensuite on la répand sur l'aire, on la fait sécher ; on passe le rouleau dessus, et on la bat avec des fléaux ou des perches ; on en sépare la paille avec des rateaux ; enfin, on la fait passer au crible, pour en séparer la terre et les menues pailles : dans cet état, on la porte dans des greniers bien aérés, où elle se conserve.

La graine de l'isatis indigotier devant devenir, au moins pour quelques années, un objet de commerce important, il est bon de détruire ici quelques erreurs grossières dans lesquelles on est tombé à l'égard des caractères auxquels on pourra distinguer la bonne de la mauvaise graine. On se trompe lorsqu'on croit que l'on peut reconnaître la graine de la bonne variété de celle du bâtard, à la couleur violette, en supposant que la graine de ce dernier soit de couleur jaune. La graine du bâtard, et même celle de l'isatis qui s'est régénéré au point de s'identifier avec l'isatis sauvage, est tout aussi violette que celle de la meilleure variété, la plus soigneusement conservée. La graine de ces différentes variétés ne peut se reconnaître à aucun caractère extérieur ; et à l'égard de la bonne ou mauvaise variété, il ne reste qu'à s'en rapporter à la bonne foi de celui qui la fournit. On est en droit de s'attendre que les établissemens impériaux que sa Majesté a formés, voudront bien se charger de cette partie importante, pour éviter que les cultivateurs ne soient trompés. Si l'on fait soi-même la graine, on ne peut se rapporter qu'aux soins qu'on aura mis à conserver la bonne variété dans son état inaltéré ; mais il importe, à d'autres égards, de connaître la bonne de la mauvaise graine. La bonne graine, celle qui est parvenue à une parfaite maturité, est grosse, renflée, bien nourrie, et d'une couleur violette agréable ; mais elle ne mûrit que d'une manière très-inégale. L'isatis a déjà des graines d'une parfaite maturité, lorsque les extrémités de ses branches sont encore chargées de fleurs jaunes. Il s'ensuit de là que, quels que soient les soins qu'on porte à la récolte, la graine qu'on recueillera ne peut être qu'un mélange de trois espèces, pour ainsi dire, de graines, dépendantes uniquement de leur degré de maturité. Les plus parfaites sont d'une belle couleur violette ; ce sont les mieux nourries, les plus robustes, les plus propres à la germination, et les plus propres à fournir des plantes fortes et à conserver la variété. Les graines parvenues à une moindre maturité n'ont qu'une couleur violette plus ou moins faible, tirant vers le gris. A ce degré de maturité, la graine germe ; mais, s'il était possible, ces graines devraient être écartées. Celles enfin qui proviennent de l'extrémité des branches, n'ont pas atteint leur degré de maturité, et sont de couleur jaune : celles-ci

D 2

ne germent point. Il serait inutile, d'après ces remarques, d'observer que la graine la meilleure est
toujours celle qui réunit la moindre quantité de graines
jaunes ou grises, ou faiblement violettes ; que la meilleure graine est celle d'un beau violet, sans que, pour
cela, on puisse rien en conclure sur la variété qui
l'a fournie.

L'expérience a prouvé qu'il est prudent de conserver en réserve le double de la graine dont on a besoin ; cette mesure de précaution est nécessaire, soit
pour prévenir les cas de disette (l'isatis étant, comme
toutes les autres plantes, sujet à souffrir de l'hiver, et
à avorter à l'époque de la fécondation), soit pour
prévenir le malheur d'une grêle qui, quoique peu
dangereuse pour d'autres graines, serait entièrement
destructive pour celle-ci.

CHAPITRE X.

De la Préparation du Pastel.

LES feuilles étant récoltées aux époques et de
la manière que nous avons énoncées, sont également
propres à être soumises, soit aux opérations par
lesquelles on les réduit en pastel, soit à celles qui
ont pour but d'en extraire l'indigo. Je vais terminer
cette partie en décrivant celles par lesquelles on les
réduit en pastel, et par quelques observations sur
le pastel en général. Il peut paraître, au premier

abord, que, dans un ouvrage destiné à décrire le
meilleur procédé pour extraire de l'isatis la matière
colorante, il est inutile de s'occuper de l'ancienne
manière imparfaite et grossière, puisque la nouvelle
doit la faire oublier ; mais je dois faire observer
qu'on se servira du pastel tant qu'on emploiera de
l'indigo en teinture. Ces deux branches d'industrie
sont inséparables. Un établissement d'indigoterie
ne pourrait, ni ne doit exister sans un établissement réuni ayant pour but la fabrication du pastel.
Nous avons vu que l'isatis est sujet à plusieurs maladies, dont le seul remède est la récolte des feuilles.
Il serait impossible de se délivrer de tant de matière
par les seules opérations d'extraction de l'indigo, et
sans s'aider des ressources que présente l'art de la
réduire en pastel par des opérations en grand. Aux
accidens provenant des maladies de la plante, il faut
joindre ceux d'une grêle : elle peut, sans la détruire,
altérer et bouleverser la plus belle récolte ; il n'y
a moyen de se garantir des dommages qui s'en-
suivraient dans le cours des récoltes successives, que
par une cueillette générale ; et tant de produits à-la-
fois ne sauraient être épuisés assez promptement par
les opérations de l'indigoterie ; on se trouverait nécessairement forcé d'en perdre une grande partie, si
on n'avait pas la ressource de pouvoir la réduire
en pastel.

D 3

Il faut ajouter à cela, que, dans les travaux de l'indigoterie, il peut très-bien arriver, soit par accident, soit par la négligence des ouvriers, que des opérations donnent des produits qui, quoique de quelque valeur, n'ont cependant pas le mérite de recevoir le nom d'indigo, et dont il importe cependant de s'assurer la consommation et d'en obtenir un prix. La plus grande partie des liqueurs qui ont donné l'indigo, en contiennent encore, et, convenablement traitées, donnent des fécules beaucoup meilleures que le pastel. Il serait dangereux, soit pour l'économie particulière, soit pour l'économie publique, que des produits aussi utiles fussent rejetés. Si la fabrication du pastel offre, d'une part, la ressource de mettre la fabrication de l'indigo dans le cas de tirer un parti avantageux de ces produits et fécules, l'art de la teinture en tirera un plus fort bénéfice, par la considération des qualités de pastel que l'association de ces produits aura améliorées. Ces considérations, auxquelles il ne serait pas difficile d'en ajouter encore, doivent convaincre qu'on ne doit point séparer ces deux branches d'industrie, et qu'à ce titre elles doivent de même être traitées dans cet ouvrage.

L'art de faire le pastel se compose de quatre opérations fort simples : 1.º le broyage des feuilles au moulin ; 2.º la fermentation de la pâte ; 3.º la for-

(55)

mation et le desséchement des pelottes ou boules ;
4.º le raffinage ou l'*agrénage* du pastel.

Ire OPÉRATION.

Broyage des Feuilles.

AUSSITÔT que les feuilles sont arrivées des champs
à la fabrique, on les met presque par-tout sous le
moulin, à moins que celui-ci ne puisse les broyer
assez promptement pour travailler toute la récolte.
Alors on les étend, et on les conserve en les remuant souvent, jusqu'à ce qu'on puisse les broyer.
M. de Lasteyrie dit qu'on laisse, à Alby, un peu flé-
trir la feuille avant que de la porter au moulin. C'est
une excellente pratique, indispensable sur-tout lorsqu'on voudra bien adopter la méthode de récolter
les feuilles dans toute leur vigueur. Il ne faut laisser
aux feuilles strictement que l'humidité qui est nécessaire pour pouvoir les broyer et en faire une
pâte. Sans cette opération préliminaire, il se forme
une trop grande quantité de jus qui, en s'écoulant,
emporte avec lui beaucoup de matière colorante,
qu'on peut aisément, par ce flétrissement préliminaire, conserver dans la pâte, au moins en grande
partie. Ce seul soin suffit pour donner au pastel
d'une fabrique une réputation que n'aurait pas tout
autre où ce soin serait négligé, parce que, à poids

D 4

égal, il contiendra plus de matière colorante. Le broyage doit être parfait, et continué en remuant souvent la pâte, jusqu'à ce que les nervures longi-tudinales des feuilles soient parfaitement écrasées. On juge que le broyage est terminé, lorsqu'en exa-minant la pâte on n'aperçoit plus ces nervures. Le moulin qui exécute cette opération ne diffère pas des moulins communs à huile de noix : ils sont con-nus de tout le monde. Dans les pays très-secs, où l'on cultive plus communément l'isatis, ce moulin est mis en mouvement par des chevaux ; mais, par-tout où cela est possible, on doit préférer l'action d'un cou-rant d'eau, qui est plus économique. La meule et la pierre sur laquelle elle tourne, sont crénelées, pour faciliter le broyage. On doit avoir l'attention que le mouvement ne soit pas trop rapide, soit pour ne point échauffer la feuille, soit pour donner assez de temps pour la remuer : cette opération qui se fait avec une pelle, facilite le broyage et contribue à sa perfection.

2.ᶜ OPÉRATION.

Fermentation de la Pâte.

TOUT près du hangar où est placé le moulin, on a une chambre disposée expressément pour cette opération. Cette chambre est carrée et entièrement ouverte d'une part. Son pavé doit être en pierre unie, et incliné d'un côté. On y pratique une rigole destinée à recevoir le jus qui s'écoule de la masse, soit dans la cour, soit dans la rue. Je propose avec confiance de pratiquer à l'extrémité de cette rigole une citerne destinée à recevoir ce jus, qu'on conservera pour l'usage dont il sera question ci-après.

La pâte est portée, du moulin, sur la partie la plus élevée du pavé de cette chambre, en face de la partie ouverte ; là, on en fait un tas que l'on cherche à unir autant qu'il est possible, en le pressant de toutes parts et en le battant avec des planches en bois, confectionnées pour cet objet. La fermentation ne tarde pas à s'y établir ; la masse se gonfle et se raréfie ; des crevasses se forment plus ou moins profondément ; un jus noir s'en sépare, coule dans la rigole, et de là dans la rue ou dans la cour. Ce jus est entièrement abandonné. On ne sait par quelle bizarrerie on ne se donne pas même la peine de le recueillir, en le faisant passer dans une fosse à fumier, où il fournirait un engrais excellent. La quantité de ce jus qui s'échappe en pure perte est considérable ; et comme il s'écoule assez ordinairement dans les rues, il donne aux différens quartiers des villes à pastel un air de malpropreté, et répand une odeur désagréable. L'intérêt général impose silence à la police, à laquelle on s'efforce de persuader que cette odeur désagréable est salutaire. J'ai dirigé mes vues sur ce jus au commencement des recherches que je fis sur l'indigo du pastel, et j'ai cherché long-temps sans succès le moyen d'en séparer la matière colorante : je me bornais donc à conseiller de l'employer comme engrais. Cependant, lorsque j'ai fait l'application des alcalis caustiques à l'extraction de l'indigo, j'ai cru que ce sujet devait être repris, et alors il ne fut pas difficile d'y trouver abondamment de la matière colorante. M. Costanzo, commis de l'école, s'est livré dans la suite à un travail complet sur ce sujet rebutant, ayant soin de préférer les eaux putrides, dans la vue de déterminer si la matière colorante aurait pu disparaître par la putréfaction. Il a essayé de soumettre de l'indigo à la putréfaction dans les eaux d'extraction ; il en est résulté que, loin de se décomposer par ce procédé, l'indigo en est devenu plus brillant ; de sorte que ces eaux ou jus putrides ont donné en indigo un produit fait pour fixer l'attention.

Ces résultats feront sans doute sentir l'avantage de ne pas sacrifier de cette manière tant de matière colorante, dont il est si facile de faire un emploi utile. On doit recueillir, lors de la fermentation, ces eaux dans des citernes. Je parlerai plus bas de l'usage qu'on en peut faire.

La fermentation de la pâte n'a point de durée

fixe. Quelquefois elle dure vingt jours ou trois semaines ; le plus souvent on laisse la fermentation se
prolonger jusqu'à la récolte suivante, et quelquefois
aussi on la laisse subsister de quatre à cinq mois.
C'est ainsi, par exemple, qu'on laisse jusqu'au printemps la récolte d'automne ; mais on se hâte de la
terminer et de réduire la pâte en boules, lorsqu'on
observe qu'il s'y est formé des vers et qu'ils s'y
multiplient.

3.ᵉ OPÉRATION.

Formation des Coques.

Quels que soient les soins qu'on ait donnés au
broyage des feuilles, il peut arriver que la pâte n'ait
pas acquis cette égalité qu'on lui desire, et que des
nervures n'aient pas été écrasées assez complètement.
Pour remédier à cet inconvénient, et pour donner
à la pâte toute l'égalité dont elle est susceptible et
lui faire acquérir ce liant si utile pour la formation
des coques, on soumet, après cette première fermentation, la pâte à un deuxième broyage. Par là
elle devient uniforme dans toutes ses parties, elle
acquiert assez de ténacité pour que toutes ses parties
se tiennent réunies, et on procède à la formation
des coques, qu'on expose sur des claies de roseaux
au grand air et au soleil, dans des lieux à l'abri de
la pluie autant que possible. On les repasse le jour

d'après ou le suivant, pour mieux les comprimer ; et dans cet état on les abandonne à l'air jusqu'à parfait desséchement.

4.ᵉ OPÉRATION.

Raffinage ou Agrénage du Pastel.

DANS quelques pays, cette opération est négligée, et le pastel est vendu tel qu'il provient de l'opération précédente. Dans d'autres, au contraire, on prétend que c'est une mauvaise pratique de ne pas raffiner le pastel, et l'on croit que cette dernière opération contribue beaucoup à améliorer sa qualité.

On trouve ce contraste frappant d'opinions si opposées sur des points très-peu éloignés l'un de l'autre. Le ci-devant Piémont en présente des exemples. A Quiers, département du Pô, on croirait ne posséder qu'un pastel très-mauvais et de rebut, si on ne l'avait point raffiné ou agréné. Aux environs de Tortone, au contraire, à Castelnuovo-Scrivia, à Ponte-Currone, à Tetto de Torti, département de Gênes, on ne raffine jamais le pastel. Il serait difficile de juger entre des opinions si directement opposées. M. Cioni, directeur de l'école expérimentale de San-Sepolcro en Toscane, paraît avoir entrepris l'examen de cette question, et s'être décidé contre l'agrénage. Il est à desirer qu'il nous fasse connaître en détail le résultat des recherches sur lesquelles il motive son opinion, que je ne connais que par un aperçu vague que j'ai trouvé dans sa correspondance avec son Excellence le Ministre des manufactures et du commerce. En attendant le résultat de ce travail, la pratique de raffiner ou d'agréner le pastel doit être recommandée d'après des bases qui ont des droits incontestables à la confiance. Elles reposent sur les différens degrés de réputation qu'ont obtenus les pastels agréné et non agréné, soit relativement à l'art de la teinture, soit dans le commerce. Le pastel agréné de Quiers étant au prix de 10 francs le myriagramme, celui qui est non agréné du département de Gênes n'est estimé que 3 francs. Le premier a un débit assuré, et le le dernier un débit très-équivoque.

Pour raffiner le pastel, on le soumet à une nouvelle fermentation, qui est décidément putride. Il se dégage tant d'ammoniaque, qu'il est impossible de respirer long-temps l'atmosphère de la chambre dans laquelle cette opération s'exécute, tant le poumon et les yeux en sont affectés.

On a à cet effet une chambre à part, bien close et exposée au plein midi. Son pavé est comme celui de la précédente, dans laquelle on a fait subir à la pâte la première fermentation, disposé en pente, pour faciliter l'écoulement d'une nouvelle liqueur que le pastel doit jeter, mais qui n'est pas cependant en grande quantité ; c'est pourquoi on ne pratique dans cette chambre aucun canal ou rigole destiné à conduire les eaux au-dehors. On nomme cette pièce *affinoir.*

On porte pour cette opération les coques sous le même moulin où l'on a broyé les feuilles, et on les réduit en poudre, autant qu'il est possible, en les broyant. Lorsque la poudre est assez fine, on y verse, en petite quantité et à chaque fois, assez d'eau pour la réduire en pâte, qui doit ensuite être exposée à la nouvelle fermentation que nous avons annoncée. Il doit paraître étonnant qu'à Borgo-San-Sepolcro on fasse usage de vin au lieu d'eau pour arroser le pastel, et le disposer à cette nouvelle fermentation, comme il doit également paraître extraordinaire qu'avec une si forte abondance de jus de la pâte, si riche en matière colorante, et, par sa matière extractive, si propre à donner du liant à la pâte, on préfère ailleurs l'eau pure dans cette opération. C'est ici, à ce qu'il nous paraît, que la liqueur ou le jus qui s'écoule si abondamment lors de la première fermentation de la pâte, trouve son emploi naturel. En employant cette liqueur pour arroser la poudre, on porterait à-la-fois dans la masse, de l'eau et l'indigo qu'elle contient ; sa dessiccation avec la poudre remplacerait la perte à laquelle le pastel est sujet dans cette opération, qu'on évalue à dix pour cent ; et cette eau servirait en même temps de levain pour mieux développer la fermentation putride qu'on desire exciter, et que l'on n'obtient quelquefois que difficilement dans les températures froides. Indépendamment de cette application, on pourrait en donner une autre à ce jus ; ce serait celle de le faire servir à l'amélioration du pastel des récoltes automnales, dont l'emploi est malheureusement dirigé à gâter le pastel des premières récoltes de l'année suivante.

Cette pâte étant formée, on la porte à l'affinoir. Elle a plus de consistance que la première ; mais elle doit être à peine liante. On la dispose en tas aplati ; mais sans la presser, et on l'abandonne. La fermentation a lieu du troisième au cinquième jour : lorsqu'elle est bien développée, on remue de temps en temps le tas, et on continue ainsi vingt-cinq jours environ de suite. La fermentation s'affaiblit alors ; la matière, qui s'était beaucoup échauffée, se réfroidit, et le parfait réfroidissement termine l'opération : on porte ensuite le pastel dans des greniers, et on le conserve en monticules, pour l'exposer à l'action de l'air. C'est dans cet état qu'il entre dans le commerce, et va servir aux besoins de la teinture.

CHAPITRE XI.

Exposition d'un nouveau procédé pour préparer le Pastel.

PARMI les différens procédés qu'on a présentés pour l'extraction de l'indigo de l'isatis, j'en connais deux dans lesquels il serait question de l'extraire du pastel en coques. Je ne ferai mention que de celui qui appartient à MM. Sutorius de Cologne, et je me dispenserai de le considérer sous le point de vue de l'extraction de l'indigo. Les auteurs ont déclaré qu'ils ne regardent pas encore leurs résultats comme bien constatés ; c'est de leur expérience qu'il faut attendre des lumières définitives. Je crois même entrevoir, au contraire, dans les premiers essais dont ils ont rendu compte à son Excellence le ministre des manufactures et du commerce, une application toute différente, et qui me paraît promettre à l'art de faire le pastel et à l'art de la teinture, des avantages très-importans ; c'est dans cette persuasion que je les propose, et que j'invite à se livrer à des expériences.

Il résulte, des essais de MM. Sutorius, que l'on pourra faire du pastel sans fermentation de la pâte, ce qui est très-d'accord avec ce qu'on savait depuis long-temps, et que l'on a essayé dernièrement avec succès par l'emploi des feuilles sèches en teinture. Il résulte ensuite de ces mêmes essais, que le pastel

préparé

(65)

préparé et traité d'une manière particulière, que je vais décrire, peut servir en teinture à la cuve à froid, par chaux et sulphate de fer, à laquelle personne, que je sache, n'a jamais songé de l'appliquer. Il n'est pas besoin de remarquer les avantages qui résulteraient de cette application à quelques égards. Une économie de combustible, de temps et de travail est sensible dans toutes les opérations de teinture dans lesquelles cette cuve à froid pourrait remplacer la cuve ordinaire de pastel à chaud; et on sait que, si on excepte la teinture des laines, la cuve à froid peut remplacer, sous tous les autres rapports, la cuve à chaud dans les usages auxquels on emploie le pastel. C'est par la cuve à froid que l'on fait la plus grande consommation d'indigo dans tout ce qui est fil et coton; et si, pour ces matières, la cuve de pastel à chaud peut servir à quelques teintures, on n'a pu l'appliquer, jusqu'à présent, à un très-grand nombre d'autres qu'on doit nourrir entièrement par de l'indigo. Ce serait sans doute un grand avantage que de pouvoir exclure ce dernier, au moins en grande partie, en le remplaçant par du pastel d'une fabrication aussi prompte et aussi facile que celle que je vais décrire, et sur-tout en le remplaçant dans une cuve à froid sans emploi de combustible (1).

---

(1) L'exemple de la ville de Quiers fournira les preuves de ce que j'avance sur ces avantages. Cette ville, si riche en pastel, est

E

La manière de préparer le pastel de MM. Sutorius est on ne peut pas plus simple et on ne peut pas plus expéditive.

On commence par broyer les feuilles à la manière

---

une des plus remarquables par son industrie. Mille métiers y sont ordinairement en activité pour une fabrication de toiles en fil et coton. Une douzaine de teinturiers, dits imprimeurs sur toiles, travaillent continuellement. On peut évaluer à une quarantaine de mille francs, les sommes que ces derniers exportent pour indigo, qui est tout entier employé en cuve à froid. Le coton bleu, employé en très-grande quantité pour les toiles, est fourni par les teinturiers de Marseille. L'application du pastel à la cuve froide éviterait donc à la seule ville de Quiers l'exportation annuelle de 50 mille francs; elle y fournirait par le produit de son sol, assurerait à-la-fois la consommation d'une grande partie de son pastel, et un débit plus certain de l'excédant dans les villes environnantes.

Ce n'est pas qu'on ne sache point teindre les toiles et les cotons en fil par la cuve de pastel à chaud; mais plusieurs circonstances s'y opposent: 1.º en général, la disette de combustible qui porterait les teintures à des prix trop élevés; 2.º pour les toiles à dessin blanc et bleu, l'insuffisance de la cuve de pastel à chaud, pour donner par une seule ou deux immersions des nuances asssez foncées, et l'action de la chaleur sur le cirage blanc; 3.º pour les cotons en fil, la difficulté avec laquelle la couleur s'attache au coton, qui exige un foulage trop long, dans un bain à une température qui doit être très-élevée, et qui exerce une action caustique sur les mains, action rendue encore plus insupportable par celle de la solution caustique de potasse et de chaux, avec lesquelles les cuves sont montées.

La cuve montée en pastel à froid éviterait toutes ces difficultés, lors même que, pour les nuances très-foncées, il serait indispensable de multiplier les immersions.

ordinaire. Lorsque les feuilles sont bien écrasées, on y ajoute sur chaque quintal, ou cinquante kilogrammes de feuilles, un mélange de deux kilogrammes de chaux vive qu'on a éteinte et réduite en poussière par de l'eau, avec un minot de bonnes cendres ordinaires passées au tamis. On mêle exactement par le broyage ces poudres avec la pâte des feuilles, jusqu'à en faire une masse uniforme. C'est là que se borne cette opération ; il ne reste plus qu'à mettre le pastel en pelotes ou coques, et à les faire sécher. C'est un pastel propre à entrer dans les opérations de teinture.

On ne sait pas encore combien de temps ce pastel pourra se conserver ; on en a essayé qui était fabriqué depuis un mois, et tout annonce qu'il pourra se conserver aussi long-temps que l'autre.

Il n'est pas nécessaire d'observer que, par ce procédé, tout le jus de la pâte, que nous avons dit être si intéressant, et qu'on néglige trop dans la pratique ordinaire, est entièrement retenu. La chaux et les cendres sont plus que suffisantes pour l'absorber et l'empâter. On remarquera aussi que, dans une grande indigoterie, cette méthode de fabriquer le pastel fournit un excellent moyen de se débarrasser promptement de l'excédant en feuilles, ce qui est très-difficile, dans bien des circonstances, par les opérations d'extraction de l'indigo.

L'application de ces pelotes aux opérations de teinture, est également fort simple.

Les pelotes étant sèches, on les réduit en poudre sous la meule à broyer, et on porte cette poudre dans une cuve proportionnée ; on y verse de l'eau commune à vingt degrés environ de Réaumur, jusqu'à ce que l'eau la recouvre ; on remue bien le tout, et on laisse, pendant vingt-quatre heures, le mélange en repos ; on trouvera alors qu'une fermentation assez forte a eu lieu dans la masse.

En supposant qu'on travaille avec le pastel provenant des cent livres de feuilles ci-dessus mentionnées, on prend alors trois kilogrammes de chaux vive qu'on a éteinte avec de l'eau, comme on l'a dit, on la jette ensuite dans de l'eau, on fait bouillir pendant un quart-d'heure, et on ajoute tout chaud ce lait de chaux au pastel dans la cuve ; on dissout séparément trois livres de sulphate de fer vert ; on ajoute de même cette dissolution au mélange ; on agite alors bien la cuve, et on laisse le mélange se reposer quatre à cinq heures. On agite de nouveau ; après cela on ajoute à la cuve un kilogramme de chaux et une livre de sulphate de fer, et ensuite six muids d'eau. On agite encore et on laisse reposer. Cette opération de pallier ou remuer exactement le mélange, est répétée à différentes reprises, jusqu'à ce qu'il ressemble à celui d'une cuve à froid ordinaire. Lorsque

(69)

l'écume est tout-à-fait bleue, on laisse reposer, et ce
bain est en état de teindre.

Lorsqu'il sera épuisé par les objets qu'on a teints,
on agite de nouveau, et on tire le bain à clair par le
repos, comme dans la manière ordinaire ; et lorsqu'il
arrive que, malgré le palliement ou l'agitation du
liquide, le bain reste trop faible, on y ajoute un kilogramme de chaux vive et une livre de sulphate de fer.

Comme je ne rapporte que les essais des auteurs,
qui d'ailleurs n'ont travaillé que dans le but très-différent de se donner un bain dont on puisse séparer
l'indigo, il peut arriver que cette cuve soit très-im-
parfaite et qu'on doive chercher à l'améliorer. C'est
dans ce but principalement que je l'ai fait connaître
pour exciter l'attention des chimistes et des teinturiers. On peut soupçonner d'avance et avec fonde-
ment, d'après la connaissance qu'on a de la quantité
d'indigo contenue dans les 100 liv. de feuilles d'isatis,
que la quantité de chaux et de sulphate de fer employée doit être trop forte : d'après cette observation,
on peut soupçonner encore que, comme l'on procède
avec une assez grande quantité d'eau, le bain peut
rester trop faible en couleur et ne donner que des
nuances peu foncées ; mais on ne peut guère bien
juger ces procédés sans consulter l'expérience ; et
si ces inconvéniens ont lieu, il n'est pas difficile d'y
remédier, soit par des changemens dans les propor-

tions, soit même en employant le bain d'une cuve au lieu d'eau pour une seconde, lorsqu'on voudra en obtenir des bains plus chargés et avoir des nuances plus foncées. Je ne doute point, au surplus, qu'on n'obtienne les mêmes résultats avec la pâte toute fraîche, sans en faire des pelotes, et sans les faire sécher ; ce qui fournirait aux teinturiers des villages qui ne travaillent que sur toiles de fil et coton un moyen très-simple de pourvoir à leurs opérations par leurs propres cultures, au fur et à mesure de leurs besoins. Je reviendrai sur ce sujet, après la récolte de 1813, si les essais que je me propose de faire obtiennent les résultats que j'en espère.

Pour extraire l'indigo de ces bains, MM. Sutorius les soutirent et les soumettent au battage. Il se forme un précipité qu'ils traitent avec de l'eau acidulée par l'acide sulfurique jusqu'à cessation d'effervescence et par des lavages répétés jusqu'à eau claire. Ils obtiennent un assez bel indigo, qu'on pourra beaucoup améliorer en remplaçant l'acide sulfurique par l'acide muriatique. On l'obtiendra, sans doute, beaucoup plus aisément par une précipitation directe de l'indigo du bain par de l'acide muriatique. Mais, de quelque manière que l'on procède sur ces bains, cette dernière méthode sera toujours, à mon avis, trop compliquée, et sur-tout ne sera pas assez économique, pour verser de l'indigo dans le commerce.

CHAPITRE XII.

Des différentes qualités de Pastel, et de son emploi.

LA manière de faire le pastel que je viens de décrire, est celle qui donne le plus estimé, le plus recherché en teinture, et dont le prix est le plus élevé dans le commerce. On fait cependant des pastels par des procédés fort différens; c'est ce qui donne lieu aux espèces si variées dont le commerce est inondé, et aux différences si extraordinaires dans leur prix.

Dans le midi de la France, on pratique aussi l'opération du raffinage, mais d'une manière qui dure trois à quatre mois : au lieu de réduire le pastel en poudre, on le casse en morceaux avec des maillets ou autres instrumens, et au lieu d'en faire une pâte, on se contente de l'arroser à différentes reprises.

Ailleurs, on ne le soumet point du tout à cette opération. Dans le département de Gènes, par exemple, on le verse dans le commerce après la première fermentation, et en coques.

Dans d'autres pays enfin, comme dans les départemens du Calvados et de la Roer, on ne broye pas même les feuilles pour faire le pastel; on se borne à les entasser les unes sur les autres, et à les laisser fermenter quelques jours; on en fait des coques dès l'instant que la masse peut s'y prêter.

E 4

Tant de variations dans la préparation doivent né-cessairement en mettre dans les produits ; c'est pour cela que les opinions sont si diverses à l'égard du pastel.

Il paraît que l'on a deux objets en vue en se servant du pastel dans la teinture : dans quelques pays, on ne tient guère compte de sa matière colorante, et on ne le regarde que comme un ferment utile ou nécessaire pour produire la dissolution de l'indigo : de quelque manière qu'il soit préparé, il est toujours bon pour remplir ce but, pourvu qu'il soit à bas prix. Cette circonstance donne la raison du peu de soins que l'on met dans ces pays à cultiver le pastel véritable, et de la préférence qu'on donne au bâtard. Dans d'autres pays, au contraire, on tient parfaitement compte de sa matière colorante ; le pastel est destiné à la teinture proprement dite, par sa propre matière colorante ; il y remplit donc les deux buts, et y reçoit des prix proportionnés à la quantité de matière colorante qu'il fournit, tout en exerçant son action de ferment en teinture. C'est sous ce dernier point de vue que doit être considéré le pastel remplaçant l'indigo, et l'art de le faire, comme un moyen de tirer parti de sa matière colorante.

CHAPITRE XIII.

De la Nature du Pastel.

EN considérant le pastel sous le point de vue que je viens d'annoncer dans le chapitre précédent, il est aisé de sentir combien il serait important de connaître exactement sa nature, non-seulement pour pouvoir lui fixer des prix déterminés, mais pour pouvoir aussi le proportionner dans les opérations de teinture; cette connaissance nous conduirait encore à un résultat plus étroitement lié à notre but. Si nous pouvions bien connaître la quantité de matière colorante contenue dans un poids donné de pastel, comme nous pouvons évaluer le poids des feuilles nécessaires à la formation d'un poids donné de pastel, en comparant avec ces résultats ceux que nous obtenons de nos procédés pour l'extraction de l'indigo, on se trouverait naturellement conduit à la solution d'une question importante pour notre objet, et sur laquelle il serait d'autant plus nécessaire de pouvoir donner quelques renseignemens, qu'on se l'entend à chaque instant proposer.

Il est question de savoir si par nos procédés nous tirons tout, ou seulement une partie de l'indigo contenu dans la plante : question qui amène nécessairement le problème suivant : *Pour avoir toute la matière colorante de l'isatis, convient-il de le traiter suivant l'ancienne méthode et de le réduire en pastel, ou bien est-il plus avantageux d'en extraire l'indigo!*

Une analyse du pastel en coques répandrait beaucoup de lumières sur ce sujet. Nous en avons une bonne de M. de Chevreul; mais elle n'a été exécutée que sur de trop petites proportions, et elle ne nous donne, d'ailleurs, aucun résultat précis sur la véritable proportion de matière colorante, qu'il a considérée dans son association avec la cire et la fécule verte. Dans cette association, cent parties de pastel en contiendraient onze de matière colorante, desquelles il faudrait soustraire ce qui serait cire et fécule verte.

Au défaut de données exactes du côté de la science, il faut en chercher ailleurs. Je vais rapprocher quelques faits qui, s'ils ne présentent point des résultats très-précis, presque impossibles à obtenir, vu la grande différence entre les pastels, nous donnent cependant, sur la nature de cette production, des connaissances qui peuvent conduire à une grande approximation, ou à des données générales auxquelles on peut s'en rapporter avec assez de confiance. Ces données peuvent être déduites des effets que le pastel produit en teinture.

Depuis long-temps Hellot avait cherché à résoudre ce problème : *Il a été vérifié*, dit-il, *que quatre livres de bel indigo de Guatimalo rendent autant qu'une balle de pastel albigeois ; et cinq livres, autant qu'une balle de Lauraguais.*

Ces balles de pastel étant de deux cent dix livres, on trouve que deux cent dix livres de pastel albigeois contiennent quatre livres de matière colorante, en prenant pour terme de comparaison l'indigo de Guatimalo, et on trouve que deux cent dix livres de pastel du Lauraguais contiennent cinq livres du même indigo.

A Quiers, où les teinturiers guesderons sont d'une grande habileté dans l'art de manier le pastel, on évalue qu'un rub de vingt-cinq livres (de douze onces de pastel) répond, par la matière colorante qu'il fournit, à environ six onces du meilleur indigo.

Une expérience qu'on a faite cette année à Turin, sur la teinture des draps avec le seul pastel, et sans indigo, a prouvé qu'une cuve de trente rubs de pastel a teint autant de pièces, et a produit des couleurs égales à celles qui auraient résulté d'une cuve à pastel qu'on aurait épuisée, et qu'ensuite on aurait nourrie par quinze livres de bon indigo, qui est la proportion communément adoptée. Il est bon d'observer qu'on n'a employé dans cette opération que du pastel de première récolte, qu'on estime le meilleur.

Il résulte de là que, dans le bon pastel de Quiers, l'indigo s'y trouve exactement dans la proportion de deux à cent parties, ce qui ne s'éloigne pas de beaucoup de la proportion des pastels albigeois, et établit le rapport suivant avec les précédens.

Pastel, parties 3360 Lauraguais. Indigo 80 liv.

            3360 de Quiers....... 67. $\frac{1}{5}$

            3360 d'Alby.......... 64.

Le prix que le pastel conserve dans le commerce est constamment en rapport avec celui de l'indigo, et nous conduit encore au même résultat. A Turin, le prix de l'indigo est de 22 francs la livre, celui du rub ou myriagramme de pastel est de 10 fr. : lorsque l'indigo n'était qu'à 12 fr., celui du pastel n'était qu'à six ; et lorsque l'indigo est monté de 30 à 40 fr., le pastel a été préféré, et, sans que son prix se soit augmenté en proportion, on a vu s'augmenter extrêmement la culture et la fabrication.

On peut, d'après ce qui précède, regarder ces calculs comme assez exacts, et évaluer d'après les mêmes principes la nature des pastels des autres pays. On peut tirer de ces mêmes faits une autre induction ; c'est l'estimation de la quantité d'indigo que fournira à circonstances égales l'isatis dans le Lauraguais, dans l'Albigeois et en Piémont : les plus forts produits seront ceux du Lauraguais, et on en obtiendra d'égaux à-peu-près à Quiers et à Alby.

Maintenant si, d'après ces résultats, on veut savoir si, par l'extraction de l'indigo des feuilles, on retire

la même quantité de matière colorante qu'en les ré-
duisant en pastel, on en trouvera encore la solution.
On est assez d'accord que, pour former un myriagramme de pastel, il en faut neuf de feuilles d'isatis
à un juste degré de maturiré ; ce calcul donnerait six
gros d'indigo par myriagramme : nous en obtenons
environ cinq, et un surplus de fécule ordinaire ; c'est
donc à-peu-près la même proportion, et il paraît
qu'on va quelquefois même au-delà de la proportion
que le pastel contient, lorsqu'on emploie l'indigo
liquide.

Dans une expérience de teinture que j'ai fait exécuter, l'indigo provenant de douze myriagrammes
de feuilles, a fourni trois travaux ; du pastel provenant de quatre-vingt-dix, en a fourni dix-huit. A
tous les défauts qu'on reconnaît au pastel et à son
insuffisance dans la teinture des soies, on doit joindre
que l'extraction de l'indigo est plus expéditive et
plus économique que la préparation du pastel. Ainsi
point de doute que l'extraction de l'indigo ne soit à
préférer.

II.ᵉ PARTIE.

ART D'EXTRAIRE L'INDIGO.

SECTION I.ʳᵉ

De l'Indigo en général.

CHAPITRE I.ᵉʳ

Des Plantes Indigofères, et des Propriétés de l'Indigo.

La pratique d'une manufacture suppose nécessairement la connaissance de la matière qui en est l'objet. L'indigotier doit aussi bien connaître l'indigo, que le tanneur doit connaître le cuir, le savonnier le savon. C'est à ce titre que quelques notices sur l'indigo en général ont paru devoir trouver une place dans cet ouvrage.

On se bornera à celles qui sont plus strictement nécessaires au fabricant. Ceux qui pourraient en desirer de plus étendues, les trouveront dans les ouvrages de chimie, et sur-tout dans les ouvrages savans qu'on a écrits dernièrement sur l'art de la teinture. Ces connaissances plus étendues seront d'une grande utilité, et très-certainement ceux qui les possèdent auront toujours un avantage marqué sur les fabricans moins instruits; mais ce serait une erreur que de croire qu'on ne puisse très-bien fabriquer de l'indigo sans être chimiste et sans être teinturier.

L'indigo est un principe particulier, un matériel immédiat des végétaux, différent de tous les autres.

La nature ne paraît pas l'avoir répandu, ni très-communément, ni en très-grande abondance; au moins on ne l'a trouvé jusqu'à-présent que dans un petit nombre de plantes. Il serait cependant contraire à une bonne logique de borner ainsi la nature : c'est plus probablement faute de l'avoir cherché, ou d'avoir appliqué les moyens nécessaires, qu'on ne l'a pas trouvé dans beaucoup d'autres végétaux. Les voyageurs et les botanistes fournissent des matériaux pour de longs catalogues des plantes dont on dit qu'on tire du bleu chez différentes nations. En s'en rapportant ainsi à leurs observations, le nombre des plantes qui fournissent de l'indigo serait déjà fort augmenté ; mais dans l'état actuel de nos connaissances, on ne peut guère regarder comme bien constatée l'existence de l'indigo, que dans différentes espèces des trois genres *indigofera*, *isatis* et *nerium*. Il paraît qu'on en tire à la Chine d'une espèce de *poligonum ;* les missionnaires

et l'ambassade de lord Macartney paraissent confirmer cette opinion. On peut cependant en douter,
parce que, de ce qu'une plante donne une couleur
bleue, on ne peut pas avec assurance prononcer que
cette matière colorante est de l'indigo.

La nature a placé les espèces d'*indigofera* et le
nerium dans les climats chauds; et les espèces d'*isatis*,
les plus riches en indigo, dans les climats plus tem-
pérés, comme celui où nous avons le bonheur de vivre.

On a cru, et l'on croit encore, que l'indigo diffère suivant les plantes qui l'ont produit, suivant le
terrain dans lequel elles ont végété et suivant le
climat plus ou moins chaud. C'est une erreur que
les faits détruisent; l'expérience prouve que ce principe est identique, uniforme, jouissant constamment
des mêmes propriétés, de quelque plante, de quelque
climat, de quelque terrain qu'il provienne. L'examen
comparé de celui du pastel, soit par la chimie, soit
par les opérations de teinture, ne laisse aucun doute
sur ce sujet. Une grande partie de l'indigo que les
Anglais versent dans le commerce provient, dit-on,
du *nerium tinctorium*, très-commun dans leurs établissemens de l'Indostan; ce genre n'a aucun rapport,
ni à l'*indigofera*, ni à l'*isatis*. Nous verrons bientôt
que les différences qu'on remarque dans les nombreuses espèces de l'indigo du commerce tiennent à
d'autres causes, que nous pouvons maîtriser. L'indigo-
pastel,

pastel, provenant de la même variété, cultivé dans le même climat, dans le même terrain, dans le même champ, présente autant de différences que toutes les espèces d'indigo étranger, suivant la manière dont on l'extrait; et ces différences sont souvent le résultat de changemens de circonstances si peu considérables, qu'on ne les avait pas même calculées.

Préparé par un procédé uniforme, ramené au même degré de pureté, il est toujours le même. Il est bon d'observer que, dans les plantes, l'indigo n'existe pas tel que nous le voyons après l'avoir extrait; dans ce dernier état il est bleu, et l'eau ne peut pas le dissoudre. Dans l'état où il est dans les plantes il n'est pas bleu, il est sans couleur, et l'eau peut très-bien le dissoudre, même aux températures ordinaires de l'atmosphère. Dans l'état dans lequel il est dans les plantes, il est éminemment combustible, et tend fortement à se brûler, aussitôt qu'il est dégagé des autres principes, beaucoup divisé et placé au contact de l'air. On doit le regarder comme plus combustible que le soufre, puisqu'il subit une combustion spontanée, que le soufre ne peut subir qu'à des températures plus élevées. En se brûlant il devient bleu. On doit donc regarder ces deux corps, savoir l'indigo bleu que nous employons en teinture, et l'indigo tel qu'il se trouve dans les plantes indigofères, comme pour le moins aussi différens qu'un combustible l'est

F

d'un corps brûlé. Il est bon d'observer encore que ce qu'on appelle indigo, tel qu'il se présente à nous dans son état bleu, même dans les espèces les plus estimées, est loin d'être de l'indigo pur. Il ne contient que la moitié de son poids de matière colorante dans les espèces jugées les meilleures ; sans tenir compte d'autres substances, une résine particulière, rouge, dissoluble dans l'alcool, l'accompagne constamment. Il paraît que c'est à cette résine qu'il doit sa propriété de cuivrer, et il paraît que cette résine s'y trouve dans des proportions différentes, qui semblent suivre la progression de la nature plus ou moins frutescente, et celle de l'âge des plantes qui l'ont produite ; les variétés d'*isatis* présentent les mêmes différences à cet égard. L'*isatis tinctoria*, ou le pastel sauvage, qui donne moins d'indigo que la variété que nous cultivons, donne un indigo plus riche en résine rouge, et, *vice-versâ*, les feuilles de pastel bien tendres donnent un indigo d'un bleu pur, ne tirant pas au violet ; couleur qui résulte du bleu et du rouge de la résine. Les feuilles mûres donnent de l'indigo plus violet. Nous verrons qu'on peut, jusqu'à un certain point, augmenter cette résine à volonté. Au reste, si l'indigo ramené à un haut degré de pureté peut présenter, dans ses apparences physiques, quelques différences, ce n'est que par cette résine, dont un peu plus le fait tirer au violet et un peu moins au bleu.

(83)

Ce n'est pas dans son état de pureté que nous devons considérer l'indigo : l'état de mélange où nous venons de le voir, est le véritable état dans lequel on doit le considérer dans l'art. Il possède alors toutes les propriétés particulières d'après lesquelles on doit le distinguer.

Sa couleur bleue, sa manière de présenter un reflet métallique lorsqu'on le frotte légèrement avec les doigts, sa propriété d'exhaler une fumée pourpre lorsqu'on le chauffe, sa dissolubilité dans l'acide sulfurique, sans s'altérer dans ses apparences bleues, sa divisibilité immense, sont autant de caractères auxquels on reconnaît l'indigo. On peut ajouter encore à ces caractères les suivans : son indissolubilité dans l'eau, dans les acides (le sulfurique excepté), dans les alcalis, dans l'alcool et dans les huiles.

Tel qu'il se présente à l'état bleu, l'indigo est un corps brûlé, et le degré de combustion qu'il a souffert influe encore sensiblement sur ses propriétés. Il est presque noir lorsqu'il est trop brûlé ; il est d'un bleu tendre lorsqu'il n'est pas assez oxidé ; il est d'un beau bleu lorsqu'il a acquis le degré d'oxidation qui lui convient : mais ces différences ne sont à-peu-près d'aucune importance dans ses propriétés. Elles n'influent que sur la plus ou moins grande promptitude avec laquelle il se dissoudra, ou, comme on le dit dans la teinture, il viendra à couleur en cuve.

Lorsque nous le *débrûlons*, ce que nous pouvons faire dans différens degrés, ses propriétés sont changées ; alors il devient dissoluble dans les alcalis, dans l'eau de chaux ; par d'autres altérations que nous pouvons lui faire éprouver, il devient dissoluble dans les acides faibles, et même dans l'eau pure.

Il conserve sa couleur bleue dans ses dissolutions avec les acides, excepté le nitrique et l'oximuriatique qui le décomposent. Il en prend une verte dans ses dissolutions alcalines, et il prend une couleur quelquefois rouge avec d'autres moyens de désoxidation et à des températures élevées ; mais il redevient bleu dans tous les cas, dès qu'il est au contact de l'air, dont il reçoit l'oxigène qu'il avait perdu.

L'indigo de l'*indigofera*, celui du *nerium tinctorium*, celui de l'*isatis*, ne diffèrent en aucun point dans toutes ces propriétés ; et, appliqués à l'art de la teinture, ils n'en diffèrent pas non plus ; tous donnent les mêmes couleurs, les mêmes nuances à circonstances égales. Ces couleurs ne diffèrent ni par l'intensité, ni par l'éclat, ni par la faculté de résister à l'action de l'air, ni par leur solidité ; mais ces propriétés sont plus ou moins marquées par leurs effets, suivant la proportion dans laquelle l'indigo réel se trouve mêlé avec d'autres substances, dans ce que nous désignons par le nom d'*indigo* : c'est ce qui constitue les différentes espèces de l'indigo du com-

merce, et qui sans doute formera des espèces nombreuses de l'indigo-pastel, suivant les différens procédés qu'on emploiera pour l'extraire, et les soins
qu'on mettra à sa préparation. Nous allons tâcher
de faire connaître quelles sont ces matières étrangères, et quels sont les moyens de les reconnaître ;
quels sont les moyens d'en déterminer la quantité ;
et, ce qui importe plus, quels sont les moyens d'en
évaluer la matière colorante , qui seule doit en former le prix. Le résultat de cette connaissance est
d'un intérêt majeur pour l'indigotier, parce que c'est
par lui qu'il jugera de la réputation de sa manufacture comparée aux autres , de la qualité de ses produits, et du prix qu'il doit y mettre dans le commerce.

CHAPITRE II.

De la Différence dans les espèces d'Indigo du commerce.

Nous avons dans le commerce des espèces nombreuses d'indigo, dont chacune forme encore des
variétés. Ces espèces et variétés jouissent toutes d'un
degré différent de réputation et de prix. L'opinion
à cet égard a été formée sans doute par l'expérience,
et la valeur des différentes espèces et variétés a été
déduite des effets que chacune produit en teinture.
Comme, dans ces epèces, il n'y a que la seule matière

colorante qui puisse être considérée , il est clair que c'est d'après la proportion de celle-ci qu'on doit y mettre des prix. Il doit en être de l'indigo comme des alliages métalliques ; sa valeur est proportionnée à son titre, à la quantité de fin.

Il est à regretter qu'il n'existe pas un travail dont le but aurait été de déterminer la proportion de matière colorante dans les indigos des différens pays. Au défaut de ce tableau on pourrait en dresser un autre d'après le prix qu'on leur attache ; mais cela ne nous conduirait encore qu'à une approximation , parce que ce produit peut varier non-seulement par les pays, mais par les manufactures même dont il provient, ou par la manière plus ou moins soignée dont on le fait.

Il est donc important que chacun connaisse par lui-même cette proportion de matière colorante ; c'est cette connaissance qui doit guider l'acheteur autant que le vendeur.

Il y a deux causes qui produisent la différence dans l'indigo ; l'une est dans la mauvaise foi du commerce ; l'autre est dans l'état d'avancement ou d'imperfection dans lequel se trouve l'art de l'indigotier chez les différentes nations qui le fournissent.

Lorsqu'une denrée conserve dans le commerce un prix élevé, la cupidité est promptement excitée, et la fraude doit s'en ensuivre. L'indigo est dans ce cas.

(87)

Les plus beaux produits de l'industrie en sont souvent altérés, et souvent même d'une manière très-
grossière. Il n'y a guère de substance qu'on ne se
soit avisé de mêler à l'indigo : du charbon, des
terres, de l'amidon, et jusqu'à des oxides métalliques, tout s'y est souvent trouvé.

L'état d'avancement ou d'imperfection de l'art y
contribue, d'un autre côté, d'une manière très-sen-
sible. La manière dont on fait l'indigo n'est pas la
même. On le fait en général par fermentation à
froid, en Amérique ; on le fait par décoction à Java,
et par infusion, depuis les découvertes du docteur
Roxburg, dans presque tous les établissemens anglais
dans les Indes. La chose sur laquelle on s'accorde
de toutes parts, c'est le précipitant, qui par-tout
est l'eau de chaux ou un mélange d'eau de chaux et
de dissolution de potasse. Nous aurons occasion de
voir que ce précipitant diffère immensément dans
ses effets, suivant la nature de la plante qui fournit
l'indigo, suivant la température à laquelle on l'applique, suivant la circonstance dans laquelle se
trouve la liqueur à laquelle on le mêle : c'est à ces
circonstances que tient la vague incertitude dans
laquelle est restée jusqu'à présent la pratique de
l'indigotier ; c'est dans la connaissance de l'action
de ce précipitant que consiste la perfection ou l'imperfection de l'art, et celle des produits qu'il fournit.

F 4

Nous verrons qu'on peut, avec la seule action de ce précipitant, et seulement par des changemens dans les circonstances énoncées, avoir à-la-fois des produits d'une grande pureté, et des produits à ne contenir qu'une trentième ou quarantième partie de matière colorante.

Indépendamment des fraudes que l'on commet dans le commerce, les espèces d'indigo peuvent donc infiniment varier, d'après la seule manière dont on les fabrique ; et elles peuvent varier dans une même manufacture, puisque l'action du précipitant qu'on y emploie tient à des causes qu'on a peu examinées et qu'on ne savait pas maîtriser.

On a cru pouvoir juger de la qualité des indigos d'après leurs apparences extérieures : leur pesanteur, leur cuivrage ou reflet métallique, l'intensité et la vivacité de leur couleur, la cohésion de leurs molécules, la manière dont ils s'empâtent et se lient avec l'eau, sont autant de propriétés d'après lesquelles le teinturier croit pouvoir en juger. Mais toutes ces propriétés sont trompeuses. L'industrie commerciale, et sur-tout l'industrie anglaise, a trouvé des moyens faciles d'éluder ces moyens d'épreuve et ces bases de jugement.

La pesanteur ne peut rien indiquer, tant que l'indigo n'est pas mêlé à des substances dont la pesanteur spécifique est considérablement plus forte

que celle de l'indigo. Celui, par exemple, qui est
mêlé avec du charbon bleu, des substances animales
molles ou tendres; celui qui offre un mélange, soit
d'amidon, soit d'alumine, en proportion même considérable, dès que, dans la formation des pains, les
molécules auront été tenues dans une disposition
convenable, ne surnageront pas moins sur l'eau que
le meilleur indigo.

Le cuivrage, la vivacité et l'intensité de la couleur avec quelques-unes des matières citées, non-
seulement ne seront point affaiblies, mais en liant
mieux les molécules de l'indigo, la propriété du reflet
métallique sera augmentée ou facilitée; l'intrusion
de molécules blanches avec les bleues, donnera un
bleu plus agréable, et sans en affaiblir l'intensité,
lorsque ces molécules blanches sont de l'alumine,
même dans la proportion considérable de dix à
quinze pour cent; quelque peu de matière huileuse,
que ce mélange absorbe aisément, lui donne à-la-
fois cette cohésion peu forte ou friabilité qu'on lui
desire, la propriété de ne pas se laisser aisément pénétrer par l'eau sur laquelle il flottera, et une couleur
plus foncée, en enduisant, pour ainsi dire, les molécules d'une espèce de vernis. Nous nous abstenons
de plus grands détails, de crainte de trop instruire
sur l'art même de falsifier l'indigo.

On trouve souvent de ces matières, et sur-tout

de l'alumine, que les teinturiers doivent le plus redouter, dans les indigos anglais , et qui sont souvent
portées à des proportions extraordinaires. L'article de
l'alun , considéré comme matière dont se sert l'indigotier , ajoutera quelques faits au sujet de l'emploi
de l'alumine et de ses effets.

Quant aux matières que l'imperfection de l'art,
ou le peu de soins ou d'intelligence de celui qui
dirige les opérations , peuvent laisser avec l'indigo ,
elles ne sont pas bien multipliées , mais elles peuvent cependant s'y trouver en des proportions très-
fortes. Je ne tiendrai point compte des matières terreuses qu'une eau peu claire servant à la fabrication
et aux lavages , peut y mêler ; celles-ci à part, celles
qui s'y trouvent, et que l'on trouvera sur-tout dans
l'indigo-pastel , par des raisons que nous allons exposer, sont principalement de la chaux carbonatée,
un savon calcaire triple, de chaux, de matière cireuse
et de matière végéto-animale ; enfin, une substance
muqueuse rendue insoluble dans l'eau froide par sa
réaction avec les précipitans, et qui, étant soluble
à l'eau chaude, se rapproche de l'amidon.

Ces substances ne sont pas aussi abondantes dans
les indigos étrangers, qu'elles le seront dans les indigos-pastels dans la fabrication desquels on n'aura
point écarté l'eau de chaux. La raison en est que
l'indigo se trouve dans une proportion beaucoup

plus forte dans les plantes indigofères des Indes,
que dans le pastel, et que, pour le précipiter de
celui-ci, une plus grande quantité d'eau de chaux
est proportionnellement nécessaire; ensuite, c'est
encore parce qu'avec bien moins d'indigo, il se
trouve en proportion, dans le pastel, beaucoup plus
de matière cireuse, et sur-tout beaucoup plus de
matière végéto animale, que dans l'anil.

Lorsque la proportion de ces substances est assez
considérable, comme dans tous les indigos-pastels
que nous avons examinés, et qui ont été faits par
d'autres, on en reconnaît presque la quantité à la
simple inspection. Ces indigos sont durs, difficiles
à casser; leurs molécules sont liées par une substance
glutineuse; dans leur cassure presque vitreuse, ils
présentent une espèce de luisant que l'indigo ne
peut avoir; ils se gonflent infiniment lorsqu'on les
imbibe d'eau, et se rétrécissent dans la même proportion par la dessiccation. Cette dernière propriété
est la mesure exacte de la proportion des matières
savonneuse, calcaire, et amilacée. Le pur indigo ne
se rétrécit pas du tout par la dessiccation. Jeté liquide
dans un moule, à peine peut-on le tirer lorsqu'il s'est
consolidé. Une fécule qui perd la moitié de son
volume par la dessiccation, comme celle qui a été
décrite par Henry, a la moitié de son poids de matière glutineuse.

Lorsque ces matières y entrent en petites proportions, comme dans les bonnes espèces d'indigo étranger, il n'est plus guère possible d'en juger par leurs propriétés apparentes.

CHAPITRE III.

Des différentes manières de juger de la Proportion de matière colorante dans les Indigos.

Les propriétés extérieures ne fournissant pas de moyens de juger de la qualité des différentes espèces d'indigo, il faut s'attacher à d'autres moyens. La chimie en donne de très-faciles. Rien ne serait plus simple pour le chimiste que de s'emparer de ces substances étrangères en y appliquant des dissolvans convenables, qui ne touchent point à l'indigo. L'eau chaude suffit pour s'emparer de toute matière amilacée et extractive; un peu d'acide muriatique suffirait pour s'emparer de l'alumine et de la chaux; le savon calcaire se décomposerait par les alcalis, et la chaux restante serait emportée par de nouveaux acides, &c. &c. Quelque simples que soient ces opérations, elles sont trop compliquées pour le commun des hommes, et trop longues dans leurs résultats.

Les procédés à préférer sont ceux qui ont pour objet la solution de la matière colorante par des dissolvans qui n'ont aucune action sur les matières étrangères, ou qui, s'ils en exercent une, mettent cependant la matière colorante en état de remplir ses fonctions particulières, et l'artiste en état d'en mesurer la proportion, ou par le poids ou par les effets.

Parmi ces derniers, la solution des indigos par l'acide sulfurique remplit jusqu'à un certain point ce but; et parmi les premiers, il n'y a que des moyens désoxidans ou des procédés de teinture.

Dans l'un ou l'autre cas, il est bon d'avoir un terme de comparaison: ainsi, par exemple, on aura un échantillon d'excellent Guatimalo, auquel on comparera l'indigo dont on se propose de connaître la qualité ou la proportion de matière colorante.

Pour l'emploi de l'acide sulfurique, on procède de la manière suivante. On prend un poids déterminé des deux indigos; par exemple, cent grains, et on réduit l'un et l'autre séparément en poudre impalpable. Il est important qu'ils soient, sur ce point, à circonstances égales.

On met ces poudres dans deux matras absolument pareils pour la grandeur et la forme.

On verse sur chacun huit cents grains d'acide sulfurique concentré, ou huile de vitriol parfaitement blanc. On étiquette les deux matras, et on les met l'un à côté de l'autre, sur de la cendre chaude à une température de soixante degrés du thermomètre de Réaumur, ou, ce qui est préférable, on les arrange dans un récipient d'eau presque bouillante, qu'on entretient dans cet état pendant douze heures environ. Au bout de ce temps la solution de l'indigo est faite, et on retire les matras.

On délaye alors peu à-la-fois l'indigo des deux matras séparément avec cent parties d'eau ; savoir, si l'on a employé une once d'acide sulfurique, on délaye avec cent onces d'eau. On filtre les solutions qu'on met de côté : on lave ce qui reste sur les filtres, en procédant avec des mesures d'eau égales sur l'un et sur l'autre, et on réunit ces lavages à la solution précédente. On continue le lavage tant que le filtre donne une couleur qui soit constamment d'un beau bleu ; mais, s'il arrive que les couleurs qu'il fournit soient ternes, ou tirent au vert, lors des derniers lavages, on cesse de laver, ou, si on lave, on met de côté les eaux du lavage dont la couleur s'est altérée. On a ainsi réuni les eaux de lavage de chacun des indigos à sa dissolution. Les degrés d'intensité de la couleur que les dissolutions conservent après ce délaiement commencent à en indiquer les rapports. On prend alors partie égale des deux dissolutions, et on les délaye à grande eau jusqu'à produire une nuance très-faible de bleu-de-ciel. Celui qui, pour fournir cette nuance faible, a exigé une plus grande quantité d'eau, est le plus riche en couleur; et la quantité d'eau employée, marquée soit en mesure, soit en poids, en exprime les rapports.

Cette manière me paraît assez simple et assez expéditive; je l'ai souvent employée pour les essais de mes indigos. Son résultat me paraît assez sûr; cependant je ne dois pas dissimuler que des teinturiers, prévenus contre l'indigo-pastel, et en faveur des indigos étrangers, m'ont observé que cette méthode n'est pas exacte. J'avoue que je n'en vois point la raison; celle qu'allèguent les teinturiers ne m'a pas paru satisfaisante. Ils disent qu'il y a de la différence entre l'action de colorer de l'eau et celle de colorer des étoffes. Cela ne paraît pas vraisemblable pour la même matière colorante. L'expérience de tous les jours prouve qu'un bain de teinture bien chargé donne des nuances plus fortes que n'en donne un plus faible, et qu'il y a en cela une progression régulière.

Quoi qu'il en soit à cet égard, les teinturiers qui seraient dans cette opinion, peuvent préférer une manière d'essai différente et plus conforme peut-être à leur goût, dont M. Pugh, de Rouen, est l'auteur, et qui a été publiée par ordre du Gouvernement.

On prend une partie de l'indigo que l'on desire examiner; par exemple, une once. On la réduit en poudre très-fine, que l'on broye encore avec de l'eau jusqu'à ce qu'elle soit parfaitement divisée. On délaye alors le tout dans cinq à six litres d'eau, dont on se sert pour bien laver les outils qui ont servi au broyage. On met ce mélange dans un vaisseau de fer ou de cuivre, et on y ajoute deux onces de sulfate de fer ou vitriol commun. On chauffe doucement le mélange pour opérer la solution du sulfate, et pour que l'indigo se pénètre bien de l'eau. On a fait éteindre, d'autre part, de la chaux vive avec de l'eau. On prend cinq à six onces de cette chaux éteinte, on la délaye dans deux litres d'eau environ; on en fait ainsi un lait. On fait bouillir pendant quelques minutes le mélange d'indigo et de sulfate de fer, ensuite on y ajoute ce lait de chaux, et on entretient le tout pendant quelque temps à une chaleur presque bouillante.

On a fait, par cette opération, une espèce de cuve pour le coton, dont l'activité a été promptement déterminée par la chaleur. La surface de la liqueur se couvre d'une pellicule cuivrée et d'une grande fleurée rouge, qui annoncent la solution de l'indigo.

Le teinturier qui voudrait juger de l'indigo par le travail qu'il fournit, peut le faire ainsi en peu d'heures. On laisse reposer le bain, qu'on tire du feu pour qu'il réfroidisse jusqu'à ce qu'on puisse y tenir la main, et on y teint alors du fil ou du coton; si

l'opération

l'opération a été exécutée comparativement avec un indigo dont on connaît la valeur, la quantité du travail qu'il fera, fait connaître dans quels rapports se trouve la matière colorante des deux indigos : seulement on doit avoir soin d'épuiser bien les deux cuves; et pour y parvenir, lorsqu'on les a épuisées par ce premier travail, on y ajoute de nouveau deux onces de sulfate de fer, et autant de lait de chaux que la première fois; ce qu'on répète jusqu'à ce que le bain ne donne plus de couleur. Le foncé des nuances et l'étendue du travail qu'on a fait avec l'un et l'autre indigo, fournissent des données assez certaines d'après lesquelles on peut juger.

Le commerçant qui voudrait en juger d'une manière plus matérielle et plus précise, peut procéder différemment, et se procurer toute la matière colorante, isolée, en procédant comme ci-après.

Le bain décrit ci-dessus s'étant bien éclairci par le repos, il en sépare, par décantation, la liqueur claire, qu'il conserve à part; il ajoute au sédiment le sulfate de fer et le lait de chaux, comme ci-dessus; il fait un nouveau bain par une nouvelle ébullition; il le tire au clair comme auparavant, et mêle cette liqueur à la précédente. Il répète la même opération jusqu'à ce qu'il ne se forme plus de pellicule cuivrée ou *irisante;* c'est un indice que l'indigo a été tout exporté. Au surplus, il s'en assure mieux encore, en prenant

G

une partie du bain, dans laquelle il verse quelques gouttes d'acide muriatique. Si la liqueur ne devient pas bleue, c'est qu'elle ne contient plus d'indigo. Si elle en contient encore, il s'en empare par une nouvelle addition de sulfate de fer et de chaux.

Toutes ces liqueurs étant réunies, il ajoute à cette masse une quantité d'acide muriatique suffisante pour la rendre assez acidule, et pour rougir le papier bleu; il la laisse ensuite reposer. L'indigo réel se précipite au fond : il le lave bien, le fait sécher, et le pèse. C'est la seule matière colorante que son indigo contenait.

Quelque compliquée que puisse paraître cette opération, elle ne l'est pas du tout, et il suffit de la répéter deux ou trois fois pour s'y exercer, et se la rendre bien familière. Les résultats en sont très-assurés et d'une grande précision.

Le résultat de cette pratique dissipera tout doute sur la différence des indigos. Quel que soit l'indigo, quels que soient la plante, le pays, la manufacture d'où il provient, ramené à cet état de pureté, il sera toujours identique.

SECTION II.

De l'Indigoterie, et des Matières dont se sert l'Indigotier.

CHAPITRE I.er

De l'Indigoterie en petit, et de ses avantages.

L'EXTRACTION de l'indigo de l'isatis est une opération si simple, qu'il n'y a personne qui, après en avoir lu la description, ou l'avoir vu exécuter une fois, ne sache et ne puisse la pratiquer. Comme dans les villages d'une population un peu considérable, il y a par-tout des teinturiers et des imprimeurs sur toile qui emploient de l'indigo dans leurs cuves, on ne peut douter que, lorsqu'ils seront assez éclairés, ces teinturiers et imprimeurs, conseillés par leur propre intérêt, ne tarderont pas long-temps à profiter des avantages que la culture de l'isatis vient leur offrir. Habitant la campagne, ils ne trouvent dans sa culture aucun obstacle : l'extraction de l'indigo doit devenir, pour ces teinturiers, une des opérations d'économie domestique les plus communes.

Il n'y a pas de classe d'hommes dont les intérêts soient plus étroitement liés à cette branche d'industrie. Quelques hectares de terre, qu'ils auront soin

de cultiver en isatis , leur fourniront l'indigo nécessaire à leurs teintures , et leur éviteront la sortie
annuelle de sommes très-considérables en achat d'indigo , et les chances trop fréquentes de devenir
victimes de la mauvaise foi commerciale. L'extraction
de l'indigo de l'isatis n'est pour eux ni plus pénible ,
ni plus longue , ni plus dispendieuse que l'opération
du broyage qu'ils devraient exécuter sur l'indigo sec
qu'ils acheteraient , et il la leur épargne : il leur suffit
de récolter aujourd'hui leurs feuilles dans la proportion de ce dont ils peuvent avoir besoin d'indigo ,
pour avoir, douze heures après, l'indigo nécessaire à
nourrir leurs cuves. Ils doivent l'employer liquide ,
ils peuvent même le faire sans le laver, et seulement
après avoir soutiré la liqueur dans laquelle l'indigo
s'est formé.

Quelque extraordinaire que ce résultat puisse paraître au premier abord, il n'en est pas moins rigou-
reusement vrai. Le fabricant d'indigo, qui en même
temps est teinturier ou imprimeur sur toiles, pourra
toujours et facilement faire passer, en moins de vingt-
quatre heures, la matière colorante qui est, sur son
champ, dans les feuilles de l'isatis, sur l'étoffe qu'il se
propose d'imprimer ou de teindre.

Cet emploi de l'indigo liquide lui donnera le bénéfice d'un broyage plus parfait, et évitera à-la-fois les
frais multipliés des opérations successives , pour le

porter à l'état de siccité dans lequel il circule dans le commerce. Il est même à souhaiter que l'usage s'introduise d'en verser de cette espèce dans le commerce. J'ai lu quelque part que cet usage est commun à la Chine ; et rien ne s'oppose à ce qu'on l'adopte en France : il n'y faut que de la bonne foi de la part du fabricant et de celui qui l'emploie. Le premier ne peut risquer d'être trompé, parce qu'il connaît la quantité réelle d'indigo qu'il fournit, par le poids des feuilles de l'isatis dont il l'a extrait, et dont il doit connaître la qualité. Le deuxième la connaîtra par le travail qu'il lui fournira, puisqu'il connaît la quantité d'indigo qui lui serait nécessaire pour obtenir le même travail.

Ces connaissances guident en même temps sur les proportions dans lesquelles on doit l'employer, et sur celles des matières par lesquelles on devra le breveter pour le tirer à couleur.

L'établissement des petites indigoteries de cette espèce n'entraîne presque aucune mise de fonds : il n'y faut qu'une chaudière et quelques cuves ; ce dont tous les teinturiers et imprimeurs sont pourvus ; et ils ont la main-d'œuvre avec eux.

J'ai déjà fait voir, dans la première partie de cet ouvrage, que la culture même de la plante n'entraînerait aucuns frais ni dépenses pour les teinturiers des campagnes ; ils obtiendraient les feuilles d'isatis en cultivant sur chaume, et la récolte d'hiver avec la pousse du printemps destinées à fertiliser leurs champs, compenseraient abondamment tous les frais de culture. Il faut convenir que l'empire des préjugés est bien grand, si tant d'avantages réunis ne suffisent point pour éclairer les teinturiers des villages sur leurs propres intérêts.

Les teinturiers guesderons, et les teinturiers sur laine, trouveront, dans les feuilles mêmes dont ils ont extrait l'indigo, une matière très-propre à leur servir comme de ferment, pour faire venir l'indigo à couleur dans leurs cuves; et tout en épargnant les sommes qu'ils dépensent en indigo, ils épargneront encore celles qu'ils dépensent en pastel.

On ne saurait trop insister sur l'importance de ces petites indigoteries pour les teinturiers des villages: leur consommation annuelle en indigo, multipliée par leur nombre, est beaucoup plus considérable qu'on ne pourrait le croire. Nous connaissons des imprimeurs de village dont la consommation annuelle en indigo monte au-delà de 20,000 francs; et il n'y en a pas qui n'en dépensent au moins trois.

Il est fort à desirer que le Gouvernement encourage cette partie de l'indigoterie. Un moyen simple, serait peut-être d'exempter de l'imposition foncière les terres qui seraient, pour cet usage, cultivées en isatis; et un moyen plus assuré encore, serait celui de ne permettre dans les villages l'exercice de la teinture et de l'impression, qu'à ceux qui emploieraient l'indigo de leur culture ou de la culture du pays. Cette mesure coactive, si c'en est une que d'encourager, par des récompenses, ceux qui s'empressent les premiers de seconder les vues bienfaisantes du Gouvernement, ne serait pas de longue durée, et chaque village en particulier jouirait de l'avantage de retenir dans sa circulation des sommes importantes, dont l'exportation continuelle tend sans cesse à l'appauvrir.

CHAPITRE II.

De l'Indigoterie en grand, et des Principes qui doivent en diriger l'établissement.

Les grands établissemens d'indigoterie ne peuvent guère profiter de tous les avantages que la petite indigoterie présente, à moins que d'y réunir une grande teinturerie ; ce qui est à desirer, au moins pour la teinture des laines, qui est la plus importante, et qui, dans les feuilles mêmes dont on a tiré l'indigo, peut trouver le plus de ressource. Cette réunion heureuse mettrait un terme au brigandage commercial et manufacturier de ces teinturiers riches qui aiment à décrier l'indigo indigène par cela seul qu'il va mettre des obstacles au monopole par lequel ils renchérissent sur les teinturiers moins aisés, et suffirait pour les ramener aux justes sentimens de l'intérêt général.

Il y a plusieurs circonstances auxquelles on ne saurait porter assez de soin dans l'établissement d'une grande indigoterie ; la plupart dépendent du choix du lieu où l'on veut l'établir. N'ayant point encore formé aucun grand établissement, je suis loin d'avoir la prétention de pouvoir faire connaître en détail toutes ces circonstances. On sait que, dans les manufactures en général, et sur-tout dans celles d'un genre nouveau, il est impossible de tout prévoir, et que ce n'est qu'à proportion qu'on avance, que l'on apprend à apprécier justement les inconvéniens et les avantages de détail d'une fabrique. Mais il y a des circonstances générales qu'on a dû bien entrevoir, même sur des petits établissemens, et qui sont d'une plus grande importance dans une fabrique plus considérable. C'est de celles-ci que j'entends exclusivement parler dans cet article.

Une de celles qui auront le plus d'influence sur sa prospérité est sans doute celle de l'eau. On doit, autant qu'il est possible, éviter les eaux crues. Celles dans lesquelles le savon se dissout bien, celles dans lesquelles les légumes se ramollissent, sont toujours à préférer ; mais assez souvent on ne peut pas tout disposer comme l'on veut. Sur cet article on peut se donner quelque latitude. Quelque chose qu'on ait dite ou écrite, on fera toujours de bel indigo avec une eau tenant des sels terreux en dissolution ; mais il n'en est pas de même si l'eau entraîne des molécules terreuses suspendues. Une eau qui n'est pas parfaitement limpide, est une véritable calamité pour l'indigotier qui se propose de verser de beaux produits dans le commerce. Tous les soins qu'il pourrait mettre à ses opérations ne seront que de bien faibles palliatifs aux malheurs que l'eau trouble entraîne. Son indigo n'aura jamais l'éclat qu'aura celui de son voisin qui travaille avec l'eau claire ; ses produits n'auront jamais de réputation dans le commerce. Si l'on se trouvait dans l'impossibilité d'avoir une eau bien limpide, il faudra alors se ménager le pouvoir de la rendre telle par des moyens artificiels. On doit disposer des réservoirs pour la conserver en repos et laisser ainsi précipiter les molécules terreuses, et assez souvent même cela ne suffirait pas. Alors il faudra disposer des récipiens de manière à la faire filtrer à travers le sable, par ascension, dans un réservoir latéral. Quelque grands que soient les frais de l'établissement de ces réservoirs, il vaudra toujours mieux s'y soumettre, que de s'exposer aux graves inconvéniens qu'entraîne l'emploi d'une eau bourbeuse. L'eau que nous employons à l'extraction de l'indigo devant être chauffée presqu'à l'ébullition, il faut songer à s'en procurer les moyens ;

mais, comme par-tout le combustible est un objet d'importance, il faudra ne pas l'oublier lors du choix du lieu où l'on fera l'établissement. De quelque espèce que soit le combustible, il peut servir; mais il importe de choisir toujours le lieu où l'on pourra s'en ménager pour l'entretien de l'établissement, et où on pourra se le procurer à moins de frais.

Un troisième objet de considération est celui des cultures. Je n'ai pas besoin de faire observer que le lieu où le prix de bail des terres est le plus bas, celui où l'isatis serait de meilleure qualité, sont toujours à préférer; ces circonstances ne sont pas de nature à être oubliées : mais ce que je dois faire remarquer ici, c'est qu'il y aurait de l'inconsidération à former un établissement d'indigoterie sans une dotation convenable en biens fonds pour lui assurer des cultures. Les propriétaires s'empresseront sans doute de profiter des bénéfices que cette nouvelle branche d'industrie doit présenter à l'agriculture; mais, en tout cas, ce secours est incertain : si l'on peut le calculer, il ne faut le prendre en compte que comme un accessoire utile, et il serait imprudent de s'y livrer entièrement. Il est bon de ne pas oublier d'ailleurs que si, d'une part, le propriétaire a des droits à ce que le fabricant lui paye les produits de ses cultures à un prix convenable, le fabricant a des droits égaux à les recevoir à des prix dictés

par une juste équité ; et comme il ne pourrait être
assuré de pouvoir mettre des bornes à de trop fortes
prétentions, sans détruire les inconvéniens d'une
possession exclusive, il doit se ménager lui-même
les moyens de nourrir sa manufacture, au moins en
grande partie, par d'autres cultures. Ces cultures
lui sont conseillées, d'autre part, par un intérêt
plus pressant. Une indigoterie est une grande source
d'engrais, par la consommation des feuilles d'isatis
et par les eaux de lavage qui sont très-riches en matière fertilisante. C'est se ménager un emploi utile
de ces engrais, que de se donner des cultures ; c'est
s'assurer de belles et riches récoltes, que d'y appliquer ces abondans et riches engrais. En adoptant
ce système, je conseille cependant de ne jamais oublier qu'une culture d'isatis exige des bras nombreux
pour les cueillettes des feuilles ; que les bras vigou-
reux doivent être réservés à des opérations plus fati-
gantes ; que l'intérêt public et celui de l'établissement, veulent que l'on tire parti des bras presque
inutiles ou de peu de valeur ; que, comme la cueillette ne peut se faire que tard au matin et s'achever
de bonne heure le soir, ce ne sont à-peu-près que
des demi-journées de travail qu'on peut offrir ; et par
conséquent que cette occupation ne peut attirer, ni
ne permet qu'on espère de se procurer des ouvriers
qui n'habitent point aux environs de l'établissement.

D'après ces considérations, on n'établira jamais une grande indigoterie que près d'une ville, où la qualité de l'isatis sera garantie par l'abondance de l'engrais, et où les cueillettes seront assurées par le nombre des bras qui sont inutiles à d'autres travaux, ou de peu de valeur.

Je croirais cet article incomplet, si je ne disais point un mot de la direction. Pour une branche d'industrie naissante, il ne peut y avoir de détails excessifs. Dans une grande indigoterie, il faut diviser les opérations en deux parties ; celui qui dirige les opérations d'extraction et de lavage ne doit point être distrait par d'autres soins. La moindre négligence l'exposerait, si ce n'est à des malheurs ou à des opérations infructueuses, du moins à des pertes très-considérables en produit, faute de soin de la part des ouvriers ; il s'exposerait à ne pas trouver dans ses produits cette égalité constamment uniforme qui doit établir la réputation de sa fabrique et celle de sa probité.

Celui qui sera chargé de la direction de cette partie sera d'autant plus utile à l'établissement, qu'il y sera plus intéressé, et qu'il aura quelques connaissances de chimie. Un garçon apothicaire actif et instruit peut très-aisément se former à ce genre de direction : il doit être chargé de surveiller et de diriger toutes les opérations jusqu'au deuxième lavage de l'indigo; instant où il faut le livrer à une espèce de nouvelle manufacture.

Dans cet état, l'indigo liquide, mais en bouillie épaisse, peut être transporté commodément, et il doit l'être, parce que les opérations successives doivent être exécutées dans un endroit clos, à l'abri des vents, sans confusion, et en lieu de sûreté. L'indigo doit être lavé parfaitement, mis en pâte sur chausses, moulé*, séché et ressué, ensuite remis au magasin. L'ensemble de ces opérations doit former le sujet d'une nouvelle direction. Les opérations que celui qui est chargé de cette partie doit exécuter, ne sont point difficiles; aucune connaissance ne lui est presque nécessaire; c'est un mécanisme pur et simple : mais c'est un mécanisme qui exige beaucoup d'adresse. Lorsqu'une denrée a une grande valeur, toute perte, quelque petite qu'elle soit, devient importante parce qu'elle se multiplie souvent : c'est le cas de l'indigo. Un garçon confiseur ou limonadier est très-propre à ces opérations.

Un dernier objet, l'un des plus importans, est enfin le local même. Il doit être tout près d'un courant d'eau assez fort pour mettre en mouvement quelques roues, dans le cas que l'on juge nécessaire de les appliquer au battage, et, en tout cas, afin de s'en servir pour élever des eaux que des tuyaux conduiront par-tout dans les cuves et chaudières qui doivent être placées à de fortes élévations au-dessus du niveau de l'indigoterie.

Le local doit être à la campagne, environné de ses cultures et disposé de manière à ce que les eaux de lavage soient versées sur ses terres, ou rassemblées quelque part. Ce serait une perte énorme que celle de cet engrais précieux. Ce local doit être d'une grandeur considérable. On n'oubliera pas qu'on ne peut se passer de réunir à l'indigoterie une fabrication de pastel, qui, par elle-même, exige assez de terrain ; et il faut songer, autant qu'il est possible, à y réunir un atelier de teinture dont nous avons fait sentir les avantages. Si l'on peut le trouver avec des dispositions naturelles en pente, il est à préférer ; il fournirait, dans ce cas, des économies considérables dans le placement des cuves. Il doit avoir des hangards en abondance pour y étendre et conserver les feuilles dont on ne pourrait se délivrer assez promptement ; des magasins ; des chambres pour le logement des ouvriers et de l'administration ; et enfin il doit être placé tout près d'une ville pour le prompt débit de ses produits.

J'ai remarqué au commencement de cet article, que l'établissement d'une grande indigoterie suppose nécessairement celui de cultures étendues en isatis. C'est assez annoncer que cette nouvelle branche d'industrie se rattache naturellement à l'agriculture, et, *vice versâ*, que les spéculations d'économie rurale pourront à l'avenir s'étendre et embrasser les fabriques d'indigo. Ce sujet demande à être éclairci dans un article dont l'objet soit d'offrir les principes qui doivent en diriger l'entreprise en général. On a pu voir dans la première partie de cet ouvrage que l'isatis est placé, d'un commun accord par les cultivateurs, au nombre des plantes qui épuisent le plus le terrain. Lors même que cela ne serait point exact, toujours sera-t-il vrai qu'il ne faut lui destiner que les terrains les meilleurs, et qu'il faut lui ménager des engrais le plus qu'on pourra. Cette circonstance mérite la plus grande attention. Comme il est indispensable d'établir un rapport entre les cultures à entreprendre, et la quantité des produits dont on se propose de former la somme du travail de la fabrique, ce rapport de cultures doit être déduit de différentes données, et principalement des suivantes : 1.° de la connaissance de la quantité d'indigo qu'on peut tirer d'un poids donné de feuilles d'isatis ; 2.° de celle de la quantité d'isatis qu'on peut tirer d'une étendue donnée de terrain. On trouvera dans cet ouvrage tout ce qui est nécessaire pour parvenir à ces connaissances. Mais de ce que l'isatis exige beaucoup d'engrais, il reste à établir la portion des terres qu'on pourra y destiner sur l'ensemble de celles qu'on a mises à notre disposition ; ou, en d'autres mots, il reste à fixer quel doit être l'assolement à établir sur le domaine par lequel la fabrique d'indigo doit être entretenue. Ce sujet est assez délicat. Si on ne consultait que les circonstances propres à favoriser cette culture et à en tirer le meilleur parti, il ne serait pas difficile à traiter. L'assolement le plus convenable serait celui dans lequel l'isatis y reviendrait alternativement après la culture d'une plante à sarclage que l'on ne sème qu'un peu tard au printemps, et que l'on cultive constamment sur fumier. Dans les départemens méridionaux de la France, comme celui où j'écris, rien ne serait plus commode qu'une culture alternative de maïs sur engrais, et d'isatis après le maïs. On parviendrait, dans quelques années, à avoir des cultures économiques, parce qu'elles seraient presque exemptes de mauvaises herbes. Mais cet assolement ne peut convenir à une grande ferme, dans laquelle il faut ménager à-la-fois, avec les récoltes, les engrais nécessaires à l'ensemble des terres, et où l'on ne peut conséquemment écarter les céréales à cause des pailles nécessaires à la litière des bestiaux et aux engrais. Cette culture alternative peut bien être la meilleure pour les petits propriétaires, et près des grandes villes où l'on pourrait aisément se procurer des fumiers ; mais, par-tout ailleurs, l'isatis ne peut entrer dans l'assolement que de quatre en quatre ans ; ainsi, par exemple, dans le pays où j'écris,

l'assolement

(113)

l'assolement qu'on pourrait adopter serait le suivant :

Maïs sur fumier, isatis, blé, seigle et trèfle pour fourrages.

On peut poser en principe que, dans toute exploitation, un tiers en pré est indispensable pour l'entretien nécessaire des bestiaux et la formation des engrais. D'après cette base et celle de l'assolement précédent, on aura une donnée pour établir le rapport des cultures avec les besoins de la fabrique.

Que l'on suppose un domaine de cent arpens, on y aura la division suivante :

Prés.............	30.	Maïs.............	15.
Blé.............	15.	Isatis...........	15.
Seigle et trèfle....	15.	Bois, terres en friche.	10.

100.

Dans la supposition donc d'une fabrique à laquelle on destinerait cent arpens en isatis, il résulte qu'il lui faudrait un domaine d'environ sept cents arpens.

C'est à-peu-près sur cette base qu'il faudra calculer pour l'établissement des grandes indigoteries, par-tout où l'on ne pourra pas compter sur les secours des cultures accessoires des cultivateurs particuliers, et par-tout où l'on ne pourra compter que sur les engrais provenant du domaine. Conséquemment, dans les pays où les propriétés sont très-divisées, dans ceux où les baux à ferme des terres ne sont guère en usage, ou dans les pays même où les baux à ferme

H

ne se font pas d'une longue durée, on ne formera
guère de grandes indigoteries , et il vaudra beaucoup mieux en multiplier le nombre ; mais se borner
à la petite indigoterie, sur laquelle j'ai insisté au
commencement de cet article (1).

CHAPITRE III.

Des Matières en général dont se sert l'Indigotier.

LES matières nécessaires au fabricant d'indigo-
pastel se réduisent à deux principales, l'eau et les
feuilles d'isatis. On a traité de l'isatis dans la première
partie de cet ouvrage, et on a fait remarquer les conditions nécessaires pour ce qui concerne l'eau, en
parlant de l'indigoterie en général, dans le chapitre
précédent.

____

(1) On a calculé qu'un arpent de terre , qui est à l'hectare comme
cent est à deux cent soixante environ, donne cent cinquante
quintaux de feuilles, dont chaque quintal donne trois onces d'indigo.
Chaque arpent fournira conséquemment vingt-huit livres d'indigo,
et les cent arpens supposés ci-dessus en fourniront deux mille
huit cents livres, ou quatorze cents kilogrammes. En donnant à cet
indigo la valeur de vingt francs par kilogramme, on aura donc
pour produit total de la fabrique, en numéraire, la somme de vingt-
huit mille francs. Ce n'est pas certainement une grande manufacture que celle qui produit une valeur de vingt-huit mille francs;
cependant cette fabrique ne peut se soutenir que par un ensemble
de biens-fonds de six cent soixante-six arpens. Ce calcul suppose
encore que les terrains dont on doit séparer les cent arpens qui,
pour cette culture , doivent être d'une excellente qualité, sont
tous d'une bonté et d'une fécondité uniformes ; supposition erronée :

Il y a cependant des matières qui, sans être absolument nécessaires, deviennent utiles par les services qu'elles peuvent rendre dans plusieurs circonstances, et qui, à ce titre, doivent être mentionnées ici. Nous rendrons compte de chacune suivant l'ordre de leur utilité, et nous indiquerons en même temps la manière de les préparer, et l'usage auquel elles sont destinées. Ces matières sont, 1.º la chaux et l'eau de chaux, 2.º la potasse caustique, 3.º les acides et sur-tout le sulfurique, 4.º l'alun, 5.º quelques matières muqueuses, 6.º les huiles.

CHAPITRE IV.

De la Chaux et de l'Eau de chaux.

Dans une indigoterie on a de la chaux, soit pour

---

cela posé, les cent arpens se trouveront à peine dans un domaine composé de mille : le nombre des propriétaires jouissant d'une aussi vaste étendue de terrain, n'est pas grand ; et il sera plus rare encore de trouver, dans ce petit nombre d'heureux, un autre petit nombre qui veuille se faire fabricans d'indigo. C'est assez prouver, je crois, que nos espérances doivent se fonder presque exclusivement sur la petite indigoterie. Je n'ai trouvé nulle part qu'en Amérique que la fabrication de l'indigo fût l'objet de grandes manufactures. En rapprochant tout ce que les voyageurs nous disent de cette fabrication dans les Indes orientales, il paraît constant que c'est par la petite indigoterie que les Anglais nourrissent le commerce. On trouve qu'ils le font fabriquer par corvées, et que chaque famille en fait de petites portions dans des jarres de terre cuite. Ainsi c'est encore la petite indigoterie qui est encouragée et soutenue soit en Amérique, soit aux Indes orientales.

H 3

faire de l'eau de chaux, soit pour rendre caustique la potasse ou la soude. On doit préférer la chaux douce à la chaux forte.

Pour faire l'eau de chaux, on éteint la chaux en l'arrosant peu à-la-fois avec de l'eau ; dès qu'elle est réduite en poudre par cette extinction, on la délaye dans beaucoup d'eau, et on la met dans une cuve, où on la laisse déposer. L'eau claire qui recouvre la chaux est une dissolution de chaux dans l'eau, ou ce qu'on appelle eau de chaux, qui doit être parfaitement claire, et ne tenir aucune pellicule en suspension. Dès qu'on a employé cette première eau, on remplit la cuve avec d'autre eau commune, on remue le tout, et on laisse de nouveau reposer. On continue de la même manière, et on a toujours de l'eau de chaux également propre aux opérations auxquelles elle est destinée, en y ajoutant de temps en temps de nouvelle chaux.

Dans tous les procédés proposés pour l'extraction de l'indigo-pastel, l'eau de chaux occupe le premier rang parmi les agens nécessaires. Personne n'a osé soupçonner qu'on pourrait s'en passer. On la croit le précipitant par excellence, non-seulement ici, mais encore en Amérique et aux Indes. Dès long-temps on a senti les inconvéniens que son emploi doit en-traîner, cependant on n'a pas trouvé le moyen de s'en passer. L'eau de chaux a été généralement jugée le précipitant exclusif; et l'art de l'indigotier a offert

inutilement jusqu'à ce jour ce problème à résoudre :
Trouver un précipitant qui remplace l'eau de chaux.

Ce problème est résolu : non-seulement on peut faire de l'indigo sans eau de chaux, mais on doit entièrement l'écarter. Elle ne doit entrer dans une indigoterie, que pour tirer parti de quelques produits de peu de valeur, qu'il serait plus dispendieux et plus long de se procurer par le secours d'autres agens, ce qui serait mal conseillé. C'est à ce titre seulement que je donne une place à une cuve tenant toujours de l'eau de chaux, dans une indigoterie.

Je n'emploie jamais l'eau de chaux que pour corriger les opérations mal conduites, et que pour tirer tout l'indigo de l'isatis, par des lavages répétés, qu'on traite ensuite par ce précipitant, qui, dans ce cas, devient plus économique. Si on veut encore en employer, ce ne doit être que lorsque le prix du combustible est trop élevé; alors on en emploiera le moins que l'on pourra, et de la manière qui sera dite expressément.

Lorsqu'une cuve n'a pas été assez battue, la liqueur qu'on tirera de dessus la fécule précipitée, tiendra encore de l'indigo en dissolution. Il serait peu économique de donner à cette liqueur une température suffisante et de la soumettre de nouveau au battage, et il serait encore moins économique de la jeter. C'est alors qu'on doit avoir recours à l'eau de chaux.

Les feuilles dont on a tiré l'indigo par l'eau bouillante, lavées une première fois à l'eau froide, donnent une liqueur encore riche en indigo ; mais celle-ci peut être ajoutée à la première, à la faveur d'une température assez élevée : si on lave les mêmes feuilles une deuxième fois, si on les lave une troisième, l'eau emporte encore de l'indigo. Il ne serait pas économique de jeter cet important produit, et il ne le serait pas non plus de donner à une si grande masse de liqueur une température élevée, nécessaire pour en précipiter l'indigo. L'eau de chaux est dans ce cas d'un excellent secours.

Il y a enfin un troisième cas auquel on applique l'eau de chaux ; c'est celui-ci :

Lorsqu'on lave la première fois l'indigo précipité au fond d'une cuve, l'eau de lavage est d'une couleur vert-foncé. Ce serait une erreur de croire que c'est de la matière verte ; c'est un indigo qui n'a pas été oxidé, ou qui est tenu en dissolution par un peu d'ammoniaque qui s'est formé ; cette eau ayant été soutirée, on la fait passer dans une cuve, et l'on y ajoute de l'eau de chaux.

La liqueur devient brune, et il s'y précipite de l'indigo, qu'on aurait perdu en jetant l'eau de lavage.

Si l'on excepte les cas sus-énoncés, qui ne tendent qu'au but d'une économie assez stricte, mais nécessaire, l'eau de chaux ne doit pas occuper un rang parmi les matières dont se sert l'indigotier.

On trouvera, à la partie théorique, des renseigne-

mens sur l'action que l'eau de chaux exerce sur les
liqueurs indigofères. L'article qui traite de la précipitation de l'indigo , fera connaître la manière et les
proportions dans lesquelles on doit l'employer dans
les cas que je viens de faire connaître.

CHAPITRE V.

Des Alcalis caustiques.

ON avait observé, depuis long-temps, que les
alcalis caustiques peuvent remplacer, jusqu'à un certain point, l'eau de chaux. Leur action a cependant
paru trop faible, et on ne les a guère employés.

J'ai appliqué les alcalis caustiques à la fonction
à-la-fois de dissolvant de l'indigo de la feuille, et à
celle de précipitant de l'indigo de la liqueur. La potasse et la soude remplissent cette fonction éminemment bien. Sur ce principe est fondé un procédé
simple et qui fournit un excellent indigo. Je le ferai
connaître en traitant de l'extraction. Les alcalis entraînent quelque dépense : j'ai cherché à en éviter
l'emploi ; et comme je suis parvenu à obtenir, sans
le secours de leur action, un indigo aussi beau et
aussi abondant, j'y ai renoncé. Les alcalis ne doivent
donc pas, dans l'état actuel des choses, être comptés
au nombre des matières qu'on emploie pour l'extraction de l'indigo-pastel ; mais on leur doit une place
distinguée dans cet article, parce qu'ils fourniront
des moyens simples et propres à chercher l'indigo

H 4

dans d'autres plantes, lors sur-tout que ce seront des plantes à feuilles d'un tissu plus compacte que celui de l'isatis. La manière de les employer consiste à les délayer en grande quantité dans de l'eau bouillante, et à verser cette eau légèrement alcaline sur la feuille de la plante. Rien n'est plus frappant que l'effet de cette eau alcaline. Une petite poignée d'isatis, qu'on soumet à son action, donne dans peu de minutes une solution verte chargée d'indigo, qui, par le battage, produit une écume bleue très-brillante et un très-beau sédiment bleu. C'est une superbe expérience, propre à démontrer l'indigo, même très-en petit, et avec les verres de nos laboratoires. C'est à ce titre qu'on fait ici mention des alcalis ; savoir, par les services qu'ils peuvent nous rendre dans la recherche de l'indigo dans d'autres plantes que l'isatis : sous aucun autre rapport ils n'entrent plus dans l'atelier du fabricant d'indigo.

On obtient la potasse ou soude caustique, en prenant la potasse ou soude du commerce, qu'on dissout dans de l'eau, et en versant ensuite cette solution sur de la chaux qu'on a éteinte et un peu délayée avec de l'eau. On mêle le tout ensemble à différentes fois; on tire ensuite la liqueur au clair par le repos ou par filtration : la liqueur est alors une solution de l'alcali, rendue caustique par la chaux.

CHAPITRE VI.

Des Acides muriatique, acétique et sulfurique.

ON n'emploie guère les acides dans l'indigoterie, ni en Amérique, ni dans les Indes-Orientales. Dans l'art de faire l'indigo-pastel on leur a donné une grande vogue, en les regardant comme moyens d'affinage des fécules indigofères, par leur action dissolvante sur la chaux, et comme des moyens oxigénans par le changement en bleu qu'ils opèrent promptement de l'indigo, récemment précipité dont la couleur tire au vert. Les acides qui forment, avec la chaux, des sels solubles, ont dû être les seuls employés; tels sont, par exemple, l'acide muriatique et l'acétique; ceux, au contraire, qui forment un sel insoluble avec la chaux, ont dû être rejetés, quoique plus économiques, parce que, loin de remplir le but d'emporter la chaux, ils ne feraient que la mieux fixer avec l'indigo. De ce genre est l'acide sulfurique, qui forme un sulfate très-peu soluble.

L'acide muriatique a été le plus adopté, et c'est sans doute le plus convenable pour enlever le carbonate de chaux, réuni à l'indigo dans les fécules ordinaires qu'on obtient par les méthodes communes, dans lesquelles l'eau de chaux est le précipitant. Mais, comme j'ai écarté l'emploi de l'eau de chaux, celui de cet acide, qui ne laisse point d'augmenter fort considérablement le prix de l'indigo, se trouve naturellement écarté lui-même.

L'acide acétique a été proposé par Henry ; je suis loin de le conseiller. C'est un des moins économiques, et, d'un autre côté, c'est de tous les acides celui qui altère le plus l'indigo.

Nous n'avons pas non plus besoin de leur action oxigénante : cependant il est des cas où l'emploi des acides est utile, et on ne peut guère se dispenser d'avoir dans un atelier une bouteille d'acide sulfurique délayé d'eau.

Voici les usages auxquels on doit le destiner. D'abord, lors de la saison chaude, il arrive quelquefois que, si l'on oublie ou l'on tarde à tirer la liqueur de dessus le précipité formé après le battage, il s'excite une fermentation par laquelle l'indigo remonte ; il ne serait plus possible alors de séparer l'indigo de ces eaux. Un peu d'acide sulfurique interrompt à-la-fois la fermentation et raréfie la liqueur ; par ces effets de l'acide, on parvient à précipiter une seconde fois l'indigo et à le séparer de la liqueur, en la soutirant.

Ensuite on emploie encore l'acide sulfurique avec succès dans le lavage de l'indigo. Très-souvent des molécules très-fines refusent de se précipiter, et les eaux de lavage sont bleues. Comme il ne conviendrait pas de perdre cet indigo, qui est le meilleur, on ajoute à l'eau de lavage un peu d'acide sulfurique. Par son action on raréfie la solution muqueuse, on facilite et on améliore le lavage, parce que les acides exercent une action dissolvante très-efficace sur les principes muqueux et amilacés ; l'eau de lavage devient parfaitement claire, et on gagne ainsi du temps, de l'indigo, et on s'épargne bien des peines.

CHAPITRE VII.

De quelques Substances muqueuses jugées utiles à l'Indigotier.

EN Amérique on fait usage de la décoction de quelques plantes qu'on associe à ce qu'on appelle le précipitant.

Cossigny, d'après M. de Lasteyrie, recommande la décoction de feuilles d'orpin, celles du tronc de bananier, du savonnier, d'une espèce de convolvulus, &c. J'ai essayé avec succès une décoction de feuilles de saponaire ; mais on n'en a pas besoin comme précipitant, et c'est sous des rapports bien différens qu'on en peut tirer quelque parti ; c'est par la facilité avec laquelle ces plantes subissent la fermentation acide, et la déterminent dans la matière muqueuse qui se précipite avec l'indigo. J'ai obtenu de forts avantages du mucilage de graine de lin pour le lavage difficile de l'indigo, qu'on obtient par le procédé dans lequel on l'extrait par l'eau alcaline. On en trouvera la raison à l'article du lavage et de la fermentation de l'indigo ; mais on y verra qu'on peut obtenir les mêmes résultats par des moyens beaucoup plus économiques, et sur-tout plus expéditifs, et qui donnent au surplus de plus belles apparences à l'indigo : au reste, si des matières muqueuses acidifiables pouvaient devenir utiles, il ne faudrait pas les chercher ailleurs que dans les feuilles mêmes de l'isatis. Nous indiquerons le moyen d'en former autant d'acide acétique que par toute autre plante muqueuse; mais on peut regarder ces substances comme inutiles à l'art de l'indigotier.

CHAPITRE VIII.

De l'Alun.

L'ALUN peut entrer dans l'atelier de l'indigotier, et nous avons déjà observé, en parlant des différences dans les indigos du commerce, qu'il n'entre que trop dans les ateliers anglais : nous ne croyons pas que ce soit dans les ateliers de fabrication des Indes, mais nous avons des raisons de croire qu'il est un grand moyen de falsification dans les ateliers de Portsmouth ou de Londres. L'inspection simple des indigos anglais montre assez qu'ils ne sont point le produit du premier desséchement, et qu'ils ont été travaillés au moulin et reproduits sous d'autres formes.

Une solution d'alun produit les mêmes effets que nous avons vu opérer par l'acide sulfurique. Sous ce rapport il peut le remplacer et être introduit dans la fabrique; mais ses succès sont moins efficaces et son emploi est moins économique.

Sous le rapport de communiquer à l'indigo un bel éclat et de tromper les teinturiers, il peut être employé avec un très-grand avantage. Nous ne doutons point que, dans quelques années après l'établissement des indigoteries en France, on ne fasse une grande consommation d'alun, parce que, par-tout, le commerce et la fabrication sont nourris des mêmes principes.

M. de Lasteyrie a remarqué, dans son ouvrage sur le pastel, *page 138*, que l'indigo de Manille contient neuf, dix ou onze parties d'alumine, sur cinq, six ou sept de fécule colorante. Nous croyons que c'est beaucoup trop, parce que nous avons observé que, dans ces proportions, l'alumine en affaiblit trop la couleur, et que l'indigo ne conserve plus ce bleu éclatant qu'on lui reconnaît. Mais il n'est pas moins vrai que de tous les corps, l'alumine est celui qui s'unit le mieux à l'indigo, et qu'on peut y associer cette terre dans de fortes proportions. Nous l'avons essayé depuis dix jusqu'à trente-six pour cent. Cette dernière proportion est déjà trop forte, mais à quinze ou vingt pour cent, on ne s'en aperçoit presque pas. C'est un avis qui doit paraître utile aux teinturiers.

L'alumine n'altère pas seulement l'indigo dans la proportion où elle se trouve; on sait que cette terre retient l'eau avidement et fortement; ainsi elle en réunit encore beaucoup dans l'indigo, quelque sec qu'il puisse paraître, et par son moyen on parvient à vendre l'eau aussi bien que l'alumine, au prix de l'indigo.

Les teinturiers qui croient se connaître en indigo, prétendent avoir des moyens pour savoir distinguer les bonnes des mauvaises espèces; l'alumine élude tous leurs moyens; elle fait plus, elle contribue à augmenter les caractères d'après lesquels ils jugent; s'ils veulent encore être trompés, ils le seront hors de tout doute.

Le moyen d'associer l'alumine à l'indigo d'une manière très-intime, et dans les proportions que l'on veut, est fort simple. Sur une masse d'indigo bien lavé, dont on connaît la quantité d'après celle des feuilles qui l'ont fourni, on verse une solution d'alun. On sait que, dans ce sel, l'alumine s'y trouve dans la proportion d'un cinquième ou de vingt centièmes; on en proportionne, d'après cette donnée, la quantité qu'on veut y mêler. On verse ensuite dans le mélange la solution d'une quantité de potasse ordinaire suffisante pour décomposer toute celle d'alun qu'on y a introduite. On agite bien le mélange, et on le laisse reposer. On lave ensuite pour emporter le sulfate de potasse qui s'est formé, et on a de l'indigo intimement mêlé à l'alumine.

Cette fraude est cependant facile à découvrir; un peu d'acide sulfurique délayé, suffit pour enlever l'alumine.

CHAPITRE IX.

Des Huiles.

ON ne peut se passer de l'emploi des huiles dans une indigoterie. On sait qu'une goutte d'huile suffit pour détruire toute l'écume qui se forme par le battage sur une cuve. Les ouvriers n'ont que trop de disposition à s'en servir, parce que l'écume leur rend le battage plus fatigant. La formation de l'écume facilite la précipitation de l'indigo, et il ne faut employer de l'huile que lorsqu'on ne peut faire autrement; on ne doit en mettre, s'il se peut, que lorsque le battage est fini. L'huile commune est à préférer: on en a toujours une bouteille, à laquelle il est bon d'ajouter quelques gouttes d'une solution de potasse pour lui donner une apparence laiteuse, si on veut la soustraire à l'avidité des ouvriers.

Il paraît qu'en Amérique on l'associe quelquefois à l'eau de chaux dans les fonctions de précipitant. L'indigo peut en absorber; on peut lui en donner par d'autres manières; elle contribue à lui donner de l'éclat, mais comme elle en augmente le poids, c'est encore une fraude.

SECTION III.

Des Appareils , Vaisseaux , Ustensiles et Instrumens divers dont se sert l'Indigotier.

CHAPITRE I.er

Des Appareils pour chauffer l'Eau.

DANS la petite indigoterie, l'appareil pour chauffer l'eau n'est pas un objet de bien haute importance. Il suffit que la capacité de la chaudière soit proportionnée à celle de la cuve d'infusion, et qu'elle fournisse assez d'eau bouillante pour que les feuilles puissent en être bien pénétrées, et demeurer environnées de toutes parts de la liqueur.

Pour établir ce rapport, il est bon de savoir que quinze myriagrammes de feuilles exigent cinq à six hectolitres d'eau, suivant les degrés de maturité des feuilles, et ainsi on peut calculer sur deux hectolitres environ d'eau pour cinq myriagrammes ou un quintal de feuilles.

Si l'on peut ménager une disposition dans ces cuves, telle, que la chaudière soit placée assez haut pour que son fond se trouve au-dessus du niveau du sommet de la cuve d'infusion, c'est un grand avantage ; au moyen de quelques robinets, on fait alors directement couler l'eau chaude sur les feuilles : on évite des embarras, des risques et de la main-d'œuvre;

mais

mais si cela ne pouvait pas se pratiquer, on peut très-bien élever l'eau de la chaudière dans la cuve, au moyen de tuyaux de pompe, ou même la faire couler dans des baquets et la verser dans la cuve.

Quant à ce qui concerne les fours, ceux que l'on construit ordinairement, soit pour la teinture, soit pour la lessive des linges, sont suffisans ; seulement pour l'économie, on aura soin de diriger la fumée tout autour de la chaudière en la faisant retourner sur la flamme pour qu'elle se brûle. Ceux qui s'attachent à mettre dans leurs opérations la plus grande économie, pourront disposer au-dessous de leurs chaudières un réservoir dans lequel on fera passer en serpentin un tuyau de fer ou de cuivre, qu'on disposera pour transporter la fumée du four. L'eau bouillante des chaudières pourra être ainsi remplacée par celle de ce réservoir que le calorique du tuyau aura considérablement chauffée, et on épargnera par ce moyen beaucoup de combustible.

Ces soins ne sont ni compliqués, ni difficiles, mais il n'en est pas ainsi dans une grande indigoterie ; les difficultés sont considérables, et comme de petites pertes qui, isolées, sont à peine sensibles, finissent par le devenir dans les opérations en grand, ce genre d'économie exige beaucoup d'attention et de soin.

Les considérations qui doivent diriger le choix de la nature et de la disposition des appareils pour

chauffer, sont sans doute les mêmes. Ici, il faut nécessairement que les vaisseaux contenant l'eau chauffée, se trouvent placés au-dessus des cuves d'infusion. Les placer plus bas et en élever l'eau par des
pompes, ne serait ni commode, ni économique ; il
faudrait d'abord trop multiplier les pompes, et leur
emploi avec l'eau bouillante deviendrait difficile. Je
ne connais qu'un appareil qui me paraisse réunir
tous les avantages qu'on peut desirer à cet égard,
c'est celui à vapeur. Dans cet appareil, la vapeur
pouvant être élevée à la hauteur nécessaire, le four
proprement dit peut être placé au rez-de-chaussée
de l'atelier, et épargner l'échafaudage considérable
qu'entraînerait le poids des fours à une assez grande
élévation. M. de Gensoul, qui a déjà si bien mérité du
public par l'application de cet appareil à la filature
de soie, se propose de satisfaire à toutes sortes de
demandes sur ce sujet, et de s'en occuper sérieuse-
ment. Personne n'est mieux placé que lui dans des
circonstances favorables pour en fournir à des prix
raisonnables.

Au reste, la chimie a indiqué les principes d'après
lesquels on doit régler l'action de la chaleur : plusieurs
branches d'industrie s'en sont déjà emparées ; et ce
que l'on a fait pour d'autres opérations, par exemple,
pour les grands établissemens de distillation et de
bain, peut diriger celui qui serait chargé de cette

(131)

construction. Il sera utile, sur-tout, de consulter la construction de l'appareil à vapeur décrit dans le 89.º n.º du Bulletin de la Société d'encouragement, et qu'on peut voir dans la belle manufacture de toiles peintes de MM. Watter, Thierry et Grossman à Mulhausen, dans le département du Haut-Rhin.

On trouvera enfin un guide sûr dans l'ouvrage immortel de *la Chimie appliquée aux arts*, dans lequel les principes ont été développés avec précision, et ont reçu en même temps toutes les applications les plus heureuses et les plus étendues.

Dans la disposition de cet appareil, ce qu'il ne faut point oublier, c'est de se ménager un assez grand nombre de robinets au fond des réservoirs de l'eau chauffée, pour verser dans la cuve d'immersion l'eau bouillante avec la plus grande promptitude, et s'assurer qu'elle puisse en être remplie en peu de minutes. Cette condition est absolument indispensable pour que les feuilles n'en souffrent point en restant long-temps assujetties à l'action de l'eau bouillante, et parce que, si une trop forte proportion des principes que l'eau peut enlever aux feuilles venait à s'y dissoudre, la précipitation successive de l'indigo en deviendrait difficile, et quelquefois même impossible; d'un autre côté, la qualité de l'indigo en serait fortement détériorée.

I 2

CHAPITRE II.

Des Cuviers en général.

L E nombre des cuviers dont on a besoin dans l'art de l'indigotier, est assez multiplié : il en faut deux au moins pour l'infusion des feuilles; on peut les désigner par le nom de *cuves d'infusion.* Elles le sont ordinairement par celui de *trempoires* : il en faut une au moins pour recevoir la liqueur indigofère , ou ce que, dans les fabriques, on nomme *extrait* de la cuve précédente , dans laquelle la liqueur doit se reposer, afin que les parties terreuses attachées aux feuilles, et que l'eau aurait détachées et entraînées, se précipitent et ne puissent se mêler dans la suite à l'indigo. On doit nommer celle-ci *cuve de repos* ou *reposoir de l'extrait.* Il en faut une quatrième pour recevoir la liqueur reposée de la cuve précédente , et dans laquelle on battra l'extrait, et où se formera la précipitation de l'indigo. Celle-ci doit porter le nom de *battoir* ou *cuve de battage.* Pour ne pas trop multiplier les battoirs, on y supplée par d'autres cuves dans lesquelles on fait passer la liqueur battue. Ici elle se dépose, et la fécule se précipite. On peut désigner ces cuves par le nom de *cuves de dépôt, cuves de précipitation.* De celles-ci doit sortir la liqueur devenue claire qui quelquefois peut encore contenir de l'indigo dont il importe de s'emparer. Il faut donc qu'une cuve ou réservoir soit disposée à la recevoir. On peut donner à celle-ci le nom de *cuve d'économie*. Des cuves de dépôt doit encore sortir l'indigo qui s'est précipité ; celui-ci peut être reçu dans des baquets et porté dans une cuve à part, qu'on peut placer loin des précédentes, et qui est destinée au lavage de l'indigo. On doit nommer celle-ci *cuve de lavage*. Enfin il est bon d'en avoir à part une autre destinée à conserver quelques jours l'indigo en bouillie épaisse pour le laisser fermenter. Celle-ci doit recevoir le nom de *cuve de fermentation*.

Il n'est pas nécessaire d'observer qu'il est question ici d'une grande indigoterie : pour une petite, trois cuves sont suffisantes ; mais, soit pour la grande, soit pour la petite indigoterie, on sent qu'on doit doubler ou tripler suivant la force de la fabrication, ou, ce qui est la même chose, établir une proportion entre la quantité de matière que l'on se propose de travailler, le nombre et la capacité des cuves qui doivent recevoir les produits.

Pour l'indigoterie en petit, ces cuves doivent être en bois, d'une forme arrondie, et de la capacité au plus de sept à huit hectolitres. On a observé que tous bois à principe astringent, tels que chêne, noyer, &c., doivent être écartés ; on a recommandé les bois blancs, peuplier, saule, &c., je ne conseille ni les uns ni les autres. Les cuves faites avec ces derniers absorbent beaucoup d'indigo, la liqueur les pénètre, et si on les laisse en repos, quoique soigneusement lavées, elles se couvrent de moisissure, il y naît jusqu'à des champignons. Comme on les remplit rarement jusqu'à l'extrémité, elles se désunissent en se desséchant; enfin elles sont d'une courte durée, et c'est une dépense assez considérable que celle de les renouveler, comme on serait forcé de le faire tous les deux ans.

Les bois forts pourraient être employés, mais il faudrait les doubler intérieurement de cuivre, ce qui n'est pas économique. Je propose d'essayer un vernis qui n'entraîne pas de grands frais : c'est une espèce de peinture au lait; on la composerait de la partie caséeuse du lait, broyée et réduite en bouillie avec de l'eau, du lait de chaux, de la céruse et de l'huile de lin. J'ai lieu de croire, d'après différens usages que j'en ai faits, que cette peinture réussirait bien et durerait long-temps; mais je ne l'ai point essayée pour cet usage.

Les bois dont j'ai trouvé l'emploi utile, sont les bois résineux. De fortes planches de mélèse font des cuves excellentes : peut-être l'acacia fournira-t-il des planches très-propres à cet usage. Comme ces cuves ne sont pas employées depuis novembre jusqu'à mai, il est nécessaire de les retirer dans un lieu frais, ou du moins de les couvrir et conserver à l'abri des vents.

Dans un grand établissement d'indigoterie, il est prudent de renoncer à tout cuvier en bois ; il faut faire exécuter les cuves en maçonnerie d'une forte épaisseur, bien cerclées ou assujetties par des clefs en fer, et il faut les enduire, dans leur intérieur, d'un ciment très-fort et susceptible de recevoir un beau poli. Celui de Loriot, avec l'addition d'un peu de pouzzolane, est très-propre à cette opération.

Je ne ferai que mentionner une dernière cuve, parce qu'elle ne fait point suite aux précédentes. C'est celle à eau de chaux : elle doit être placée dans un angle de l'atelier, parce que, dans tous les cas, dans tous les procédés, l'eau de chaux devant être employée avec la plus grande circonspection et avec prudence, il faut la tirer dans des baquets pour en connaître la quantité ; il faut même la mesurer.

Ces observations générales sur les cuviers ne sauraient suffire dans le détail. Je ne crois pas pouvoir me dispenser de quelques remarques ultérieures sur chaque cuve en particulier.

CHAPITRE III.

Du Cuvier d'infusion ou de la Trempoire.

J'AI déjà fait connaître ce que c'est que cette cuve, le but qu'elle doit remplir, et la manière dont elle doit être placée à la première hauteur et au bas du réservoir à eau chaude. Je dois ajouter que, soit

I 4

dans une petite , soit dans une grande indigoterie,
il est indispensable d'avoir deux au moins de ces
cuviers. La raison en est que l'opération à laquelle
ils sont destinés, ne saurait être achevée dans l'espace
de temps qu'une nouvelle quantité d'eau pour une
infusion suivante peut s'échauffer. Comme on doit
laisser bien égoutter la liqueur, et sur-tout laver les
feuilles au moins deux fois, et trois, s'il se peut, il
est clair que, pendant ce temps, on peut disposer les
feuilles dans une autre cuve, dans laquelle on fera
passer l'eau chauffée dans le même espace de temps.

Dans la petite indigoterie, il n'y a pas de cuves
plus commodes que celles qui ont une capacité de
sept à huit hectolitres au plus, d'une hauteur proportionnée à la largeur, mais plutôt larges que hautes.
Étant en bois, leur forme est toujours ronde ou ovale.

Dans la grande indigoterie on peut leur donner la
même forme, mais si on les fait en maçonnerie, on
peut (et il y a même de l'avantage) leur donner
une forme octogone, plutôt large en proportion que
profonde. Il y aurait bien quelques avantages à leur
donner plus de profondeur : une moindre quantité
d'eau suffirait, ce qui serait important sur de grandes
dimensions ; on aurait aussi des liqueurs plus chargées
d'indigo, et la température même de la liqueur se con-
serverait mieux ; mais il faut renoncer en partie à ces
avantages, par un seul inconvénient qui résulterait

d'une trop grande profondeur ; c'est que dès l'instant où l'eau tombe sur les feuilles, elle les traverse et se réunit au fond de la cuve, les feuilles se soulèvent sans être ni assez ni également pénétrées, et on ne peut les faire affaisser que difficilement.

On doit disposer cette cuve de manière que la surface de son fond se trouve au moins de quelques pouces au-dessus de la hauteur de la cuve de repos ; son fond doit être disposé en pente, afin que la liqueur puisse aisément s'écouler dans la cuve qui doit la recevoir. Si la cuve est en bois, il est même bon de pratiquer un trou dans le fond.

En plaçant un baquet au-dessous, on y reçoit les dernières portions de liqueur qui s'écoulent, et on les verse dans la cuve qui a reçu le reste. Si la cuve est en maçonnerie, on doit y faire construire une claye en grosses barres de bois croisées et coupées suivant la forme de la cuve, sur lesquelles les feuilles doivent poser. Si la cuve était fort grande, on pourrait encore pratiquer des rigoles sur le fond, pour faciliter l'écoulement.

Une attention qu'il faut avoir pour cette cuve, est celle d'y pratiquer des robinets nombreux. Lorsque l'eau a assez séjourné sur les feuilles, il importe de la soutirer promptement pour éviter un trop long séjour, et on n'y parviendrait pas par un ou deux robinets, même d'un très-fort diamètre. Cette pratique donne d'ailleurs l'avantage de favoriser l'action de l'air sur la liqueur en la divisant beaucoup, et présente celui de commencer une espèce de battage, de donner lieu à beaucoup d'écume toujours utile, et de déterminer un commencement de combustion de l'indigo, qui, à cette température élevée, se brûle assez facilement, et dont le commencement de combustion est très-favorable à la combustion plus parfaite qui doit le porter à l'état d'indigo bleu.

CHAPITRE IV.

De la Cuve de repos.

JE n'ai que peu d'observations à faire sur cette cuve, dont on a déjà indiqué le but. Elle épargne l'opération très-embarrassante et pénible de laver les feuilles pour en ôter la terre. La forme de cette cuve doit être ronde, et on gagnera du côté de la température en lui donnant de la profondeur. Elle se trouve intermédiaire entre la cuve d'infusion dont elle doit recevoir la liqueur et le battoir dans lequel elle doit la verser. Il est bon de disposer sur cette cuve un ou deux tamis fins en laiton, par lesquels passera la liqueur qui tombe de la cuve d'infusion, afin d'y arrêter les feuilles qui pourraient s'échapper de la première cuve par les robinets. Son fond doit être, comme celui de la précédente, disposé en pente; mais précisément en sens opposé, c'est-à-dire, que la pente, au lieu de favoriser l'écoulement de la liqueur dans le battoir, doit avoir un effet contraire. On pratique dans cette même direction deux robinets, dont l'un est placé vis-à-vis du centre du battoir dans lequel il doit conduire le bain, et à quelques pouces de hauteur au-dessus du fond de la cuve. Le robinet opposé rasera, autant que possible, le fond de la cuve. Il est aisé de sentir que, par cette disposition, on évitera de conduire des sédimens terreux dans le battoir avec la liqueur, parce qu'ils ne s'élèveront pas au-dessus du fond à la hauteur à laquelle est placé le robinet, et parce que, au moyen du robinet opposé, on parviendra facilement, par le secours aussi de la pente qu'on a donnée à cette cuve, à en faire sortir les sédimens terreux lorsqu'ils se seront assez multipliés, et qu'il importera de l'en débarrasser.

CHAPITRE V.

Du Battoir.

COMME l'opération du battage est une des plus importantes de l'art de l'indigotier, la disposition du battoir devient l'objet d'une attention toute particulière.

Une cuve uniforme et semblable aux précédentes, ronde, et d'une capacité double environ du volume de la liqueur qu'on y introduit, peut très-bien servir à la petite indigoterie, dans laquelle le battage se fait à la main. Dans celle-ci, cette cuve, un balai et un petit tabouret sur lequel se place l'ouvrier pour se mettre à son aise, forment tout l'appareil du battoir ; mais ces dispositions entraîneraient trop de dépense dans de grandes opérations, parce que le battage à la main nécessite trop de main-d'œuvre. On cherchera sans doute à appliquer à cette opération des machines qu'on tâchera de mettre en mouvement par l'eau.

Cependant il est difficile de croire qu'on puisse jamais y parvenir. Le battage ne saurait être le résultat d'un mouvement toujours uniforme et régulier, tel que celui que l'eau peut imprimer. Si l'application des machines doit avoir lieu, je crois jusqu'à présent que ce doivent être des machines à la main.

De toutes les cuves à l'usage de l'indigoterie, celle du battage est, à mon avis, la seule à laquelle la forme ronde ne convient point. Rien n'empêche plus le battage que le mouvement circulaire, et ce mouvement se détermine avec trop de facilité dans une cuve de forme arrondie. Il est très-difficile de trouver des ouvriers qui puissent s'habituer à l'éviter.

Le perfectionnement du battoir et du battage est loin d'être atteint. Il est très-imparfait en Amérique, et tout ce qu'on a fait en Europe sur l'indigo-pastel n'a été exécuté que sur de petites cuves arrondies.

On a pu en sentir les inconvéniens ; mais on est loin de connaître les moyens d'y remédier, et ceux de parvenir à obtenir la plus grande action de cette opération décisive.

Henry, qui paraît être celui qui, dans ce dernier temps, a travaillé le plus en grand, a construit son battoir avec deux vaisseaux : l'extrait qui sort du supérieur, y est porté de nouveau de l'inférieur par l'action d'une pompe, et ce mouvement est continué jusqu'à parfait battage.

J'avais adopté un moyen analogue et plus simple. Un petit rosaire élevait, par un tuyau de fer-blanc, la liqueur de la cuve, que je faisais tomber éparpillée dans un seau à fond parsemé de petits trous. Mais cette manière, qui par le fait divise et agite la liqueur beaucoup plus que l'action d'une pompe, a été bien loin de me satisfaire ; il a fallu préférer le battage au balai.

Le battoir de Henry peut suffire, peut-être, pour la pratique de son procédé, dans lequel le grainage de l'indigo est extrêmement favorisé par la quantité dix fois trop forte d'eau de chaux qu'il emploie, et par la circonstance du moment où il lui en fait l'application ; mais, dans tout procédé où l'eau de chaux n'entrerait point, ou se trouverait ménagée avec intelligence, pour avoir de beaux produits, ce battoir ne peut être d'un effet suffisant.

M. Puymaurin a fait exécuter une petite machine dont il a fait graver le dessin, qu'il réunira sans doute à son instruction; elle peut être très-utile, et remplacer l'emploi très-fatigant du balai, dans la petite indigoterie.

En Amérique et aux Indes, on ne s'est pas occupé, à ce qu'il paraît, autant qu'il devient nécessaire, de la meilleure disposition dans le battoir. Une plante beaucoup plus riche en indigo, et, d'autre part, d'un tissu plus compacte, en fournissant moins d'autres principes à l'eau, leur en rend l'opération plus facile; et d'ailleurs la main-d'œuvre, qui est tout pour nous, n'est d'aucune considération pour les Anglais, qui font fabriquer leur indigo par corvées. On ne s'occupe guère de la diminuer en Amérique, où l'indigoterie est confiée à de malheureux esclaves nègres dont on ne cherche pas beaucoup à ménager les peines et la fatigue.

Tout ce que nous apprenons de la pratique des Américains, c'est que le mouvement que l'expérience leur a fait connaître le meilleur, paraît être celui de haut en bas et de bas en haut, qu'ils obtiennent par des baquets défoncés, placés à l'extrémité d'une perche. Faute de mieux, leur manière doit devenir la nôtre dans les grandes indigoteries; mais il est à désirer que cette partie soit portée à quelque degré d'amélioration, sur-tout pour l'économie; car, de toutes les opérations, le battage est celle qui coûte le plus et qui est la plus fatigante.

D'après plusieurs recherches que j'ai faites sur ce sujet, si j'avais à former un grand établissement, je préférerais de disposer mon battoir à-peu-près de la manière suivante.

La forme de ma cuve serait un carré oblong auquel on tronquerait les angles ; cette cuve aurait une grande longueur et une largeur proportionnée, sur la moindre profondeur possible. Je placerais sur le fond de cette cuve des barres en bois bien assujetties, sur lesquelles tournerait un cylindre crénelé, espèce de rouleau semblable à celui que nous employons pour le battage du bled. Ce rouleau serait tourné vers la longueur de la cuve, sur les planches dont j'ai parlé. Son mouvement serait opéré par deux machines à roue placées aux extrémités de la cuve, garnies chacune d'un ressort dont l'action opposée serait de conduire le rouleau d'une extrémité à l'autre de la cuve, dans deux sens opposés.

L'expérience prouve que le meilleur effet que le battage puisse opérer, est la formation de l'écume ; il est bientôt fini, si l'on parvient à réduire en écume toute la liqueur, parce que, dans cet état, le plus grand nombre des molécules sont en réaction avec l'air. On obtient ce résultat par le mouvement du rouleau et par le peu de profondeur de la cuve.

Le rouleau doit être réglé de manière, dans son diamètre, que la moitié reste plongée, et l'autre moitié hors de la liqueur, dont la hauteur dans la cuve n'arrive conséquemment qu'à l'axe du rouleau. Il faut donner à la cuve une hauteur suffisante pour que les molécules de la liqueur, soulevées par le rouleau, et éparpillées en l'air, ne puissent être jetées au dehors. Il serait même bon d'y ménager un couvercle.

Dans l'état actuel des connaissances sur l'action du battage, il ne sera peut-être pas difficile de le porter à un haut degré de perfection, et d'en faciliter les effets par des moyens tout différens ; ceux, par exemple, de l'opérer par l'air même : on pourrait y ménager le passage continu, à travers la masse de la liqueur à battre, d'un très-grand courant d'air, soit par des soufflets doubles, soit par des pistons ; et cet air, on pourrait l'éparpiller autant que l'on voudrait. Sa réaction avec l'indigo dont on doit opérer la combustion, serait certainement d'un grand effet ; mais, je l'ai déjà observé, tout reste à essayer sur ce sujet important.

A l'une des extrémités de cette cuve ou battoir, ou même à l'une et à l'autre, il faut placer un robinet rasant le fond de cette cuve, destiné à conduire la liqueur battue (dont on a détruit l'écume par un peu d'huile) dans les cuves de dépôt dans lesquelles

lesquelles elle doit se reposer pour donner son indigo.

CHAPITRE VI.

Des Cuves de dépôt ou de précipitation.

DANS la petite indigoterie, ces cuves sont inutiles; on peut faire servir de battoir une cuve quelconque ; la précipitation de l'indigo se fait dans
la cuve même dans laquelle on a battu la matière
indigofère. Mais, dans un atelier où le battoir est
disposé pour remplir exclusivement l'opération du
battage, il faut se ménager les moyens de le tenir
toujours libre pour les opérations successives.

C'est pour remplir ce but qu'on y a placé à côté
les cuves de précipitation, dans lesquelles on fait
passer la liqueur après le battage, à l'époque où elle
doit se reposer, et où l'indigo doit se précipiter.

La disposition, la forme de ces cuves, n'ont rien
qui ne soit bien facile. La forme arrondie est la
meilleure : il est bon de leur donner plus de profondeur, en proportion des autres; et il serait utile
de leur ménager plus de largeur dans le bas que dans
le haut, ou de les disposer en coin renversé. La précipitation en serait facilitée ; au reste, cela n'est pas
très-important.

Il faut donner à cette cuve trois tuyaux ou

K

robinets : le premier, à la moitié de sa hauteur ; le second, à un pied et demi ou deux pieds de son fond ; le troisième rasant le fond.

Le premier pourrait paraître inutile, cependant il sert bien souvent, parce qu'il arrive qu'on ne veuille pas tirer toute la liqueur, et que cependant il convienne d'en diminuer la quantité, et de la remplacer par de l'eau pure ; pour arrêter des fermentations qui s'excitent, et qui font remonter l'indigo.

Par le second, on soutire toute la liqueur qui dépasse l'indigo. Par le troisième, on soutire le sédiment ou l'indigo précipité, qu'on porte dans les cuves de lavage.

CHAPITRE VII.

De la Cuve d'économie.

DE ce que nous avons dit des usages auxquels est destinée l'eau de chaux, dans la section précédente, on peut se former une idée du but que cette cuve est destinée à remplir. C'est un magasin dans lequel va se réunir toute liqueur qu'on trouve contenir encore de l'indigo. Toutes les eaux de lavage, qui seraient encore bleuâtres, et tous les dépôts terreux qui contiendraient de l'indigo, y sont versés.

Peu importe quelle sera la forme de cette cuve,

et le lieu où on la placera, pourvu que les liqueurs puissent y être conduites de toutes parts, par des tuyaux ou des rigoles. Elle doit être garnie de deux robinets; un pour en tirer la liqueur, à un ou deux pieds d'élévation au-dessus de son fond; l'autre sur le fond, pour en extraire la fécule qu'on aura lavée dans la cuve même. On peut toujours réunir et laver ce qu'on reçoit dans cette cuve, et ne faire que deux ou trois fois dans l'année l'opération de laver définitivement la fécule ordinaire qu'elle fournit.

Si dans un grand établissement on voulait établir un pressoir pour y soumettre les feuilles égouttées, ce serait dans cette cuve qu'il faudrait faire passer les liquides qu'on en aurait exprimés, et on les traiterait avec de l'eau de chaux.

CHAPITRE VIII.

Des Cuves pour le Lavage de l'Indigo.

CES cuves ne diffèrent point des précédentes. Elles peuvent être de la même grandeur, et doivent être d'une forme arrondie, pour favoriser l'agitation de l'indigo, dans l'eau, pour le lavage. Comme elles ne font plus suite aux précédentes, elles peuvent, et doivent même être placées séparément dans l'atelier; il est utile d'en avoir plusieurs, et de différentes dimensions. Il en faut de grandes pour les premiers lavages de l'indigo que l'on fait à grande eau, et on peut en avoir de plus petites pour les derniers lavages. Dans les établissemens où l'on se proposerait les produits les plus recherchés, il serait bon d'en disposer une à part.

Il est d'une très-grande importance de donner à cette dernière une disposition telle, qu'on puisse y conserver l'eau à une température très-élevée pour le lavage de l'indigo à chaud ; ce résultat peut être obtenu par des moyens très-différens, qu'il serait inutile de décrire. Chacun pourra préférer celui qui lui paraîtra le plus commode.

Ces cuves doivent avoir deux robinets, l'un supérieur, à un tiers de la hauteur de la cuve, pour en extraire les eaux de lavage ; l'autre de niveau avec le fond, pour en extraire la fécule. On établit des rigoles comme je l'ai indiqué plus haut, afin de conduire les eaux au lieu de leur destination, pour engrais.

CHAPITRE IX.

De la Cuve à conserver l'Indigo, ou de la Cuve de fermentation.

UNE dernière cuve est nécessaire pour conserver l'indigo. On peut y destiner une de celles dont nous venons de faire mention dans le chapitre précédent. Cette cuve pourrait à la rigueur être assez petite, puisqu'elle ne doit contenir que l'indigo en bouillie épaisse; mais il est utile de lui donner un peu plus de capacité, si l'on veut la faire servir de cuve de lavage, dès que l'indigo y aura suffisamment séjourné; on s'épargne, par ce moyen, la peine de transporter l'indigo dans d'autres cuves.

Il faut adapter à cette cuve un couvercle qui ferme assez exactement pour empêcher que des ordures ne tombent dedans, et que les mouches ne puissent se porter sur l'indigo, dont elles sont avides. Les robinets sont disposés, pour cette cuve, comme pour celles destinées au lavage.

CHAPITRE X.

Vaisseaux, Ustensiles et Instrumens divers.

Indépendamment des cuves dont on vient de parler, l'indigotier fait usage à chaque instant de divers vaisseaux, ustensiles et instrumens. Nous allons faire connaître les plus importans, et indiquer leur usage.

On a, 1.º des *baquets* et *petits baquets :* ils doivent être de différentes grandeurs, depuis la capacité d'un dixième, jusqu'à celle de trois quarts d'hectolitre. Ils sont destinés à recevoir des eaux, des liqueurs, l'eau de chaux, &c., et à les transporter d'une cuve à l'autre. Il est bon d'en avoir deux en cuivre, pour le transport de l'indigo de la cuve de dépôt à celle de lavage. Ces baquets sont destinés à recevoir l'indigo qu'on porte sur les chausses ; les petits sont nécessaires pour recevoir l'eau qui s'écoule de ces chausses ;

2.° Des *casseroles* et *grosses cuillers* de cuivre pour prendre et observer la liqueur, pour porter l'indigo sur les chausses, &c. ;

3.° Un *grand bassin* en cuivre, pour y verser la pâte de l'indigo qu'on tire des chausses, et qu'il faut remuer et égaliser dans ses parties.

4.° Des *thermomètres* pour essayer la température de l'eau, et celle des liqueurs ;

5.° Des *flacons*, des *verres* pour y placer des liqueurs qu'on veut examiner ou éprouver ;

6.° Des *tamis*, des *pinceaux* de différentes grandeurs. On en a en fil de laiton et d'autres en soie très-fins. Les premiers, qui offrent plus de résistance, sont employés aux usages les plus ordinaires ; par exemple à séparer les feuilles et les ordures qu'entraîne la liqueur. Les tamis très-fins en soie sont destinés à passer l'indigo en bouillie par le moyen des pinceaux, avant qu'on le porte sur les chausses ;

7.° Des *chevalets*, des *carrelets* et des *chausses*. Les premiers qu'on a en quantité, sont destinés à supporter les carrelets, dont on place quatre sur un chevalet.

Les carrelets, garnis d'une cheville en bois aux quatre angles, reçoivent les chausses qu'on y attache par une boutonnière faite avec un gros ruban de fil.

Les chausses sont des espèces de capuchons ou manches d'Hippocrate : on doit préférer les tissus de laine à ceux de fil ; la laine conduit mieux l'eau ; on en a de toutes grandeurs et d'appropriées aux carrelets.

Les plus grandes chausses doivent être assurées par quatre bandes longitudinales et par deux autres en travers aux deux tiers de leur longueur, faites de gros ruban en fil ; par ce moyen, on prévient toute crainte de les voir s'ouvrir lorsqu'elles sont remplies d'indigo qu'on veut faire égoutter ;

8.º Des *caisses* ou *moules* en fer blanc pour la formation des pains d'indigo. Ils doivent avoir de quatre à six pouces de largeur sur deux ou trois de hauteur, de forme à-peu-près carrée et à angles un peu ouverts : si ces moules avaient une plus grande dimension, ils offriraient trop de difficultés pour la dessiccation ; une moindre, ils ne présenteraient pas assez l'indigo dans sa beauté ;

9.º De *gros tissus* en laine et des *paniers* d'osier larges et presque sans bords. On couvre les paniers avec le tissu en laine, et on place dessus les pains d'indigo. La laine absorbe et conduit l'eau avec facilité à travers le panier.

10.º Des *fourches* et des *tridents* en bois et en fer sont employés, les premières pour submerger, assujettir ou égaliser les feuilles soumises à l'action de l'eau ; les derniers pour les retirer. Des chariots, de grands paniers les transportent à la cuve et servent pour les remporter dès qu'on les a extraites ;

11.° On doit avoir enfin des *récipiens* en bois, profonds : ce sont des espèces de barriques défoncées à une de leurs extrémités, et garnies de leur couvercle ; elles sont destinées à une dernière fermentation que l'indigo doit subir, et qui est connue sous le nom de *ressuage*.

CHAPITRE XI.

Du Séchoir.

LE séchoir est une petite chambre disposée de manière à pouvoir y entretenir une température considérable et constante pour opérer la dessiccation de l'indigo. On y pratique différentes rangées sur lesquelles on pose les paniers dans lesquels on a placé les pains d'indigo. Il faut que ces rangées soient espacées de manière à pouvoir y passer librement pour tourner facilement les pains. Il est important d'y ménager des courans d'air multipliés, sans crainte d'en affaiblir la température. Cet air est indispensable pour entraîner l'humidité que l'évaporation des pains doit occasionner, et pour faciliter, par ce moyen, la dessiccation.

Il ne faut employer, pour chauffer ce local, que des cendres chaudes, ou de la braise de boulanger.

Le four dans lequel on chauffe l'eau, en fournit abondamment, sans que l'on ait besoin de s'en procurer.

Il est bon d'entourer cette braise d'un garde-feu pour éviter tout danger d'incendie.

La température ne doit pas s'élever au-dessus de 30 à 32 degrés. (*Voyez* ci-après l'article de la dessiccation de l'indigo.) (1)

SECTION IV.

De l'Extraction de l'Indigo du pastel en général, et des différens Procédés proposés jusqu'à l'époque du Décret impérial de Juillet 1810.

CHAPITRE I.er

De l'Extraction de l'Indigo en général, et de la nature des procédés.

L'EXTRACTION de l'indigo qu'une plante fournit, ne peut avoir lieu que par la dissolution. On a vu au chapitre de l'indigo en général, que, dans l'état où ce principe secondaire des végétaux existe dans les plantes qui en fournissent, il diffère de l'indigo bleu que nous connaissons, en ce qu'il se

______

(1) *Voyez*, pour une plus grande connaissance des appareils décrits dans cette section, l'explication des planches qui sont jointes à cet ouvrage.

dissout par l'eau , dans laquelle l'indigo bleu ne peut se dissoudre , quelqu'état de modification que l'art puisse lui donner. Ce dissolvant étant le plus généralement répandu et le plus économique, il serait extraordinaire d'en chercher d'autres. C'est d'après l'action dissolvante que l'eau exerce sur ce corps, que sont fondés tous les procédés connus.

L'action dissolvante de l'eau peut cependant être augmentée ou affaiblie par différentes circonstances, et principalement par les suivantes :

1.° Par l'état plus ou moins avancé en maturité de la feuille de la plante ;

2.° Par l'état vert ou de dessiccation des feuilles ;

3.° Par l'action des températures, savoir : par l'application de l'eau plus ou moins chaude, depuis sa température naturelle jusqu'à celle de l'eau bouillante ;

4.° Enfin par la différence dans l'espace de temps que la feuille peut rester soumise à son action.

La première circonstance n'avait excité ni la curiosité ni l'attention de personne , et on s'en est rapporté , à cet égard, aux opinions et à la pratique reçue des cultivateurs de l'isatis , et des fabricans de pastel.

Toute direction vers la deuxième a été, jusqu'à ces derniers temps, écartée par une expérience de Margraff, de laquelle il paraissait résulter que la matière colorante des feuilles d'isatis desséchées n'était plus dissoluble par l'eau.

En se bornant donc aux deux dernières, on a dû s'astreindre à deux manières générales d'extraction : la première par fermentation, en macérant les feuilles à l'eau froide, et la deuxième par infusion à l'eau chaude.

Il paraît que depuis bien long-temps on est parvenu à s'emparer de la pure matière colorante du pastel en Italie, mais en trop petite quantité et par des moyens peu économiques.

On la retirait des cuves de pastel, montées sans indigo, à la manière des guesderons, et en prenant la fleurée bleue qu'elles fournissent. Cette jolie couleur, qu'on employait dans la peinture, se trouvait communément dans le commerce au temps de Matthiole ; mais cette manière n'a aucun rapport avec celle qui forme l'objet de cet ouvrage ; savoir, l'extraction en grand, et à des prix convenables, pour que l'indigo du pastel puisse remplacer l'indigo exotique dans les opérations de teinture.

Le projet de l'extraire pour remplacer l'indigo étranger, paraît avoir été formé, et exécuté la première fois, en Allemagne, par Justi, chimiste célèbre, auquel la science doit d'autres travaux intéressans.

En France, Astruc proposait cette opération et appuyait son projet sur des résultats heureux qu'il annonçait avoir obtenus ; mais ses procédés sont

demeurés inconnus. Hellot faisait, presque en même
temps, des vœux pour cet objet. Il peut paraître
extraordinaire que tel fut le préjugé en faveur de nos
routines , que la personne à laquelle Astruc commu-
niqua son projet, proposa au contraire d'obliger les
colons de l'Amérique à préparer l'anil de la manière
dont on prépare le pastel en Languedoc. Il paraît
qu'on n'a plus songé en France à ce projet jusqu'à ces
derniers temps, auxquels il a été renouvelé par Dambournay.

En Allemagne, au contraire, et en Italie, depuis
la moitié du siècle passé, l'attention de plusieurs
savans , et même de quelques sociétés littéraires, se
dirigea vers cet important objet d'industrie. Pendant
quelques années, des dissertations se succédèrent sur
la manière d'extraire la matière colorante de l'isatis,
dans un plus grand état de pureté que celui où elle se
trouve dans le pastel.

Borth, conseiller des mines de l'électeur de Saxe,
auquel l'art doit quelques perfectionnemens dans la
teinture en bleu par la dissolution de l'indigo dans
l'acide sulfurique, publia en 1754, dans la *Gazette
de Halle,* la description d'un procédé. L'académie
de Gottingue ne tarda pas à solliciter de nouveaux
travaux en proposant un prix sur ce sujet. Nous devons à cette circonstance la description de deux
procédés par M. Kulenkamp de Brême, à qui le prix

fut adjugé. Schreber, peu après, dans un ouvrage périodique, appuya par des expériences, et fortifia par son autorité, les résultats de Justi, Borth et Kulenkamp. L'année suivante, 1756, vit encore paraître un traité particulier sur ce sujet, *De indo germanico ex glasto*, par M. Eddel, ouvrage que je n'ai pas pu me procurer.

Lasteyrie rapporte que d'autres procédés ont encore été publiés par Schreber et Munsard; et il en parut enfin un bien détaillé de M. Green dans les *Annales de chimie* de Crell, traduit en français dans le premier volume de la *Bibliothèque médico-physique du nord*.

En Italie, quelques savans ne s'occupaient pas seulement de ce sujet, mais ils obtenaient des succès que des dissertations nombreuses ne procuraient pas encore à l'Allemagne. M. Morrina, piémontais, établi à Naples, y élevait une manufacture en grand, à laquelle S. M. le roi de Naples, qui avait daigné en voir toutes les opérations, mettait beaucoup d'intérêt et accordait sa protection.

C'est la première fois qu'une manufacture d'indigo-pastel en grand s'est élevée en Europe. M. Harasti annonçait, presque en même temps, des résultats favorables à Milan : c'est à cette époque, 1791, que l'académie de Turin proposa un prix pour la solution du problème suivant :

Indiquer le procédé le plus facile et le plus économique

pour extraire du pastel, ou d'une plante quelconque indigène, une fécule colorante bleue, propre à remplacer l'indigo dans les opérations de teinture. Un précis de tout ce qui avait été fait jusqu'à cette époque, précéda la publication du problème, et le prix fut ensuite adjugé à M. Morrina, qui donna une description détaillée des opérations de sa manufacture, et présenta en même temps des échantillons abondans d'indigo qu'on put soumettre à toutes sortes d'expériences.

Si on excepte un procédé de Kulenkamp, qui consiste dans une infusion à chaud, et celui de Dambournay, dans lequel les feuilles de l'isatis ont été traitées par une solution de soude caustique, tous les projets et tous les procédés dont je viens de donner un aperçu général, ne sont que la description des opérations qu'on fait en Amérique sur les feuilles de l'anil, et qu'on a essayé d'appliquer aux feuilles de l'isatis. Pour les faire connaître, il suffira, conséquemment, de rapporter la description d'un seul de ces procédés, et de rendre compte ensuite des procédés qui en diffèrent de Kulenkamp et de Dambournay : je donnerai la préférence à celui de Morrina pour ce qui tient à tout procédé par fermentation d'après la manière qui est en usage en Amérique; soit parce que, ayant été décrit le dernier, il doit être censé le meilleur; soit parce que son auteur, ayant

travaillé en cours de fabrique, il paraît qu'il doit inspirer plus de confiance.

CHAPITRE II.

Procédé de Kulenkamp par infusion.

M. KULENKAMP, qui avait déjà décrit un procédé
par fermentation, annonçait, comme devant être
préféré, le suivant, qui lui paraissait plus simple, et
sur-tout beaucoup plus prompt dans ses résultats.

On fait chauffer de l'eau jusqu'à ébullition dans
une chaudière : on diminue alors le feu, et on entretient l'eau à une température qui se rapproche
de l'ébullition. On remplit ensuite la chaudière de
feuilles d'isatis récemment récoltées et en bon état,
on les agite, et on les laisse infuser pendant une
demi-heure. On ouvre le robinet qui est placé au
fond de la chaudière, dont l'intérieur est garni d'une
toile pour retenir les feuilles et les ordures. L'eau
qui en sort est teinte en couleur d'olive, et tombe
dans un grand baquet rempli d'un tiers d'eau de
chaux, composée d'une partie de chaux vive sur deux
cents parties d'eau commune. On agite le tout pour
le réunir plus promptement; la couleur de la liqueur
devient verte, et il se forme une écume bleue. On
abandonne le mélange au repos après l'avoir bien
agité. Une heure après, on tire l'eau jaune qui

recouvre le sédiment bleu, et on la remplace par de l'eau commune.

Il est bon d'observer qu'on ne connaissait pas, au temps de Kulenkamp, la nature du carbonate de chaux. C'est pour cela qu'il ajoute qu'au moyen de cette eau de lavage, on emporte l'eau de chaux restante (qu'on n'emporte point par le fait, parce qu'elle a été changée en carbonate insoluble) ; c'est faute d'y avoir songé, que cette erreur a été souvent répétée : elle est reproduite encore de nos jours dans l'instruction du docteur Henry.

Lorsque, par un nouveau repos, l'indigo s'est précipité, on soutire cette eau de lavage, que M. Kulenkamp conseille de remplacer promptement par de nouvelle eau de chaux faible, pour arrêter, dit-il, toute espèce de putréfaction. On agite fortement cette eau avec le dépôt ; il se forme une écume blanche abondante, qu'on détruit avec quelques gouttes d'huile. On lave encore une fois en eau claire, et on soutire après un repos suffisant. On fait séparément une eau acidulée avec de l'acide sulfurique, dans la proportion d'une once sur chaque seau d'eau ; on la verse sur le dépôt ; on l'agite et on laisse de nouveau déposer. Lorsque le dépôt est formé et que l'eau est tirée, on lave l'indigo encore une fois en eau pure, et on le fait sécher.

La fécule qu'on obtient par ce procédé, dit l'auteur,

(161)

l'auteur, a les apparences et les propriétés de l'indigo.

Ceux qui auront répété ce procédé avec connaissance de cause, auront trouvé que le produit en est une mauvaise fécule d'indigo excessivement oxidé, et tirant au noir, dans laquelle l'indigo entre en très-petite quantité contre une très-forte proportion de savon calcaire, de matière végéto-animale, de sulfate et de carbonate de chaux ; cette fécule est cependant assez propre pour servir à une grande partie des opérations de teinture, dans lesquelles on fait usage de l'indigo.

M. Kulenkamp a fait, dans la pratique de ce procédé, deux remarques importantes : la première, c'est qu'il faut conserver l'eau bien chaude, parce que si elle vient à se trop refroidir, il s'y dissout peu d'indigo : c'est ce que nous trouverons confirmé par l'expérience. La deuxième, c'est qu'il faut éviter que les feuilles ne soient pas trop cuites par l'eau, ce qui est véritablement dangereux. Il est bon d'observer, à cet égard, que cela arrive malheureusement dans la manière d'infusion qu'il décrit; elle est trop chaude et trop prolongée. Dans ce cas, dit M. Kulenkamp, les parties colorantes se rattachent à l'herbe, et n'en peuvent plus être séparées. Cette idée a été adoptée par d'autres. La véritable raison, c'est qu'à cette température élevée, d'une part, la matière colorante s'oxide au contact de l'air et devient insoluble dans l'eau;

L

d'autre part, d'autres principes de la plante passant en dissolution dans l'eau avec l'indigo, s'y réunissent et en empêchent la précipitation.

CHAPITRE III.

Procédé par fermentation de Morrina.

M. MORRINA regarde avec raison comme bien important que la fermentation soit terminée au plus en dix-huit heures, pour que le tout soit achevé dans la journée. Pour y parvenir, il veut que la température de son atelier soit de vingt degrés. Il remplit sa cuve de feuilles aux deux tiers; il les assujettit et il y verse l'eau, qui doit être au moins à quinze degrés de Réaumur.

Il reconnaît que la cuve a assez fermenté à une couleur jaune de limon, avec une pellicule irisante verte qui se forme dessus. A ce signe, il la soutire, la fait passer dans une cuve de repos pour en séparer les matières terreuses; et de là, dans une troisième, qui est le battoir, composé d'une roue à palettes.

M. Morrina a une excellente pratique, qu'on n'a pas appréciée tant que l'art n'a pas été dirigé par des principes; et nous verrons dans la suite qu'elle est très-importante. Il commence et continue le battage de son extrait pendant vingt minutes, avant d'y mêler le précipitant, qui est l'eau de chaux. Alors il y met cette eau par portions, et il ralentit le battage. Il essaye sa liqueur, et il cesse d'y verser de l'eau de chaux dès

l'instant que le mélange est d'un beau vert d'émeraude. A ce signe, il suspend l'addition du précipitant, cesse le battage et laisse la liqueur se reposer.
Il lave son sédiment : c'est l'indigo.

Nous avons eu occasion d'examiner de près les
produits de M. Morrina : ce sont des fécules indi-
goféres de moyen titre, dont la couleur bleue ne
s'éloigne pas de celle du tournesol. Elles donnent
une belle dissolution avec l'acide sulfurique ; mais l'indigo y est en assez petite proportion. La description
que j'aurai occasion de donner d'un procédé à froid,
dans lequel l'eau de chaux est le précipitant, fera
connaître qu'il ne manque, au procédé de M. Morrina, que d'employer moins d'eau de chaux, et de
l'appliquer plus à propos pour avoir de beaux produits.

CHAPITRE IV.

Procédé de Dambournay.

On doit à M. Dambournay quelques essais pour
tirer l'indigo de l'isatis. Ces essais, faits très-en petit,
ne peuvent servir qu'à prouver, ce qu'on savait
déjà, qu'on peut tirer de l'indigo de l'isatis. Les
opérations qu'il a exécutées ne forment pas un ensemble assuré de pratique, auquel on puisse accorder le titre de procédé. Dambournay est cependant
le seul qui ait obtenu en France de l'indigo-pastel,
d'après des opérations connues ; et quoiqu'il n'en

ait obtenu que quelques onces, et encore d'une fécule de très-mauvaise qualité, c'est cependant celui qui en a obtenu le plus. A ce titre, ses essais doivent trouver, dans l'histoire des progrès de l'art, une place qui leur est due d'autre part, parce que ses moyens sont différens de ceux qu'on avait pratiqués ailleurs.

Dans la plus grande opération, exécutée par M. Dambournay, on n'a employé que trente-cinq livres de feuilles; et on ne peut pas avoir des résultats en opérant sur de si petites quantités.

La méthode pratiquée par Dambournay consiste à soumettre les feuilles fraiches de l'isatis à l'action de l'eau par la fermentation, qui, comme il l'a observé, ne s'y établit qu'au bout de quatre jours. La liqueur fermentée ayant été soutirée, il y ajouta une pinte et un quart de lessive caustique pour la liqueur provenant de cinq livres et deux onces de feuilles fraîches d'isatis. Après le battage, il obtint une fécule. La proportion du précipitant alcalin, employé par Dambournay, est très-excessive, et la plus grande partie d'indigo a dû être retenue par la solution alcaline, sans pouvoir se précipiter. La preuve en est dans les observations même de cet écrivain, qui a trouvé que les eaux décantées restaient très-colorées. Il les traita alors par une dissolution d'alun; ce qui lui donna une nouvelle fécule bleue, bonne pour la teinture. Il est aisé de voir ce qui a dû arriver par cette addition prétendue heureuse ; l'alumine, séparée de l'acide par la potasse, se précipita avec l'indigo que la potasse tenait en dissolution.

La valeur de la fécule obtenue par Dambournay, peut s'estimer par le poids des feuilles. Il a calculé que cent livres de feuilles lui donnaient une livre et demie de fécule. Cent livres de feuilles donnent trois onces au plus d'indigo réel ; le rapport de la fécule au bon indigo de Guatimalo, se trouvait donc dans la proportion de trois parties sur vingt-quatre. Il ne paraît pas que personne se soit occupé de cette manière d'extraction. Quelque favorables que puissent paraître les calculs que Dambournay a présentés de son essai : on ne peut pas les admettre ; ils sont tirés de fausses données, 1.° d'une quantité d'indigo que l'isatis ne peut point fournir, parce que celle qu'il contient est infiniment moindre ; 2.° de la qualité qu'il supposait à sa fécule, et qu'elle n'a pas. L'indigo qui proviendrait de cette manière d'opérer, ne pourrait pas même compenser la valeur de la lessive qu'on aurait employée.

CHAPITRE V.

Recherches de Planer, Tromsdorf et Chevreul sur la matière colorante du Pastel.

La matière colorante obtenue par ces différens procédés, se comportant dans les opérations de

teinture, sur-tout dans sa réaction avec l'acide sulfurique, comme l'indigo étranger, il paraissait qu'il
ne devait point rester des doutes sur l'identité de
ces deux matières colorantes. M. le sénateur comte
Saint-Martin avait soumis à toutes ces épreuves l'indigo-pastel de Morrina, et les résultats n'en furent
jamais douteux. Des chimistes cependant ont cru
devoir y mettre le dernier sceau de la certitude. On
trouve dans un recueil de chimie, *Chimicæ Commen-
tationes Academiæ electoralis Moguntinæ quæ Erfurti
est ad annum 1778 et 1779*, un mémoire de MM. Planer
et Tromsdorf, écrit en allemand, dont le titre est le
suivant : *Examen de la couleur bleue du Pastel* (Isatis
tinctoria). Ce mémoire est le même que celui que
M. de Lasteyrie attribue au professeur Blaver, *qui,*
dit-il, *a retiré du pastel la fécule colorante ; mais dont
les expériences n'ont rien de particulier, ni d'intéressant* (de Lasteyrie, *du Pastel*, page 116).

Il est cependant vrai de dire que le travail de
M. Planer nous a appris trois faits bien importans,
et très-propres sur-tout à constater l'identité de la
matière colorante du pastel avec celle de l'indigo,
à donner une connaissance précise de la fécule qu'il
a obtenue du pastel par les procédés de Kulenkamp.
Ces faits sont : 1.° la sublimation de l'indigo du pastel
en aiguilles, sans se décomposer lorsqu'on le traite
au feu dans des vaisseaux fermés ; 2.° la propriété

qu'à l'indigo du pastel chauffé au feu ouvert, au point de ne point s'enflammer, de donner des fleurs ou une fumée qui s'attache aux corps qu'on y expose, et de les colorer en bleu ; 3.° enfin que, dans la fécule obtenue suivant le procédé de Kulenkamp, la proportion de la matière colorante produite par cette sublimation, s'y trouve comme un à quatre-vingts. Bergman, à Upsal, Chevreul, à Paris, ont ensuite confirmé ces propriétés dans l'indigo des Indes, par leurs belles analyses de l'indigo et de l'anil. Il ne peut donc plus rester de doute sur l'identité de la matière colorante de l'anil et de l'isatis.

CHAPITRE VI.

Manière par infusion de Kulenkamp, appliquée aux Indes à d'autres plantes indigofères, par le docteur Roxburg.

QUELQUE imparfaite que fût à sa naissance la manière d'extraire promptement, par infusion, l'indigo du pastel, telle qu'elle a été décrite par Kulenkamp, elle n'a pas moins contribué aux grands progrès de l'art de l'indigotier en général, et de celui de l'extraire de l'isatis en particulier, comme nous le verrons dans la suite.

Le docteur Roxburg, médecin anglais dans l'Indostan, a traité différentes plantes par ce procédé,

et est parvenu à en trouver qui fournissent abondamment de l'indigo , et dans lesquelles on était
loin de le soupçonner. On connaît la grande activité
que les Anglais ont donnée dans ces derniers temps à
la fabrication de l'indigo dans leurs établissemens de
l'Indostan. C'est au docteur Roxburg, et à un procédé par infusion à chaud qu'il a appliqué à ses
plantes indigofères, que les Anglais doivent cette
nouvelle source de richesses, dont ils s'efforcent de
s'emparer exclusivement. Le procédé du docteur
Roxburg, que l'on exécute principalement sur les
feuilles du *nerium tinctorium*, qui est un arbre très-
commun dans l'Indostan, est le suivant, qui ne diffère pas de celui de Kulenkamp.

On fait chauffer de l'eau dans une chaudière
presque jusqu'à l'ébullition ; on diminue alors un peu
le feu, et on plonge dans l'eau les feuilles du *nerium.*
On règle le bain de manière que l'eau ainsi réfroi-
die par les feuilles se soutienne à une température
de soixante-onze degrés du thermomètre centigrade ;
on entretient l'infusion à ce degré, jusqu'à ce que
les feuilles prennent une teinte jaunâtre et que la
liqueur devienne d'une couleur verte. On ouvre
alors le robinet de la chaudière, et on fait passer
la liqueur dans une cuve ; on la bat à l'ordinaire, et
on précipite l'indigo par l'eau de chaux.

Tel était à-peu-près l'état des connaissances sur

l'art d'extraire la matière colorante de l'isatis et sur sa nature à l'époque du décret de sa Majesté, de juillet 1810. Cette époque sera sans doute mémorable dans l'histoire de l'art de l'indigotier, et peut-être encore dans celle de l'art de la teinture. La direction nouvelle que ce décret et le grand prix qu'on a promis ont donnée vers cet objet, ainsi que l'enthousiasme général qu'ils ont excité en Europe, donneront des principes assurés à un art entièrement dépendant de la chimie, et qui, depuis long-temps, en invoquait en vain les secours. Je vais tâcher d'en faire connaître le résultat dans la section suivante, et j'examinerai les procédés qui ont été publiés depuis ce temps jusqu'à l'époque actuelle (novembre 1812).

SECTION V.

Des différens Procédés proposés après l'époque du décret impérial de Juillet 1810.

CHAPITRE I.er

De l'Extraction par fermentation en général, comparée à l'Extraction par infusion, relativement à l'économie.

Si l'on excepte le procédé de Kulenkamp par infusion, les différens procédés dont je viens de rendre compte ne sont que des fermentations des feuilles d'isatis, que l'on a tâché, autant que possible, de rapprocher de celles de l'anil ; et lorsqu'on jette les yeux sur ceux que l'on a proposés dans la suite, on trouve que la même marche a été encore suivie le plus souvent dans ces deux dernières années. La commission établie pour les *objets de teinture par des substances indigènes* remplaçant celles des colonies, et qui a dû recevoir des projets nombreux, indépendamment de ceux que nous a fait connaître la voie de l'impression, a fait remarquer que le plus grand nombre de personnes qui ont travaillé le pastel pour en extraire l'indigo, ont employé la macération des feuilles dans l'eau ; ce qui est la même chose que la fermentation. De tous les procédés qu'on a publiés, il n'y a, en effet, que celui de Nazarow dans lequel on s'en soit écarté ; car nous ne considérons pas comme indépendans de la fermentation ceux que l'on exécute par une espèce de digestion, pendant six ou huit heures, dans de l'eau chauffée à quarante degrés environ du thermomètre de Réaumur. L'expérience nous a prouvé qu'il ne faut pas tant de temps pour que la fermentation s'excite, et elle nous a prouvé, plus encore, qu'elle est à la putréfaction dès l'instant que la liqueur prend une couleur verdâtre qu'elle doit à de l'ammoniaque. Si l'on veut cependant ne pas oublier quelques données, que tous ceux qui ont travaillé avec un peu de discernement doivent avoir acquises dès les premiers pas qu'ils

(171)

ont faits dans la carrière, et qui résultent même des connaissances précises que les travaux analytiques faits sur l'isatis, nous ont procurées, il ne sera pas difficile de se convaincre qu'une toute autre marche aurait dû être préférée. Les procédés par fermentation ont des inconvéniens nombreux sentis depuis long-temps, même dans l'art de l'indigo-tier avec l'anil, en Amérique. Il est connu de tout le monde que cette pratique sur l'anil a toujours présenté deux problèmes qu'on a regardés même comme deux écueils insurmontables. Le premier consiste dans la détermination du point où cette fer-mentation doit être poussée et arrêtée ; le deuxième, dans la découverte d'un corps précipitant quelconque, qui remplisse les fonctions de l'eau de chaux et puisse la remplacer. Ces obstacles que présente la fermentation de l'anil, sont plus forts encore dans la fermentation des feuilles de l'isatis, d'une part, plus tendres, plus succulentes, plus faciles à être pé-nétrées par l'eau ; d'autre part, beaucoup moins riches en indigo, et qui, en outre, sont plus riches en proportion d'autres matières aisément fermentes-cibles, et très-disposées à se combiner avec la chaux, dont les inconvéniens dans son emploi, déjà très-sensibles sur les feuilles de l'anil, le deviennent encore plus sur celles de l'isatis.

Il est un principe que, dans toute recherche dont

le but est d'étendre les progrès d'une branche d'industrie, on ne doit jamais perdre de vue; c'est celui de
réunir un ensemble de conditions, d'après lesquelles
les améliorations qu'on croirait avoir faites, soient des
améliorations réelles. Si l'on parvenait, par exemple,
à extraire de l'isatis le meilleur indigo possible, mais
que, dans le fait, la manière dont on peut y parvenir
ne fût pas susceptible d'être appliquée à une manufacture, et à en fournir les quantités nécessaires à nos
besoins, on serait en droit de n'attacher à cette découverte aucun prix dans les arts et dans l'économie publique d'une nation. Il ne sera pas difficile de prouver
que tel serait le sort de l'extraction de l'indigo de
l'isatis (au moins dans nos climats), si nous n'avions
d'autres moyens de l'extraire que par la fermentation.

Pour se former une idée bien exacte des obstacles
que cette manière d'extraction doit éprouver, il n'y a
qu'à rapprocher deux faits, et les soumettre ensuite
au calcul, qui doit toujours présider à toute opération
de manufacture. Ces deux faits sont, premièrement,
la quantité peu considérable d'indigo qui est contenue
dans les feuilles de l'isatis; et, en second lieu, l'impossibilité dans laquelle on se trouve, de pratiquer
la fermentation de ces feuilles sur de grandes masses,
sans développer les causes par lesquelles on convient qu'on ne pourrait plus obtenir aucun produit en
indigo.

Ceux qui annoncent que chaque quintal de feuilles d'isatis fournit une livre d'indigo, prouvent, aux yeux de ceux qui ont bien traité ce sujet, sous ses différens rapports, ou qu'il n'y a pas de bonne foi de leur part, et que leur but est d'induire en erreur; ou qu'ils ne savent point encore ce que c'est que le véritable indigo. Il arrive, en effet, très-communément, que des livres de fécule qu'ils vous présentent, se réduisent, à leur grand étonnement, à quelques grammes de véritable indigo, dès qu'on les soumet à un examen éclairé.

On doit poser en principe que le quintal d'isatis n'a jamais fourni, et ne fournira jamais, dans nos climats, que trois onces ou un peu plus de véritable indigo. Nous avons déjà vu, dans la première partie de cet ouvrage, que c'est la quantité qu'on en trouve en proportion dans le pastel en coques; et c'est de cette donnée que l'on doit partir.

Il est très-connu que la fermentation des feuilles indigofères a lieu, en général, d'une manière très-inégale, et que la même cuve donne des indices de degrés d'une fermentation bien différemment avancée, aux diverses hauteurs de la cuve dont on tirera la liqueur. Ce phénomène est sur-tout plus marqué encore avec les feuilles de l'isatis, et on l'a si bien senti, que l'on convient qu'on ne pourrait guère opérer sur des masses plus considérables que d'environ trois quintaux, sans s'exposer à des chances malheureuses. Cette circonstance est digne de la plus grande attention, parce que, jointe à la petite quantité d'indigo que la plante fournit, elle nous force à une multiplication considérable de cuves, pour n'obtenir que peu de produit; il ne sera pas difficile de sentir que cette multiplication de cuves assujettit à des frais énormes de main-d'œuvre pour les servir; et, ce qui n'est pas moins important, et à quoi on ne songe jamais, elle nécessite des localités tellement étendues, qu'elles surpassent tous les moyens de se les procurer (1).

Si l'on veut se représenter un établissement assez grand pour produire, chaque jour, une cinquantaine de livres d'indigo, ce qui ne formerait pas encore une manufacture bien considérable, on sentira toute la force des inconvéniens que je viens d'énoncer. Il y faudra, pour l'obtenir, une série de cent cuves d'infusion; une série d'une cinquantaine de cuves d'une capacité double, soit pour en recevoir les liqueurs, soit pour les lavages, et la formation

______

(1) M. de Puymaurin, qui a suivi le procédé par fermentation, et l'a porté à un haut degré de perfection, a tellement senti la force de cette vérité, qu'il se décida à se placer à l'air libre ou en rase campagne; mais on doit sentir aussi qu'il y a de très-nombreux inconvéniens attachés à cette mesure, qui, au surplus, ne peut être pratiquée dans les mois d'automne, et dans les pays qui sont sujets à des fréquentes variations dans l'atmosphère.

des sédimens terreux; il en faudra une quinzaine au moins pour le battage, et une vingtaine pour le lavage. Or, si l'on additionne le nombre des cuves, et si l'on calcule l'espace qu'elles devraient occuper, on trouvera que, pour avoir une pareille indigoterie, il faudrait se ménager un atelier d'une telle étendue, qu'il égalerait celle de nos places publiques. Et si l'on se représente les seules opérations de service que ces cuves entraîneraient pour les remplir de feuilles, les assujettir et les extraire, on trouverait que la seule main-d'œuvre absorberait le prix d'une grande partie des produits.

Mais il est enfin un dernier inconvénient auquel tout procédé de fermentation expose (et c'est un des plus intéressans); c'est que, par la fermentation la mieux conduite, les feuilles ne donnent jamais qu'une partie de l'indigo qu'elles contiennent. Toutes les fois que j'ai traité des feuilles par la fermentation, après les avoir bien lavées, depuis qu'on en avait tiré l'extrait, je les ai toujours traitées par infusion à eau chaude, et celle-ci en a extrait constamment une liqueur au moins aussi riche en indigo que celle que j'avais obtenue par la fermentation : l'indigo qu'on en retirait était encore plus abondant; et, lorsque je prononce ici le mot *indigo*, il ne faut pas le confondre avec ces fécules auxquelles on aime à prodiguer ce titre; je ne parle que de pure matière colorante.

· Je ne parlerai point des inconvéniens attachés à cette manière d'extraction, dépendans d'autres causes qu'on ne saurait cependant maîtriser sans des dépenses énormes. On a dit et répété que, pour que la fermentation puisse bien se faire, il est convenable de ménager à l'atelier une température de vingt à vingt-quatre degrés de Réaumur : que l'on calcule actuellement l'étendue du local sus-énoncé, et que l'on cherche ensuite les moyens d'y entretenir cette température élevée, sur-tout au mois d'octobre.

Je n'oublierai pas cependant d'autres inconvéniens attachés à cette méthode, et dépendans de la température. Si l'on suppose constante dans l'atelier, la température de vingt à vingt-cinq degrés (ce qui n'est guère possible dans un grand atelier), toujours celle des extraits ne sera que de dix-sept à dix-huit, et à cette température, l'action successive du battage des extraits sera peu considérable, si elle n'est pas forcée par l'eau de chaux. On trouve ici la raison du peu de valeur des fécules qu'on obtient par ce procédé. L'excès d'eau de chaux entraîne la précipitation d'autres principes avec l'indigo : la chaux se les approprie ; et de là la nécessité des opérations très-dispendieuses de raffinage par les acides, qui, en dernier résultat, ne finissent pas par donner de bons indigos ; parce que, par la chaux qui s'unit avec d'autres principes de la plante, il se forme des

combinaisons

combinaisons que les acides ne peuvent pas toujours décomposer, ce qui nécessite d'autres opérations pour les séparer, et multiplie ou complique trop celles du raffinage.

D'après cet ensemble de circonstances je n'hésiterai pas un instant à prononcer que jamais le procédé par fermentation ne pourra être celui de grands établissemens en indigo-pastel ; que, tout au plus, on pourra le pratiquer pendant quelques mois de l'année, et à la température atmosphérique la plus chaude. Je ne regarde la fermentation que comme une expérience ingénieuse de chimie, tendant à prouver que, de cette manière aussi, une partie au moins de l'indigo contenu dans l'isatis, peut se détacher de la plante ; mais jamais je ne pourrai regarder cette méthode comme pratiquable avec économie dans de grands ateliers.

Maintenant, après ce tableau des inconvéniens attachés à la pratique de la fermentation, on est sans doute en droit de demander jusqu'où ces inconvéniens ne sont pas communs au procédé par infusion.

Le rapprochement d'un petit nombre de faits suffira pour faire sentir combien sont grands ses avantages sur la fermentation. L'extraction plus facile, et en plus grande proportion de l'indigo par l'eau chaude, se trouve déjà constatée par la quantité considérable qu'elle en emporte encore des feuilles qu'on a traitées par la fermentation.

M

Le résultat ensuite de l'infusion est beaucoup plus expéditif, et n'est assujetti à aucune chance défavorable. Une cuve qui contiendrait deux quintaux pour la fermentation, peut aisément en contenir trois qui seront bien pénétrés par l'eau chaude; et ces trois n'exigeront point de main-d'œuvre pour les arranger, parce que les feuilles n'ont pas besoin d'être assujetties. La quantité d'eau qu'on emploie pour l'infusion est d'un tiers moindre que celle qui est nécessaire à la macération; on a par-là des liqueurs plus chargées d'indigo, et par conséquent d'une précipitation plus facile au battage.

L'infusion peut se pratiquer sur de grandes masses; par cette seule circonstance, les cent cuves de macération peuvent se réduire à deux ou trois; et une grande diminution aura proportionnellement lieu dans le nombre des autres.

J'ai cherché (à circonstances égales) à évaluer le rapport des deux méthodes. Deux cuves ont travaillé chacune dix myriagrammes de feuilles par fermentation; l'opération a été achevée en vingt-quatre heures, quoique, dans de certaines saisons, elle se soit prolongée jusqu'à quarante-sept. Les mêmes deux cuves ont travaillé par infusion à eau chaude, pendant le même espace de temps de vingt-quatre heures, moins la nuit. Leur consommation a été de deux cent cinquante-six myriagrammes de feuilles, et elle aurait pu être d'un tiers en sus , si les moyens d'échauffer l'eau se fussent trouvés disposés dans un juste rapport à ne produire aucun retard. La célérité dans les opérations , est donc, entre l'infusion à chaud et la fermentation, comme deux cent cinquante-six est à vingt, à circonstances égales de capacité des récipiens ; et si l'on n'oublie pas que l'on peut pratiquer l'infusion sur de grandes masses, dans de grandes cuves , ce rapport deviendra au moins dix fois plus fort en faveur de l'infusion. Il n'est pas nécessaire, d'après ce rapprochement, d'insister pour démontrer combien la main-d'œuvre devient moindre, et combien l'étendue immense du local devient bornée.

Les liqueurs qu'on soutire de l'infusion sont très-chaudes, elles le sont même trop encore pour les soumettre au battage. On peut y mêler les eaux de lavage des feuilles, qui conservent aussi de la chaleur sur-tout lorsqu'on opère sur de grandes masses. A la faveur de cette température, comme on le verra, l'indigo se précipite au battage de la manière la plus complète, sans l'action d'aucun précipitant. Le résultat de cet heureux effet de la température est donc, 1.° une épargne de tous frais pour l'eau de chaux ; 2.° tous les inconvéniens que son emploi entraîne sont écartés ; 3.° l'indigo qui se précipite n'est ni mêlé à de la chaux, ni à aucune de ses combinaisons, et par-là toute opération d'affinage est évitée, ainsi que les frais qu'elle entraîne, et toute consommation en acides ; 4.° on a un indigo très-pur et aussi beau que celui de l'étranger, ce qu'on n'obtient pas, dans les opérations en grand, par la fermentation, sans y ajouter celles du raffinage, dont l'effet est au moins d'augmenter le prix de l'indigo de cinquante pour cent (1).

Tant d'avantages réunis doivent suffire pour convaincre que, puisque nous pouvons pratiquer l'extraction à chaud, la manière par fermentation, au moins dans l'art d'extraire l'indigo de l'isatis, ne doit pas être rangée au nombre des opérations praticables.

On ne reprochera pas à la méthode par infusion la dépense qu'elle peut entraîner en combustible pour le chauffage de l'eau. Si l'on tient compte de la quantité de combustible nécessaire à cette opération, on trouvera qu'elle est bien moindre que celle qui serait nécessaire pour entretenir la température de

____

(1) Il faut faire une exception dans quelques départemens de l'intérieur de la France. L'acide muriatique qu'on devra toujours employer à ces opérations d'affinage, et qui, dans les pays où j'écris, ne peut être obtenu qu'à des prix très-élevés, se trouve à très-bas prix dans l'intérieur de la France, où la fabrication de la soude en fournit abondamment.

Il reste seulement à savoir, dans le cas où les indigotiers en consommeraient une très-grande quantité, si les fabricans de soude qui n'en ont dans ce moment aucun débit, consentiraient, lorsqu'ils en auraient un débit très-fort, à l'accorder constamment au même prix.

l'atelier de 20 à 25 degrés qu'on propose , et même , sous ce point de vue , on trouverait un objet considérable d'économie.

CHAPITRE II.

Procédé par infusion de Nazarow.

LE décret de 1810 appelait en France les amis de l'industrie nationale vers ce grand objet d'utilité, en même temps que M. Nazarow de Moscou s'efforçait d'exciter l'attention du gouvernement de Russie. Il présenta à l'Empereur des échantillons de draps teints avec l'indigo-pastel qu'il avait obtenu à Moscou par un procédé particulier, auquel son souverain donna des témoignages d'intérêt par des récompenses éclatantes. Ce procédé a été publié dans presque tous les journaux, mais il paraît qu'il a été très-mal rendu.

D'après la description qu'on en a donnée, il consisterait à faire une infusion presque théiforme de feuilles de pastel, et à précipiter ensuite l'extrait par une eau acidulée avec de l'acide sulfurique (1). Ce procédé ayant été essayé, n'a réussi à personne ;

---

(1) Je n'ai trouvé la description de ce procédé nulle part que dans les journaux politiques et littéraires avant l'époque de 1813 ; le journal de l'Empire et celui de Paris en ont rendu compte d'une manière très-différente, et l'un et l'autre très-inexactement, l'ayant copiée, suivant toute apparence, sur d'autres journaux politiques.

J'en lis une description tout autre encore, au moment de livrer

M 3

(182)

très-apparemment, on a oublié de rendre compte d'une de ses parties essentielles ; savoir qu'on doit précipiter l'extrait par de l'eau de chaux, et ensuite traiter l'indigo précipité par une eau acidulée par l'acide sulfurique. Au moins, par ce changement que nous y avons fait, on a obtenu aisément une fécule bleue. Cependant l'action de l'acide sulfurique qui forme avec la chaux un sel insoluble, ne pouvant porter cet indigo à un beau degré de pureté, nous avons remplacé cet acide par le muriatique, comme propre à emporter la chaux avec laquelle il forme un muriate très-soluble. On a obtenu par ce moyen une

---

cet ouvrage à l'impression ; et l'ensemble du procédé change tellement, que, dans l'état même de nos connaissances, il faudra le regarder comme nouveau, et le soumettre à l'expérience.

J'ai tiré cette description des *Archives des Découvertes et des Inventions nouvelles*, tom. V, pag. 294 ; les auteurs annoncent l'avoir extraite d'un journal allemand, *Magasin des Inventions*, n.° 56.

La manière, dont on doit procéder est la suivante : « On verse » de l'eau bouillante sur sept à huit livres de feuilles de pastel, trois » minutes après on y met du sel et de l'eau froide ; et après deux » heures on y verse de l'eau mêlée d'un peu d'acide sulfurique; » (les proportions ne sont pas indiquées). Après que la substance » colorante s'est déposée, on décante l'eau, et on fait sécher le » dépôt à une chaleur de trente à quarante degrés. On obtient alors » de la quantité ci-dessus indiquée de feuilles de pastel (savoir de » sept à huit livres), à-peu-près une livre de matière colorante » égale à l'indigo, dont le pound [quarante livres], se vend de trois » jusqu'à six cents roubles à Moscow. »

Comme l'on n'a point essayé ce procédé tel qu'il est décrit ici,

fécule qu'on croyait pouvoir regarder comme un assez pur indigo ; mais l'expérience a bientôt fait connaître le contraire. On doit à la vérité de dire que ce procédé a fort contribué à l'avancement de l'art, en ce qu'il nous a forcés à l'examen du produit qu'il fournit, à la connaissance de quelques combinaisons que la chaux forme avec des principes contenus dans l'isatis, et par suite à les éviter en en prévenant la formation. C'est par la suite encore des connaissances qu'on a acquises dans ces recherches, qu'on est parvenu à se rendre raison de l'action d'un précipitant composé d'un mélange d'un peu de potasse avec de

---

toute observation serait déplacée pour ce qui en regarde le succès ; mais je ne puis m'empêcher d'observer que ce produit d'une livre d'indigo sur sept à huit livres de feuilles de pastel, est ridicule. Il serait plus que double de celui que fournissent par-tout dans les Indes les plantes indigofères que l'on croit les plus riches. A ce seul égard on peut croire que le procédé de M. Nasarow est aussi mal rendu dans le journal sus-énoncé, que dans tous les journaux politiques qui en ont rendu compte dans le temps.

Au reste, si ce procédé réussit bien, lors même qu'il ne donnerait que vingt-cinq fois moins d'indigo qu'on ne l'annonce, il serait très-appréciable, soit par rapport à sa nouveauté, et aux progrès qu'il ferait faire à la science ; soit par rapport à la pratique. Dans l'état actuel de nos connaissances, on ne saurait se former aucune idée de l'action du sel qui y est employé ; et quoique la température puisse remplir les fonctions de précipitant, personne n'a découvert jusqu'à présent que cet effet puisse avoir lieu sans l'action du battage. *Voyez* au surplus la III.ᵉ partie de cet ouvrage pour ce qui concerne l'action de l'eau acidulée par l'acide sulfurique.

M 4

l'eau de chaux, employé dans quelques indigoteries américaines, et adopté par Rouques d'Alby dans la précipitation de l'indigo d'un extrait d'isatis. C'est enfin de la connaissance de ces composés de la chaux avec des principes particuliers de l'isatis, qu'on a imaginé un procédé nouveau, que nous avons proposé, et qui a été décrit dans l'instruction officielle de 1812, dans lequel la potasse caustique remplit la double tâche de moyen d'extraction et de précipitant. Ce procédé, qui donne de l'indigo très-pur et d'une grande beauté, sera décrit ci-après plus en détail.

L'indigo préparé par la précipitation de l'extrait obtenu par infusion théiforme, au moyen de l'eau de chaux, et purifié par l'acide muriatique, a présenté un phénomène important qui ne doit pas être perdu pour l'histoire de l'art. On en doit l'observation à M. Haussman, célèbre teinturier et chimiste de Colmar, très-connu par ses excellens travaux sur la teinture, et notamment sur celle en cuves d'indigo. Je ne saurais mieux en rendre compte qu'en rapportant les expressions mêmes de la lettre adressée par M. le préfet du Haut-Rhin, en date du 21 juillet 1811, à son Excellence le ministre de l'intérieur, qui a daigné nous en donner communication.

« Je ne crois pas devoir différer, Monseigneur, à
» vous faire connaître les essais de teinture faits par

(185)

» M. Michel Haussman, fabricant de toiles peintes
» au Logelbac près Colmar.

» Ces essais inspirent d'autant plus de confiance,
» que M. Haussman est un chimiste très-distingué,
» très-avantageusement connu par plusieurs excellens
» mémoires sur différentes parties des sciences natu-
» relles, et par les produits de sa belle fabrique. Ses
» expériences sur l'indigo du pastel ont été faites de
» concert avec M. Briche, secrétaire général de la
» préfecture et secrétaire de la société d'émulation.

» MM. Briche et Haussman ont reconnu que l'in-
» digo obtenu du pastel par le procédé de M. Giobert,
» contenait encore beaucoup d'extractif qui nuit essen-
» tiellement à son emploi dans la teinture du coton.

» Cet indigo, traité par le muriate d'étain préci-
» pité avec excès de potasse caustique, ou en bleu
» d'application avec la lessive caustique et l'orpi-
» ment, n'a produit sur le coton que des teintes
» faibles d'un bleu pâle tirant sur le gris.

» Le même indigo broyé à sec et dissous dans
» l'acide sulfurique fumant, ne donne que des nuances
» sales sur coton, tandis que l'indigo des Indes traité
» par ces trois procédés, donne de très-beaux bleus
» sur coton.

» M. Haussman pense que l'extractif que contient
» cet indigo contribue non-seulement à ternir les
» nuances sur coton, mais qu'il empêche la fécule

» colorante d'adhérer à l'étoffe en quantité suffisante.
» Dans sa dissolution par l'acide sulfurique, l'extractif
» produit probablement un plus grand dégagement
» de calorique qui se porte sur la partie colorante,
» et en produit la combustion.

   » Au reste, il serait très-facile de priver cet indigo
» de l'extractif, et d'en obtenir sur coton les mêmes
» résultats que de l'indigo des Indes. C'est ce que
» MM. Briche et Haussman se proposent d'essayer.

   » M. Briche, en traitant l'indigo du pastel par la
» chaux éteinte et le sulfate de fer, a produit sur le
» coton des nuances d'un bleu très-franc, mais peu
» foncé. La couleur a pris plus d'intensité en faisant
» passer successivement l'étoffe dans le bain de tein-
» ture et dans une dissolution de sulfate de cuivre. La
» même cuve lui a donné des bleus plus foncés et
» assez beaux sur laine; mais ils ne sont pas compa-
» rables, pour l'intensité et pour l'éclat, à ceux que
» M. Haussman a obtenus sur la même substance
» par des procédés très-simples et économiques.

   » J'ai l'honneur de transmettre à votre Excellence
» les échantillons, au nombre de sept, de la teinture
» bleue sur laine par l'indigo du pastel, d'après un
» procédé de teinture de M. Haussman, et j'y joins
» un échantillon du drap blanc qu'il a employé dans
» ses essais. Ils offrent les différentes nuances de
» bleu depuis la plus claire jusqu'à la plus foncée,

» qui est presque noire. Les belles nuances sont
» comparables à tout ce qu'on peut obtenir par l'in-
» digo des Indes, &c. »

L'expérience a prouvé, dans la suite, que ce n'est
point à l'extractif qu'on doit attribuer la manière de
se comporter de cette fécule sur le coton ; j'y ai
reconnu la présence d'un corps particulier, composé
de chaux, de matière végéto-animale et de cire , avec
matière colorante jaune et indigo. Cette matière,
d'une couleur verte, se dissout par les alcalis ; et l'indigo obtenu par ce procédé, exécuté par M. Haussman,
en contenait très-sûrement la moitié au moins de son
poids. C'est précisément l'examen de cette matière
qui a conduit au procédé dont on aura à parler,
par lequel l'extraction de l'indigo a lieu avec la
potasse caustique. On trouve peut-être, dans l'observation de M. Haussman, la raison des inconvéniens que l'expérience montre être attachés à l'emploi
des indigos ordinaires, dans l'art de l'imprimeur en
toiles, et la juste raison de la préférence que ces ar-
tistes donnent aux indigos superfins ; mais je ne dois
pas dissimuler que j'ai reconnu dans la suite que l'infusion traitée à chaud par beaucoup d'eau de chaux,
comme dans le procédé très-imparfait que j'avais décrit, et d'après lequel M. Haussman avait préparé sa
fécule, donne, dans tous les cas, un indigo suroxidé,

ou , comme s'expriment les indigotiers , un indigo brûlé. L'expérience m'a prouvé que cet indigo vient très-difficilement à couleur en cuve , et exige beaucoup plus de matière fermentescible. On peut croire, d'après cela, que, dans la cuve à froid, l'oxide de fer n'exerce peut-être pas une action suffisante sur son oxigène pour le rendre soluble dans l'eau de chaux : de là, alors, les nuances trop claires qu'on en obtenait en le traitant par le sulfate de fer et la chaux.

Les imprimeurs pourront reconnaître les indigos qui contiennent considérablement de cette matière, à la propriété suivante. Dissous dans l'acide sulfurique et la solution délayée dans l'eau , ils donnent au commencement une solution d'un bleu brillant; mais la dernière eau qu'on passe sur la masse est de couleur verte : c'est la matière verte qui se dissout la dernière.

CHAPITRE III.

Procédé par digestion.

JE donne le nom de *digestion* à l'opération dans laquelle les feuilles sont infusées dans l'eau tiède, pour la distinguer de la *macération* , dans laquelle l'eau est froide, et de l'*infusion* , dans laquelle l'eau est presque à l'ébullition.

L'instruction officielle de 1812 annonce que ce

procédé est pratiqué en employant l'eau à 40 degrés du thermomètre de Réaumur, et en laissant infuser les feuilles pendant une ou deux heures.

J'ai appris que M. Cioni a adopté un procédé analogue : on dirait que ce procédé intermédiaire entre celui à chaud et celui à froid, doit réunir les avantages de l'un en écartant les inconvéniens de l'autre : j'étais moi-même dans cette persuasion, et je l'ai essayé plusieurs fois; mais l'expérience m'a prouvé le contraire. La température de 40 degrés de Réaumur est démontrée trop faible pour bien extraire l'indigo dans l'espace d'une ou deux heures, comme il est dit dans l'instruction. Pour que les feuilles puissent être bien pénétrées par l'eau, j'ai trouvé qu'il faut au moins cinq à six heures, encore faut-il que les feuilles d'isatis ne soient pas parvenues à un haut degré de maturité, car huit à dix heures seraient nécessaires pour les bien pénétrer. La liqueur qui résultait par une macération de cinq à six heures, donnait déjà des indices d'ammoniaque, ce qui annonce que cette digestion est une véritable fermentation, et cette liqueur ou extrait ne donnait au battage, et avec l'eau de chaux, qu'une fécule terne très-difficile à laver, et qui, lavée exactement à froid, donnait un indigo sec d'un bleu terne, tirant au noir, très-dur et difficile à casser, d'un cassure luisante, &c.; qui annonce, en un mot, qu'il retient beaucoup de principes étrangers. Il paraît certain, d'après ces phénomènes, que l'action de l'eau à cette température ne se borne pas seulement à la dissolution du petit nombre des principes auxquels l'indigo est associé, mais qu'elle enlève en même temps des feuilles trop de principes étrangers qui, se précipitant ensuite avec les molécules de l'indigo, forment la fécule que je viens de décrire, et qu'on ne saurait mieux comparer qu'à celle qu'on obtient par la fermentation à froid, qu'on n'a pas arrêtée à une époque convenable, ou qu'on a trop prolongée (1).

____

(1) Ayant dû m'entretenir sur ce sujet avec M. Cioni lui-même, il m'a communiqué le résultat de quelques expériences qui auraient produit le contraire de ce qu'il m'est arrivé d'observer. La proportion d'indigo qu'on obtient serait, d'après les essais de M. Cioni, moindre à des températures élevées qu'à des températures moyennes. M. Cioni croit en effet, avec Kulenkamp, qu'à des températures plus élevées, l'indigo rentre dans les feuilles.

Cent livres de feuilles d'isatis, dit-il, ont fourni les proportions suivantes de fécule, suivant les températures et les espaces de temps ci-après :

1.° Par une ébullition de la feuille, l'extrait n'a point donné de fécule bleue, avec l'eau de chaux.

2.° De l'eau bouillante versée sur la feuille (on n'a pas marqué combien de temps elle y a séjourné), a fourni un extrait qui marquait 75 degrés, qui forma une pellicule irisée sur sa surface, et donna de l'indigo par l'eau de chaux.

3.° La feuille, infusée dans l'eau à 75 degrés R., pendant un quart d'heure, donna un extrait qui, par l'eau de chaux, précipita de l'indigo.

Les feuilles ainsi traitées et soumises à une ébullition successive,

En supposant que M. Cioni ait suivi ce procédé
pour la fabrication de son indigo, la valeur des fécules

---

donnèrent un extrait aussi riche en indigo que celui de l'infusion.
La quantité d'indigo obtenue de cent kilogrammes de feuilles,
est de 0,350.

4.° La feuille, infusée dans l'eau à 70 degrés, pendant une
demi-heure, donna un extrait moins riche en indigo. Cent kilogrammes ont fourni 0,252 d'indigo à cassure résineuse.

5.° Les feuilles, infusées dans l'eau à 55 degrés, pendant une
demi-heure, ont donné un extrait qui, traité par un peu moins que
la moitié de son volume d'eau de chaux, savoir, dix litres contre
vingt-cinq d'extrait, a fourni 0,404 d'indigo sur cent kilogrammes
de feuilles. La fécule était bleu-clair.

6.° Cent kilogrammes de feuilles, infusées pendant une demi-
heure dans l'eau à 45 degrés, ont donné, par la même quantité d'eau
de chaux, 0,404 de fécule, comme dans l'expérience n.° 5. La
fécule était de couleur plus foncée.

7.° Cent kilogrammes de feuilles, infusées pendant cinq heures
dans l'eau à 35 degrés, ont donné 0,519 d'indigo, avec la même
quantité d'eau de chaux.

8.° Cent kilogrammes de feuilles, infusées pendant douze
heures dans l'eau à 50 degrés, ont donné un extrait qui exigea
parties égales d'eau de chaux pour se précipiter, et qui rendit
en indigo 0,577.

9.° La feuille, infusée dans l'eau à 24 degrés, pendant trente-
six heures, donna un extrait qui exigea un volume en eau de
chaux de vingt pour cent plus fort que celui de l'extrait, pour être
précipité. L'indigo était vert.

M. Cioni a conclu de ces expériences,

1.° Que si on excepte la température de l'eau bouillante, qui
lui semble fixer la couleur sur la feuille, et la rendre indissoluble à l'eau, on peut avoir la dissolution à températures différentes, dans des intervalles qui diminuent en raison inverse de
ces températures ;

qu'il produit peut se déduire des résultats qu'a fournis l'expérience qu'on en a faite à Florence : il a fourni, en matière colorante, à peu près le tiers de ce qu'a fourni l'indigo exotique qu'on lui a comparé ; et il ne

---

2.º Que plus la température de l'eau s'approche de 80 degrés, moins on obtient de fécule ;

3.º Que plus la feuille reste en infusion, plus on doit augmenter la quantité d'eau de chaux, et plus l'indigo est mélangé de matières qui en détériorent la qualité.

Quelques faits rapportés dans l'instruction officielle de 1812, *pages 34 et 35*, montrent assez qu'il n'est pas exact de mesurer la richesse des feuilles ou de déterminer le produit en indigo, par le volume d'eau de chaux nécessaire à la précipitation de toute fécule, ou par le poids de la fécule obtenue dans des opérations dépendantes de circonstances si différentes. La quantité d'eau de chaux ne peut pas être censée représenter la quantité d'indigo ; parce que la chaux forme des précipités insolubles, en se combinant avec d'autres principes que l'extrait fournit, et qui ne sont point de la matière colorante. La chaux se combine avec ces corps dans des proportions et dans des temps très-différens, suivant les températures auxquelles on l'applique à l'extrait, et suivant encore l'état de l'extrait par rapport à l'agitation qu'il a soufferte.

Pour rendre ces expériences instructives, il faudra faire les extraits à des températures différentes, et les faire différer par des séjours plus ou moins prolongés ; ramener les extraits à des températures égales, et les traiter ou sans eau de chaux ou par une très-petite quantité de ce précipitant bien appliqué ; et comme, malgré ces soins, l'indigo qui proviendrait des extraits formés par une digestion prolongée ne serait pas pur, il faudrait le traiter par une dissolution de potasse caustique, de manière à obtenir un indigo exempt, soit de chaux, soit des matières que les molécules d'indigo et la chaux peuvent précipiter en état insoluble.

paraît

paraît pas douteux que l'indigo qu'on y a employé avait été auparavant affiné par de l'acide muriatique, pour emporter la chaux ; ce qui ajoute un surcroît de dépense considérable et des opérations de lavage répétées pour le bien dessaler.

CHAPITRE IV.

Procédé de MM. Gresset et Pavie. — Affinage particulier de l'Indigo.

M. PAVIE, teinturier instruit et très-habile, à Rouen, membre de l'académie de cette ville, et M. Gresset, son associé, ont présenté, vers la fin de 1811, à son Excellence le ministre de l'intérieur, des échantillons d'indigo tiré du pastel, aussi beau que ce que l'étranger a fourni de meilleur. C'est le terme auquel il faudrait s'arrêter, si le procédé par lequel on l'obtient réunissait les deux conditions essentielles pour en assurer une exécution générale, savoir, la simplicité et l'économie.

La manière dont ils l'obtiennent est composée de deux parties bien distinctes. Par la première, ils forment une fécule de la même qualité à peu près que celle qu'on obtient en général par tout procédé de fermentation ; par la deuxième, ils la raffinent, et ils obtiennent l'indigo à un état de grande pureté.

La fermentation, dans la manière de M. Pavie, n'est plus dépendante des causes qui en altèrent si

N

souvent le cours dans la manière ordinaire, savoir,
les changemens de l'atmosphère.

Les résultats en deviennent par-là constamment
uniformes. Le moyen ingénieux qu'il a trouvé pour
remplir ce but, consiste à l'exécuter dans une chaudière
ou cuve garnie en cuivre, autour de laquelle, après
environ douze heures de macération, on fait circuler
un courant d'air chaud, de manière à amener le bain à
20 ou 25 degrés de chaleur. La fermentation étant
achevée, ce que l'on reconnaît à des signes marquans
qui sont soigneusement décrits, la liqueur du bain
est mêlée à une quantité égale d'eau de chaux, et bien
agitée. La suite de l'opération ne diffère plus de la
pratique ordinaire.

L'indigo obtenu par ce moyen, dit M. Pavie, peut
déjà être employé pour la teinture dans le plus grand
nombre de cas; mais, ajoute-t-il, il a besoin d'être
épuré pour quelques autres.

Ceux qui, dans les procédés des arts, aiment la
simplicité, ne manqueront pas d'observer, sur cette
première partie de l'opération, le grand embarras de
l'appareil, et la dépense que doit entraîner l'emploi
de tant de chaudières en cuivre, sans lesquelles il
serait fort difficile de communiquer au bain, et d'y
entretenir une température aussi constante. J'observerai, de ma part, que la manière d'y appliquer l'eau
de chaux détruit tous les soins qu'ont pris, dans l'opé-

ration, les auteurs, et que la quantité employée est pour le moins douze fois plus forte que celle d'après laquelle on pourrait procéder. Si la manière d'exciter la fermentation par le secours d'une température de 25 degrés, n'était point embarrassante, on pourrait obtenir une excellente fécule, avec le seul changement d'y appliquer l'eau de chaux d'après des principes qu'on trouvera dans la section VI; l'opération de raffinage deviendrait alors parfaitement inutile.

La deuxième partie du procédé de M. Pavie, ou l'affinage de sa fécule, est une véritable cuve de pastel dans laquelle la fécule qu'il a obtenue par l'opération précédente a été dissoute. Cette cuve ne diffère de la cuve ordinaire de pastel, qu'en ce que, au lieu de pastel en coques, M. Pavie emploie des feuilles sèches, à la manière des Ioniens.

Lorsque la cuve est parfaitement à couleur, on la laisse bien reposer ; on soutire les deux tiers du bain, qu'on traite par l'acide muriatique, qui en précipite un indigo de la plus grande beauté.

Si ces moyens d'affinage n'avaient pas le défaut de trop compliquer les opérations, et sur-tout de trop élever le prix des produits qu'ils fournissent, on pourrait tout aussi bien substituer à l'affinage de M. Pavie celui de M. Pugh, aussi de Rouen. L'emploi du sulfate de fer n'entraînerait pas une plus grande dépense que celle que doit causer le combustible qui est

N 2

nécessaire pour l'entretien de la cuve de pastel ; l'opération en serait plus simple, plus à la portée de
tout le monde, et le résultat plus prompt.

Mais, dans tous les cas, l'indigo obtenu par ces
procédés serait d'un prix trop élevé ; et, d'après cette
seule considération, les procédés de ce genre ne
peuvent point être envisagés comme propres à remplir le grand but de fournir à la teinture, au moyen
de l'isatis, une matière colorante qui remplace convenablement l'indigo étranger.

Je dois observer au surplus que cette dissolution
de l'indigo par les alcalis ou la chaux, et la précipitation successive de l'indigo de cette dissolution au
moyen des acides, ne peuvent pas être regardées
comme présentant l'indigo dans le même état où il
se trouvait avant sa dissolution. Quoique l'indigo
qu'on en précipite soit d'une grande beauté, il n'a
pas moins été altéré par cette double réaction, avec
les alcalis qui l'ont dissous, et avec les acides qu'on
a employés pour le précipiter ; et quoiqu'il puisse
très-bien servir à tous les usages de la teinture, il est
plus que douteux que les couleurs qu'il fournira
soient d'une solidité égale à celle que fournit l'indigo
commun, avant d'avoir été soumis à cette opération.
On trouvera quelques motifs de ces soupçons dans
la troisième partie de cet ouvrage. Il est à desirer
que les habiles auteurs de ce procédé veuillent bien

nous éclairer sur ce sujet, qui me paraît mériter en même temps toute l'attention des chimistes.

CHAPITRE V.

Expériences de M. Michelotti, et Projets de MM. Dive et Darraq.

M. MICHELOTTI, en se proposant de bien examiner l'état de l'indigo dans les plantes, et de déterminer ce qui a lieu dans le passage curieux de l'indigo de la plante, à l'état de l'indigo bleu, a trouvé que les eaux acidulées par différens acides, et sur-tout par le muriatique, exerçaient une action dissolvante fortement déterminée sur l'indigo des plantes, et a cru voir que les alcalis et l'eau de chaux le précipitaient ensuite en blanc devenant bleu au moyen de l'action de l'air.

L'auteur, en parvenant à ce résultat, a reconnu qu'on ne pouvait pas l'envisager comme propre à devenir un procédé de manufacture ; et a déclaré que son but n'était pas celui d'extraire avantageusement cette fécule ; il a remarqué ensuite que l'indigo que ces eaux acidulées fournissent est beau, mais qu'il diffère essentiellement de celui qu'on extrait de l'isatis par d'autres procédés, en ce qu'il n'a que très-peu de violet, ce qui fait supposer que la résine rouge qui accompagne la matière colorante bleue dans l'indigo, ou n'a pas été dissoute, ou

a été altérée par l'acide, dans cette méthode d'extraction.

Le mémoire dans lequel M. Michelotti a rendu
compte de ces résultats, imprimé et répandu en
novembre 1811, à Turin, a été réimprimé dans le
journal de physique, dans le cahier du mois d'avril
suivant, à Paris, par M. de la Mettrie.

La conclusion du mémoire de M. Michelotti est
que toute extraction d'indigo se réduit à la dissolution d'un malate d'indigo, qui est ensuite décomposé
par les précipitans.

MM. Dive et Darraq, pharmaciens à Mont-de-
Marsan, ont adopté la conclusion et le résultat de
l'expérience de Michelotti, et en ont déduit un procédé qu'ils proposent pour obtenir de l'indigo du
pastel. Je rapporterai leurs propres expressions pour
rendre compte de leur projet.

« Ce procédé (celui qu'ils proposent) consiste,
» disent-ils, à aciduler l'eau qui doit servir à l'immer-
» sion par l'acide muriatique dans les proportions
» d'un kilogramme et cinq cents grammes de ce
» dernier sur cinquante kilogrammes de feuilles.
» Nous supposons cet agent à 22 degrés, et nous
» avons soin de n'employer que la quantité d'eau
» strictement nécessaire à la submersion de la plante.
» La durée de la macération ne doit être que de dix
» à quinze heures, suivant la température.

» Quant à la suite de l'opération, elle doit être
» en tout la même. Il est entendu néanmoins que
» la quantité d'eau de chaux doit être augmentée
» en raison de l'acide qu'elle a à saturer (1). »

Trois conditions ont éloigné M. Michelotti de l'idée de proposer ce procédé comme moyen d'extraction avantageux ; 1.º l'indigo ne tendant pas au violet, qu'il soupçonna altéré par l'acide ; 2.º l'abondance de substances terreuses qu'il contient, par les sels terreux de la plante que l'acide muriatique décompose en s'emparant de leur base, et duquel les alcalis les précipitent avec l'indigo ; 3.º la dépense énorme qu'entraînerait ce procédé, et l'impossibilité dans laquelle on se trouverait de se procurer l'acide muriatique nécessaire.

Un petit nombre d'observations suffit pour faire connaître que le procédé que MM. Dive et Darraq proposent ne saurait être introduit dans aucun atelier qui a pour but de verser de l'indigo dans le commerce.

Nous avons déjà établi qu'un myriagramme de feuilles d'isatis ne peut guère donner au-delà d'une demi-once d'indigo ; encore ce produit ne serait pas celui du procédé que MM. Dive et Darraq proposent. D'après cependant cette supposition, cinquante

---

(1) Mémoire présenté à son Excellence le ministre des manufactures et du commerce, et communiqué aux écoles expérimentales.

N 4

kilogrammes de feuilles donneraient deux onces et demie d'indigo. Il résulte donc de cette donnée que ce procédé entraînerait les dépenses suivantes, contre deux onces et demie d'indigo produit; et cela outre les frais qui lui sont communs avec tous les autres procédés d'extraction.

1.º Le prix d'un kilogramme cinq cents grammes d'acide muriatique à 22 degrés;

2.º Le prix de l'eau de chaux nécessaire à la précipitation, qui doit être ici fortement considérée, parce que l'eau de chaux ne peut, dans ce cas, exercer aucune action, que lorsqu'elle s'y trouvera par excès, après avoir saturé l'acide. La chaux n'entrant dans la composition de l'eau de chaux que dans une très-petite proportion, et l'acide muriatique au degré sus-énoncé exigeant pour sa saturation un poids de chaux répondant aux deux tiers environ de son propre poids, on doit aisément sentir que non-seulement on doit prendre en compte le prix de l'eau de chaux, quelque vil qu'il puisse paraître au premier abord; mais que ce prix devient extrêmement considérable, à cause de la quantité énorme qu'il faudrait en employer. A ce seul égard ce procédé deviendrait impraticable, parce que, pour avoir quelques kilogrammes d'indigo, des quantités immenses d'eau de chaux ne pourraient pas suffire.

Michelotti a observé dans son mémoire que les

meilleurs précipitans de ces dissolutions acidules d'indigo, sont les alcalis ou leurs sous-carbonates. On pourrait les préférer, et on serait forcé de le faire, si on pouvait adopter ce procédé. Mais un poids de potasse égal à celui qui est nécessaire à la saturation d'un kilogramme cinq cents grammes d'acide muriatique qui donnerait deux onces et demie d'indigo, en surpasserait deux fois la valeur la plus élevée qu'on pourrait lui donner dans le commerce ; valeur déjà triplée au moins par le prix seul de l'acide muriatique ; car on ne peut se dissimuler, qu'outre la dose prescrite par les auteurs, pour l'extraction, il est indispensable d'en employer une autre partie considérable pour la purification de l'indigo précipité, soit par l'eau de chaux, soit par la potasse ; car sans cette nouvelle purification sa qualité serait détériorée par les terres que ces mêmes corps alcalins auraient précipitées abondamment (1).

L'expérience de M. Michelotti est d'un bien grand

____

(1) Ce calcul est relatif au prix de l'acide muriatique dans le pays où j'écris. J'ai déjà observé dans une note, au chap. I.er de cette section, qu'il n'en est pas de même dans quelques départemens de la France. Il ne s'ensuit pas, malgré cela, que ce procédé puisse être regardé comme économique. Le seul emploi de tant d'eau de chaux ou de potasse suffirait pour le rendre trop compliqué et dispendieux. On trouvera encore dans la III.e partie de cet ouvrage bien des raisons pour ne pas l'admettre dans la pratique avant de l'avoir soumis à des épreuves décisives.

intérêt à d'autres égards. J'ai trouvé que l'indigo dans ces solutions ne passe jamais au bleu que lorsqu'il est séparé par un alcali, et combiné avec un excès de celui-ci, qui en détermine l'oxidation; on voit par-là que les acides mettent des obstacles insurmontables à l'oxidation de l'indigo, et ce fait est d'une grande importance pour la science et pour les principes de l'art de l'indigotier, auxquels nous verrons ci-après qu'il trouve une heureuse application.

CHAPITRE VI.

Procédé de M. Bonfico.

M. BONFICO, démonstrateur à l'école de chimie générale de l'université de Pavie, a publié deux procédés pour l'extraction de l'indigo. Le premier n'est que le procédé connu par la fermentation, dont il fait connaître une partie des inconvéniens. Je me dispenserai d'autant plus d'en rendre compte, que l'auteur, lui-même, n'en conseille point la pratique, et donne la préférence au deuxième, par lequel il a obtenu des produits, dont il a soumis des échantillons à son Exc. le ministre de l'intérieur du royaume d'Italie, et qu'il m'a fait connaître, lors d'un voyage qu'il a fait à Turin.

Ce procédé de M. Bonfico est encore une application de l'expérience de Michelotti, mais l'auteur y a porté des modifications importantes ; l'ensemble du procédé a, d'autre part, assez d'intérêt pour mériter de ne pas être oublié dans l'histoire de l'art.

M. Bonfico a reconnu qu'il y a dans les feuilles de l'isatis beaucoup de mucilage, dont une partie peut être enlevée, sans presque toucher à l'indigo. Il exécute donc sur les feuilles d'isatis l'opération préliminaire de s'emparer du mucilage.

Il prend les feuilles d'isatis, et les met dans une cuve. Il verse sur ces feuilles de l'eau chauffée à soixante degrés du thermomètre de Réaumur. Après cinq minutes, il soutire l'eau. Ceci n'est qu'une préparation des feuilles. M. Bonfico croit qu'à cette température, et pendant ce court espace de temps, l'eau n'enlève point ou presque point d'indigo aux feuilles ; et il est dans l'opinion qu'elle emporte beaucoup de mucilage, qui altère, dit-il, la suite du procédé, en ce qu'elle reste mêlée à la solution d'indigo.

Cette partie du procédé de M. Bonfico demande à être examinée ; j'avoue que je n'y ai pas fait l'attention que j'y fais en rédigeant cet article ; s'il était bien constaté qu'on n'emporte point, ou qu'infiniment peu d'indigo par cette opération préparatoire, la soustraction qu'on ferait ainsi du mucilage, et très-certainement d'une partie considérable de matière végéto-animale, toujours la première à se dissoudre, ne

pourrait que devenir utile. Les feuilles de l'isatis seraient, par cette opération, rapprochées de la nature
de celles de l'anil, parce que l'indigo s'y trouverait
plus concentré par la privation d'une grande partie
des autres principes auxquels il est uni dans la plante,
et qui l'accompagnent constamment dans sa dissolution; et l'emploi de l'eau de chaux ne serait plus
conséquemment si difficile.

Les feuilles étant ainsi disposées, il les assujettit
à une nouvelle infusion. Il a préparé à part une eau
acidulée par de l'acide muriatique, dans la proportion
d'une once d'acide sur trente livres d'eau; cette eau
acidulée doit avoir une température de trente degrés.
Le tout est abandonné à la digestion pendant quatre
heures. Il soutire alors la liqueur, il lave les feuilles
avec peu d'eau, réunit ces eaux de lavage à la première, et il coule le mélange qu'il traite ensuite avec
une solution de potasse caustique. La quantité de potasse à employer est, dit-il, le double en poids de
celle de l'acide, la potasse étant considérée dans son
état concret. Par cette addition de potasse, la liqueur
prend une couleur vert-foncé; il traite alors la liqueur
avec une nouvelle portion d'acide muriatique, pour
saturer l'excès de potasse qui tient l'indigo en dissolution. La liqueur devient bleue, et, par le repos,
l'indigo se précipite. Il le lave, et procède ensuite
comme dans toutes les autres méthodes.

M. Bonfico trouve que ce procédé est préférable à celui de la fermentation, sous toutes espèces de rapports; d'abord il n'est sujet, dit-il, à aucun des inconvéniens attachés à la fermentation, il est ensuite d'une exécution facile, son résultat est promptement obtenu, et la liqueur ne subit aucune altération, dans le cas ou on n'aurait pas le temps de la travailler. Voilà les avantages que l'auteur y reconnaît. Mais ici encore, il arrive malheureusement que si on calcule les frais, en comparaison des produits, on trouvera que, par la seule valeur de l'acide muriatique et de la potasse, quoique employés en proportion moins grande que celle adoptée par MM. Dive et Darraq, on aura déjà payé l'indigo à un prix double de celui auquel on peut l'obtenir.

Il y a une observation qui ne peut point échapper à ceux qui jugent de l'importance des découvertes, d'après leur degré d'utilité; c'est que, dans les nombreux procédés dont nous avons rendu compte, si on excepte celui de Dambournay, personne n'a pris en ligne de compte les frais que leurs procédés peuvent entraîner, ni le prix plus ou moins élevé auquel reviendraient leurs produits. Il paraît qu'on a cru qu'il doit suffire qu'on tire de l'indigo du pastel, et qu'il soit beau et bon, quel qu'en soit le moyen, et quel que soit le prix auquel il reviendra. C'est oublier

le principal point de vue qui doit diriger toute application de la chimie aux arts. Si on s'écarte de ce principe, ce qu'on appelle des procédés ne sont plus que
des expériences de chimie, dont les résultats seront
peut-être utiles à l'avancement de la science; mais
dont l'application heureuse, qui forme le but de nos
recherches, reste encore au nombre des choses que
l'on aura à desirer.

CHAPITRE VII.

Procédé du docteur Henry.

DE tous les procédés publiés dans ces derniers
temps, aucun n'a dû exciter plus fortement l'attention publique, d'après les circonstances qui l'ont
accompagné, que celui du docteur Henry.

La confiance que doivent inspirer les travaux des
hommes instruits; celle qu'inspire le jugement d'une
commission éclairée, qui en a examiné les résultats; la
munificence libérale dont l'a honorée sa Majesté
l'Empereur d'Autriche, l'établissement formé pour
en propager la connaissance et la pratique (1); voilà
bien des circonstances propres à exciter l'attention

______

(1) La récompense que l'Empereur d'Autriche a accordée à
l'auteur, est de cinquante mille florins d'Allemagne, à la seule
condition qu'il entretiendra une petite fabrique, dans laquelle on
enseignera la pratique et les principes de cet art.

générale. Celle en particulier de ceux qui se sont occupés de cette nouvelle branche d'industrie, a dû être plus vivement excitée par deux circonstances; premièrement par la grande quantité d'indigo que le docteur Henry en obtenait, en second lieu, parce que cet indigo était extrait des feuilles sèches, sur lesquelles, soit d'après une expérience de Margraff, soit par celles qu'on avait entreprises en différens lieux en France, on portait une opinion tout opposée. Nous devons à l'intérêt que prend son Excellence le ministre des manufactures et du commerce, d'avoir fait enfin bien connaître ce procédé, dont il a ordonné une traduction exacte, insérée dans le *Moniteur* du 9 août 1812.

D'après toutes ces circonstances, on me saura sans doute bon gré, si je donne à cet article un peu plus d'étendue que je n'en ai donné aux précédens. J'ai répété avec beaucoup de soins le procédé de M. Henry, et j'y ai fait quelquefois des changemens utiles. Mon but était d'en tirer un excellent parti, comme méthode auxiliaire, qui fournirait des moyens de mettre en réserve des feuilles qu'on a quelquefois par excès dans une manufacture, et qui, d'autre part, servirait à occuper les ouvriers en hiver, lorsque les époques des cueillettes des feuilles vertes ont cessé.

La manière d'extraction de M. Henry est une

véritable fermentation, et ne diffère de la manière connue qu'en ce qu'au lieu d'y soumettre les feuilles récemment récoltées et vertes, M. Henri les fait sécher auparavant, ou du moins se faner.

Il remplit sa cuve aux deux tiers de feuilles sèches, et les assujettit à cette hauteur par des traverses; il remplit alors sa cuve d'eau, jusqu'à trois ou quatre pouces au-dessus des traverses.

Il prépare à part son eau de chaux; cette partie n'ayant rien qui diffère de la manière ordinaire, je suppose qu'on l'a toute faite à part, de la manière que j'ai décrite en traitant de l'eau de chaux, et cela pour s'en servir dans les proportions et de la manière que l'auteur indique, et qu'on rapportera ci-après.

La cuve étant disposée comme ci-dessus, on l'abandonne; la fermentation s'y excite lentement: au bout de dix à douze heures la liqueur a contracté une odeur *spécifique*; la surface de la cuve est nuancée de bleu-foncé tirant sur le vert. Si on met cette liqueur dans un verre, elle paraît verte au bord du verre, et le surplus est limpide et saturé de jaune.

Avant que de soutirer la liqueur, il faut l'essayer, pour juger de son état. On en tire, dans ce but, dans un verre; on la mêle avec de l'eau de chaux bien claire; on agite le mélange pendant dix à quinze minutes, et on la laisse ensuite reposer. Si

le

le précipité qui se forme est bleu-foncé ou bleu-ar-doise, on laisse l'eau encore quelques heures sur les feuilles, et on répète les épreuves jusqu'à ce qu'on observe que le précipité est d'un bleu-verdâtre ; c'est, dit-il, un indice certain que toute la matière colorante bleue est extraite des feuilles.

Lorsque, par l'épreuve précédente, il s'est assuré que tout l'indigo a été extrait, il soutire la liqueur, qu'il traite dès l'instant par l'eau de chaux, de la manière suivante.

On a une cuve qui peut contenir à-la-fois la li-queur des feuilles et l'eau de chaux qu'on doit y mêler. Il donne à cette cuve le nom de *cuve de mélange*. M. Henry dispose son appareil de manière que la liqueur des feuilles et l'eau de chaux tombent en même temps, chacune par le tuyau de sa cuve, dans celle de mélange, et règle le tout de manière que la liqueur et l'eau de chaux s'y réunissent en proportions ou volumes égaux.

L'auteur met beaucoup d'intérêt à cette circons-tance : « Les deux liqueurs, dit-il, y sont violem-» ment agitées en tombant, et se combinent inti-» mement, condition essentielle pour la production » de l'indigo. »

Lorsque le mélange est monté, dans cette cuve, jusqu'au niveau de l'orifice supérieur, on ouvre le robinet et on laisse couler la liqueur, qui est déjà verte, dans une bache qu'on a placée au-dessous. Aussitôt qu'elle est remplie, un ouvrier fait agir la pompe, et remonte la liqueur dans la cuve de mélange.

Après une heure, pendant laquelle la liqueur a coulé sans interruption de la cuve de mélange dans la bache, et a été remontée de celle-ci dans la cuve, par le moyen de la pompe, on prend un échantillon dans un verre, et on observe si l'indigo s'est formé. Si, au bout d'une demi-heure, des flocons, qui se forment dans le verre, ne se sont pas précipités au fond, c'est un indice qu'il n'y a pas assez de chaux dans le mélange; dans ce cas, on en ajoute, et on continue à pomper : mais si le grain se précipite facilement, on peut être assuré que le mélange s'est fait par portions égales. Une heure et demie ou deux heures suffisent pour cette opération, qu'on voit assez n'être autre chose qu'une manière de battage particulier très-prolongé. M. Henry fait remarquer que, par cette méthode d'agitation ou de battage, il se manifeste, tant dans la cuve de mélange que dans le corps de la pompe, une agitation plus violente que celle qu'on produit dans les indigoteries par les moyens connus; mais il est bon d'observer que l'écume abondante produite par cette agitation, n'est pas due à son mode de battage; elle est due à la nature de sa liqueur, infiniment plus écumante et plus difficile à battre que tous les extraits des autres procédés connus. J'en ai fait battre au balai : l'écume devient si épaisse qu'on croirait qu'elle est pâteuse; les ouvriers ne pouvaient point y résister.

Cette opération de battage étant finie, on réunit dans la cuve toute la liqueur, et on la laisse reposer jusqu'à ce que le précipité se soit bien formé au fond; on ouvre les robinets supérieurs, et on tire l'eau jaune qui recouvre l'indigo. Cette eau ne retiendra pas un atome d'indigo, si elle forme avec l'eau de chaux un précipité d'un jaune clair : dans ce cas, on la jette, on verse de l'eau pure sur le sédiment, et on procède au lavage.

Il est difficile de se former une idée exacte des effets que M. Henry attribue au lavage. Cette opération, dit-il, est très-importante, d'abord parce qu'elle enlève toute la matière extractive jaune contenue dans l'indigo (ce qui est très-exact); mais, ajoûte-t-il, en second lieu, *parce qu'elle le débarrasse de la chaux, qui se trouve quelquefois être d'un poids double.* Il paraît que M. Henry est porté à croire qu'il s'est formé ici un précipité de chaux pure que l'eau de lavage peut dissoudre. Il remarque, en effet, peu après, en parlant de l'indigo bien lavé, qu'il contient encore de la chaux, qu'on peut ensuite enlever par l'acide acétique. « Néanmoins, ajoute-

» t-il, l'indigo, dans cet état, retient encore beau-
» coup de chaux et de matière extractive qui le pri-
» vent de ses qualités ». Mais la chaux, dans cette
opération, est changée en carbonate que l'eau ne
peut point dissoudre de nouveau, et dont la formation est marquée par une effervescence immense qui
a lieu en traitant ce sédiment par un acide. J'ai vu
cette erreur se reproduire, et c'est peut-être dans la
conviction d'avoir emporté toute cette chaux par le
lavage, qu'on prend pour de l'indigo ces fécules
qui, le plus souvent, n'en ont point un tiers de leur
poids. Telle est celle que j'ai obtenue en répétant,
avec tout le soin possible, le procédé de M. Henry,
et telle est, hors de tout doute, celle qu'obtient
M. Henry lui-même. S'il fallait n'en donner des
preuves qu'à ceux qui sont habitués à ce genre
de travail, et qui ont eu occasion de travailler de
l'indigo pur et des fécules, il suffirait de citer les
expressions suivantes de l'auteur, à l'égard de la
dessiccation : « Cette opération, observe-t-il, n'est
» complètement achevée qu'au bout de six à huit
» semaines, parce que l'indigo se débarrasse diffici-
» lement de l'humidité qu'il retient, et que la cha-
» leur le fait gercer facilement; enfin, il se racornit
» au point de perdre plus de la moitié de son vo-
» lume ». Je dois répéter ici ce que j'ai déjà observé
ailleurs, que le bon indigo ne se gerce, ni ne se

racornit, ni ne se rétrécit en séchant ; jeté en pâte liquide dans un moule, à peine gagne-t-on une demi-ligne pour pouvoir l'extraire : c'est un des caractères des indigos très-chargés de matière verte ou savonneuse calcaire, que celle de se gercer, de se racornir et de perdre beaucoup de leur volume. Tel doit être, par la nature des choses, l'indigo que M. Henry peut obtenir, en procédant à sa manière. La quantité d'eau de chaux qu'il emploie est au moins dix fois plus forte que celle qui est nécessaire; et par-dessus tout, sa manière d'appliquer l'eau de chaux dès l'instant qu'on soutire la liqueur des feuilles, et celle d'appliquer toute entière et à-la-fois la quantité qu'il y destine, sont deux pratiques des plus mal entendues qu'on puisse conseiller dans l'emploi de l'eau de chaux (1).

S'il n'y avait cependant que cet inconvénient dans le procédé de M. Henry, il ne serait point du tout difficile d'en tirer un parti très-avantageux pour le but que j'ai annoncé dans le commencement de cet article ; et, sous ce point de vue, ce serait une véritable conquête. Je l'ai répété avec les changemens suivans qui en forment un procédé nouveau, et il m'a fourni un indigo superbe. Je vais décrire ce

---

(1) *Voyez*, dans la section suivante, la manière d'employer l'eau de chaux, et, dans la III.ᵉ partie, le chapitre qui traite de la réaction de l'indigogène avec les alcalis.

procédé en peu de mots, en faveur de ceux qui voudront encore s'occuper des feuilles sèches ou fanées.

L'infusion des feuilles sèches, à la manière de Henry, tirée de la cuve, étant beaucoup muqueuse, je l'ai délayée dans un volume d'eau bien chaude égal à celui de la liqueur. Ce mélange, soumis au battage, ne présente plus les difficultés que j'ai fait connaître ; l'indigo graine bien, et on ne bat la liqueur qu'environ trois quarts d'heure, en y ajoutant un peu d'eau de chaux, pour achever sa séparation de la feuille. L'eau de chaux ne doit pas être ajoutée autrement que par petites portions à-la-fois d'un ou deux litres au plus sur une grande cuve de liqueur, et on bat le mélange pendant environ un quart d'heure avant que d'y en ajouter de nouvelle; par ce moyen, on n'emploie pas en eau de chaux le douzième du volume de la liqueur; le battage est plutôt achevé, et on a un excellent indigo qu'un peu de fermentation de la pâte délivre entièrement de toute chaux, lors même qu'on en a employé un peu trop, sans qu'il soit nécessaire d'employer aucun vinaigre, dont l'acide est, en dernier résultat, le plus mal choisi ; parce que, dans tous les cas, et de tous les acides qui n'agissent pas comme l'acide nitrique et l'oximuriatique, celui du vinaigre altère le plus l'indigo.

Mais c'est malheureusement à d'autres égards que

(215)

le procédé du docteur Henry ne peut pas être regardé comme pouvant nourrir cette branche d'industrie : 1.º Les feuilles desséchées ne donnent qu'une
bien faible partie de l'indigo qu'elles contiennent;
2.º le desséchement des feuilles est une opération
tellement embarrassante, qu'elle est presque impraticable ; 3.º et les feuilles une fois séchées sont
d'une conservation très-difficile, je dirais même impossible.

J'ai fait sur ces trois sujets différentes recherches
dont on sera peut-être bien-aise de connaître les
résultats. Sous le premier point de vue, de déterminer si, par cette infusion à froid, les feuilles sèches
donnent tout ce qu'elles contiennent d'indigo, j'ai
commencé par extraire ce qu'elles peuvent fournir
par le procédé du docteur Henry, en m'y conformant
de la manière la plus minutieuse. Après avoir ainsi
formé mon extrait, j'ai lavé deux fois les feuilles,
pour emporter par le lavage ce qui pourrait y être
resté d'indigo dissous attaché aux feuilles, après en
avoir laissé bien égoutter l'eau ; je les ai soumises à
une nouvelle macération dans une eau légèrement
alcalisée ; dans quelques heures j'ai observé sur la liqueur une pellicule cuivrée plus abondante que la
première fois. Cette liqueur ayant été soutirée et
battue, après avoir été délayée avec de l'eau chaude, a
donné abondamment de l'indigo. J'ai lavé de nouveau

O 4

les feuilles, et je les ai traitées de la même manière par une troisième infusion, elles ont donné encore des indices d'indigo dissous en assez grande abondance, et il s'est très-bien précipité au battage ménagé comme ci-dessus. Je les ai lavées alors la troisième fois, et je les ai traitées avec de l'eau pure, mais attiédie de vingt-neuf à trente degrés de Réaumur; elles ont encore donné une liqueur tenant de l'indigo. C'est d'après ces résultats que j'ai conclu que, par la première macération proposée par M. Henry, les feuilles sèches ne donnent qu'une très-faible partie de l'indigo qu'elles contiennent. Je dois remarquer que mes essais ont été faits en juillet, d'après la connaissance anticipée que son Excellence le ministre des manufactures m'avait donnée du procédé de M. Henry; c'est-à-dire, dans la saison la plus favorable pour épuiser les feuilles, et la plus propre aux expériences à cet égard.

Quant à l'embarras du desséchement des feuilles, je dois avouer que j'étais loin de le croire tel qu'il est par le fait. En rendant compte aux guesderons de Quiers de l'article de l'instruction officielle, *p. 24,* dans lequel il est dit que M. Pavie de Rouen, et M. Rouques d'Alby, ont reconnu qu'en se bornant à faire sécher les feuilles, elles deviennent préférables comme ferment dans le traitement d'une cuve à chaud, à celles qui ont été converties en coques, j'étais étonné de ce qu'ils riaient de cette idée, et je croyais de bonne foi, que ce n'était-là que l'effet des préjugés nombreux qu'ils nourrissent en faveur de leur pastel ; mais j'ai pu me convaincre, dans la suite, que l'embarras du desséchement des feuilles entraîne par le fait tant de main-d'œuvre, des localités si étendues, et des pertes si considérables, qu'il en coûte beaucoup moins à en extraire au moment même l'indigo, qu'à opérer ce desséchement sur de grandes quantités.

Je dois ajouter encore que la conservation des feuilles sèches m'a présenté des difficultés insurmontables. J'ai essayé à en conserver dans des paniers, tellement étendues et exposées à l'air, qu'il serait impossible de le pratiquer en grand. Cependant ces feuilles attirèrent si promptement l'humidité, que dans quelques jours elles se trouvèrent couvertes de moisissure.

J'ai essayé d'en conserver en tas dans des baquets, dans lesquels je les avais bien pressées, mais je n'ai pas mieux réussi de cette manière ; elles se couvrirent de moisissure verte, excitant la toux si fortement, qu'on ne pouvait presque pas y toucher. Les feuilles de l'isatis ne diffèrent guère, à cet égard, de celles du tabac ; lorsqu'elles sont très-sèches, elles se brisent, et attirent si puissamment l'humidité, que conservées en tas ou en lieu tant soit peu frais, elles ne peuvent point se conserver. Non-seulement j'ai soumis ces feuilles ainsi moisies, à la macération, à la manière de M. Henry, mais même je les ai traitées dans des solutions de potasse caustique, et je n'ai pu en retirer aucune fécule bleue.

Il me reste à desirer que d'autres soient plus heureux que moi dans l'emploi des feuilles sèches (1). Je me suis attaché à ce sujet avec une espèce d'opiniâtreté, parce que je me flattais de trouver dans cette pratique des moyens d'occupation pour les ouvriers en hiver, et d'éviter le désagrément de les licencier ou de les nourrir dans la fainéantise ; je me flattais, en outre, d'éviter par ce moyen, la réunion d'une manufacture de pastel à l'indigoterie que j'ai conseillée dans la première partie de cet ouvrage ; mes espérances ont été trompées.

Je terminerai cet article en observant qu'il y aurait de l'injustice à ne pas conserver pour M. Henry une très-grande reconnaissance. L'expérience de Margraff et nos essais nous entretenaient dans l'opinion fortement erronée, que les feuilles sèches ne donnent point d'indigo (2). M. Henry a dissipé

____

(1) Parmi les papiers que son Excellence le ministre du commerce et des manufactures m'a communiqués, j'ai trouvé au moins une trentaine de rapports sur le procédé dont il est ici question. Personne n'a pu en obtenir des résultats satisfaisans ; M. Cioni n'a pas même réussi à en obtenir quelqu'indice de fécule bleue.

(2) J'ai trouvé depuis que l'extraction de l'indigo des feuilles

cette erreur, et on ne sait pas, dans l'état actuel des choses, à combien d'autres découvertes la sienne peut nous conduire.

SECTION VI.

Du Mode d'Extraction de l'Indigo du Pastel préférable à tous les autres.

CHAPITRE I.er

Des Conditions que doit réunir le procédé d'extraction préférable.

DES différens procédés pour extraire l'indigo, la préférence, sur tous les autres, est due, sans doute, à celui qui, en dernier résultat, sous toutes espèces de rapports, se trouve le plus avantageux; et ces différentes espèces de rapports peuvent toutes se réduire aux conditions suivantes :

1.° La plus grande simplicité dans son exécution, pour qu'il puisse être à la portée même des ouvriers.

---

sèches était bien connue en Amérique. Charpentier de Cossigny, dont je ne connaissais l'ouvrage sur la fabrique de l'indigo que par l'extrait qu'en a donné M. de Lasteyrie, annonce positivement dans cet ouvrage, que j'ai pu consulter à la bibliothèque du Corps législatif, à Paris, que les feuilles sèches ou simplement fanées donnent plus aisément l'indigo que les feuilles vertes par leur macération dans l'eau.

2.° Il doit être le plus économique, soit sous le rapport des matières qu'on y emploie, soit sous celui de la main-d'œuvre, soit encore sous celui des frais de l'établissement et de sa conservation;

3.° Fournir ses produits le plus promptement possible, et constamment uniformes;

4.° Donner la plus grande abondance possible dans les produits; toute, ou presque toute la matière colorante qui existe dans la plante;

5.° Présenter ces produits dans leurs plus grandes beauté et qualité.

A ces différens titres, je propose la manière que je vais décrire dans le chapitre suivant. Son succès constant est attesté par l'expérience de plusieurs mois, pendant lesquels on a travaillé en cours de fabrique tous les jours, et se trouve ainsi appuyé par des produits nombreux en indigo.

La simplicité en est telle, que le moins instruit et le moins adroit des hommes, en peu de jours, peut s'en être emparé. Il ne s'agit que de chauffer de l'eau, la verser sur les feuilles, la soutirer et l'agiter. Il n'y a point d'opération d'économie domestique exécutée par des femmes qui soit moins compliquée. L'expérience a prouvé que les ouvriers qui y ont travaillé une semaine, sont autant de parfaits indigotiers, en ce qui concerne l'extraction et la formation de l'indigo.

Il n'entre dans l'ensemble de ce procédé, aucune matière étrangère; on n'y emploie que des feuilles d'*isatis*, dont on ne peut se passer, puisque c'est de cette plante qu'on veut l'extraire; et on n'y emploie que de l'eau dont on ne peut pas plus se passer, et qui d'ailleurs n'assujettit à aucune dépense. Il y reste un point de vue d'économie : ce serait celui d'éviter le combustible par lequel on chauffe l'eau. Ce n'est pas une dépense bien considérable; et il y a enfin des bornes à tout. Cette petite économie ne saurait être espérée, puisque c'est précisément la chaleur qui est l'agent de tout le succès. S'il y faut quelque main-d'œuvre, c'est la moindre possible, et, en dernier résultat, on ne saurait fabriquer sans fabricans.

Par cette méthode d'opérer, on a les produits très-promptement, puisque la matière colorante qui est dans les feuilles sur pied aujourd'hui, peut être fixée sur l'étoffe en vingt-quatre heures, et portée, si l'on veut, dans le commerce en huit jours. Très-souvent j'en ai fait sécher dans l'espace de trois jours. Les produits sont constamment uniformes, parce que la température de l'eau bouillante ne peut point changer; ensuite, parce que la nature et l'état de la matière colorante dans la plante, ne peut pas changer non plus; parce encore qu'il n'entre pas d'autres substances pour réagir; enfin, parce que les influences dépendantes des changemens dans l'atmosphère, sont nulles à la température élevée et constante de l'eau bouillante.

On obtient, par ce procédé, la plus grande quantité possible de produit, puisqu'elle fournit toute, ou presque toute la matière colorante contenue dans la plante ; puisque l'eau chaude en emporte encore de la plante épuisée par tous les autres procédés.

Ce résultat est garanti par des faits contre lesquels on ne peut élever aucun doute ; il fournit, en matière colorante, plus que toute autre méthode. En second lieu, la quantité qu'il en fournit est dans un juste rapport avec celle que nous trouvons dans le pastel préparé de toute autre manière, et dans lequel on est assuré que toute la matière colorante contenue dans la plante est retenue.

Les produits qu'il fournit sont de la plus grande beauté et de la meilleure qualité. Pour prouver le contraire, il faudrait ou en présenter de plus beaux et de meilleurs, ce à quoi on n'est point parvenu ; ou trouver des moyens d'améliorer ceux qu'il fournit, ce qu'on doit regarder comme impossible ; parce que, de quelque manière qu'on le tourne, il est toujours le même ; il est de la plus grande beauté et de la meilleure qualité, puisqu'il a toute la beauté et toute la qualité des indigos étrangers les plus estimés.

Je vais tâcher de décrire ce procédé aussi clairement qu'il me sera possible, de n'oublier aucun de tous ses petits détails, et de marquer toutes ses circonstances les plus minutieuses. Ceux qui se donneront la peine de l'exécuter, ne seront pas long-temps à s'y habituer : ce n'est qu'alors qu'ils en sentiront tous les avantages.

J'ajouterai, à la fin de la description de chaque opération, la théorie de ce qui se passe dans l'opération. Ceux qui étudieront cette partie, auront ainsi la théorie et la pratique de leur art ; ceux qui desirent sur la théorie et les principes de l'art de plus grands développemens, et la connaissance des faits sur lesquels ces principes sont appuyés, les trouveront dans la III.ᵉ partie de cet ouvrage.

CHAPITRE II.

De la première Opération, l'Extraction de l'Indigo en feuilles.

AVANT que d'entreprendre de très-grandes opérations, il sera toujours prudent de commencer par se rendre familière la pratique de ces opérations moins en grand, mais formant l'ensemble de l'art de l'indigotier.

Les opérations, sur de très-petites proportions, ne sauraient dans cet art, comme dans celui de la teinture, servir de guide. Il faut prendre un juste milieu. Je suppose que les opérations que l'on va exécuter sont celles de la petite indigoterie, c'est-à-dire le plus en grand qu'elles peuvent être suivies dans l'économie domestique.

J'ai fait remarquer ce qui concerne les appareils, et leur disposition, aux différens articles qui leur ont été destinés. L'opération que je vais décrire sera censée se faire sur une quantité médiocre, et dans une cuve contenant quinze myriagrammes, ou trois cents livres de feuilles.

On commence par chauffer l'eau ; et, tandis qu'elle parvient à l'ébullition, on dispose les feuilles dans le cuvier. La disposition des feuilles exige quelques soins ; il faut qu'elles soient également étendues, et qu'elles ne soient pressées nulle part : sans cette attention, elles risqueraient de ne pas être pénétrées également par l'eau.

Pour parvenir à ce but, il faut d'abord avoir l'attention qu'elles ne soient point pressées dans les paniers ou baquets dont on se sert pour les transporter. Il faut préférer, pour les transporter, des paniers ou baquets assez grands pour que les deux ouvriers qui font ce travail, en soient chargés ; ainsi ils ne seront pas tentés de les presser, et en les versant dans la cuve, elles ne se trouveront pas trop tassées. Avant que d'en charger la cuve, il faut avoir soin de placer sur le trou qui est pratiqué dans son fond, et au-devant de l'orifice des robinets par lesquels doit

sortir

sortir la liqueur, quelque corps concave dans la surface qu'on tourne vers les bords de la cuve, tel qu'une tuile, pour empêcher, qu'en soutirant la liqueur, des feuilles ne puissent obstruer l'ouverture des robinets. La cuve peut en être entièrement remplie, parce que dès l'instant que les feuilles sont en contact avec l'eau, elles s'affaissent et tiennent moins de place dans la cuve.

Les feuilles étant ainsi disposées, il faut se ménager des moyens pour que l'eau puisse s'insinuer d'une manière égale et uniforme sur toute la surface, et les pénétrer un peu lentement, afin que l'eau ne tombe pas au fond de la cuve trop précipitamment, ce qui pourrait les élever sans les cuire. Pour obtenir cet effet, on peut couvrir les feuilles d'un tissu en laine très - grossier, sur lequel on pose une claie en gros osier de la grandeur et de la forme de la cuve.

Par ce moyen, l'eau étant éparpillée, passe par les petits trous de la claie, est conduite par tous les filamens de la laine, et agit également sur toute la surface des feuilles.

Lorsque tout est ainsi préparé, on doit procéder à l'infusion. Il faut avoir soin que les feuilles ne restent pas long-temps en cet état ; elles s'échaufferaient dans quelques heures et s'altèreraient.

La proportion entre l'eau et les feuilles a déjà été

P

marquée ; deux hectolitres et demi à trois hectolitres sont nécessaires pour quinze myriagrammes. Il est même utile d'en verser au-delà. Cette proportion ne suffit point pour enlever tout l'indigo ; mais on peut s'y borner, parce que l'eau commence à bien pénétrer les feuilles, et que ce qu'elle laisse sera emporté par la macération ou le lavage.

L'eau étant bouillante, ou presque bouillante, on la fait passer dans la cuve sur les feuilles, jusqu'à ce qu'elle les couvre bien et les surpasse de deux ou trois pouces ; on laisse ensuite reposer le tout cinq à six minutes au plus. Un plus long séjour serait dangereux ; l'eau enlèverait trop d'autres principes, et on éprouverait plus de difficultés pour la précipitation de l'indigo. Par un séjour trop court, on risquerait de ne pas emporter toute la matière colorante. Ce temps passé, on commence à soutirer la liqueur par le robinet inférieur de la cuve. Si elle n'a pas une couleur de vin blanc, et si elle est trop claire, ce qui arrive quand l'eau a traversé trop précipitamment les feuilles et les a soulevées dans la cuve, on la tire dans un baquet pour la reverser sur les feuilles. Si sa couleur est celle du vin blanc chargé, on la fait toute couler dans la cuve de repos par les deux robinets, en ayant soin de la faire passer à travers un gros tamis qui retient quelques feuilles qui pourraient s'é-chapper au commencement par les robinets.

Dès l'instant que ce premier extrait est entièrement écoulé, et tandis qu'il repose, on verse de
nouvelle eau sur les feuilles. En été, on peut l'employer froide, elle s'échauffera assez par la température des feuilles ; mais, en automne, il vaut beaucoup
mieux qu'elle soit un peu tiède. On met de cette
eau autant qu'il en faut pour que les feuilles trem-
pent bien, et puissent être bien lavées : la moitié
de la quantité employée dans la première infusion,
suffit ordinairement. Le but de ce lavage est d'emporter la liqueur, ou extrait, que les feuilles ont
retenu. On laisse cette eau sur les feuilles un quart
d'heure environ.

Pendant qu'on fait cette opération, la liqueur a
déposé les terres qu'elle peut avoir entraînées.

On ouvre alors les deux robinets de cette cuve de
repos, ou *reposoir*, et on fait passer l'extrait clair
dans le battoir. On soutire ensuite l'eau de lavage
qu'on fait de même passer dans le battoir pour la
mêler au premier extrait : ce lavage des feuilles doit
être soigné. C'est une affaire d'assez grande importance ; on en tire un extrait qui est encore très-considérablement chargé d'indigo. Ces eaux de lavage
n'ont plus besoin de repos, parce que les parties terreuses ont été entraînées par la première liqueur.
Au surplus, on tient à part, pour verser dans le reposoir, les dernières parties qui coulent, si elles ne

sont pas bien claires. Je reprendrai les opérations qui doivent commencer dans le battoir, au IV.ᵉ chapitre. Maintenant je suivrai celles qu'une sage économie conseille d'exécuter encore sur les feuilles.

Après avoir ainsi une fois lavé les feuilles, on doit les laver encore une seconde fois. On y met alors de nouveau de l'eau froide, et en la moindre quantité possible, pourvu que les feuilles en soient mouillées. On laisse cette eau séjourner une heure ou même deux, si cela ne contrarie pas les opérations. Ensuite on la soutire de même, et on la fait passer dans un cuvier à part, dans lequel on la conserve pour y joindre toutes les eaux de deuxième lavage des feuilles, employées dans les opérations qu'on fait dans la journée. Ces eaux de lavage sont froides, peu chargées d'indigo, et demandent à être traitées différemment, et, par l'eau de chaux, de la manière que j'indiquerai ci-après.

Les feuilles étant ainsi épuisées, bien lavées par deux lavages, bien égouttées, on les jette ordinairement, tant qu'il ne s'agit que de la petite indigoterie. Dans un grand établissement, je conseillerai d'avoir un pressoir, et de les y soumettre. Le jus qu'on en tirerait serait mis à part, et on le précipiterait séparément par l'eau de chaux. On obtient de ce jus des fécules ordinaires, mais beaucoup meilleures que le pastel, auquel on les réunira, si on n'a pas de moyens d'en tirer meilleur parti, comme on pourrait le faire, par exemple, pour des opérations de teinture, sur-tout sur laine, auxquelles elles peuvent servir très-utilement. Elles tirent au vert, mais il ne faut pas craindre que la matière colorante qu'elles fourniront y tire aussi. J'en ai fait essayer sur soie par M. *Pariolati*, teinturier, dans des proportions considérables ; on a monté des cuves par ces seules fécules, et on a trouvé que même les nuances bleu-clair sur soie ne verdissaient point du tout. Il serait trop incommode de laver ces fécules et de les sécher, à moins que de les conserver dans un réservoir général pour les porter au coulage, et les sécher en hiver. D'après cette considération je conseille de les appliquer directement et en bouillie à la teinture.

Dans un établissement où il y aurait une grande teinturerie réunie, les feuilles mêmes pourraient encore être broyées, et de suite réduites en coques. Le pastel qu'elles fournissent n'est d'aucune valeur, considéré par rapport à sa matière colorante ; mais il peut être employé comme matière fermentescible pour faire venir à couleur l'indigo dans la cuve de pastel ordinaire; ce pastel ne diffère pas du tout du pastel commun (1). Si on ne peut pas destiner le

______

(1) Des renseignemens qui sont parvenus au ministère des manufactures et du commerce, prouvent que du pastel qu'on a fait en

feuilles cuites à cet usage, il faut encore les conserver pour servir d'engrais.

Le but de cette opération est de s'emparer de la
matière colorante contenue dans les feuilles. Ce
serait une erreur que de croire que telle qu'elle s'y
trouve, ce soit le même indigo que nous obtenons
dans la suite. Celui-ci se forme dans les opérations
qui se succèdent, et pendant lesquelles il s'oxide.
C'est par cette oxidation qu'il devient bleu, et indissoluble dans l'eau. Dans l'état où il se trouve,
soit d'indigo désoxidé, soit formant un corps tout-à-
fait différent, il est combustible et se dissout dans
l'eau. Comme tous les autres corps, il se dissout
dans l'eau chaude beaucoup mieux que dans l'eau
froide, et plus promptement, soit que l'eau chaude
exerce directement sur lui une action dissolvante
plus grande, comme il est dans l'ordre des choses
de le croire, soit qu'en dissolvant en plus grandes
proportions d'autres principes auxquels il est réuni,
elle contribue à mieux les développer. C'est pour
cela que l'eau chaude est préférable à l'eau froide,
et cette manière d'infusion, préférable à la fermentation.

La liqueur de cette infusion doit donc être re-

France avec des feuilles ainsi épuisées de matière colorante, a
trouvé un prompt débit, dans les ateliers de teinture, au prix de
30 francs le quintal.

gardée comme une dissolution de l'indigo désoxidé, réuni le moins possible avec d'autres principes, et qui, par différentes circonstances qui l'accompagnent dans sa dissolution, et sur-tout par sa température élevée, se trouve dans l'état le plus favorable pour exercer ses fonctions de corps combustible, dès l'instant qu'il sera en réaction avec l'air.

CHAPITRE III.

Extraction de l'Indigo de feuilles d'Isatis par l'eau légèrement alcalisée. Avantages et Inconvéniens de ce Procédé.

Au lieu de n'employer que de l'eau chaude pure, comme dans l'opération décrite dans le chapitre précédent, on peut procéder avec une eau légèrement alcalisée. On alcalise l'eau en y mettant, lorsqu'elle est presque bouillante, une solution de potasse ou de soude bien caustique. Cette potasse ou soude doit être tout-à-fait privée d'acide carbonique, et cependant ne doit point contenir d'eau de chaux ou de chaux par excès. On connaît qu'elle est bien caustique, lorsqu'en laissant couler quelques gouttes de cette dissolution dans un verre d'eau de chaux, il ne s'y forme aucun précipité ; et on connaît qu'elle ne contient pas de chaux par excès ou d'eau de chaux, lorsqu'en la faisant bouillir, et même en en vaporisant une portion, la solution ne se trouble point.

Quant à la quantité de potasse ou de soude en dissolution avec laquelle on doit procéder, il n'est guère possible de la déterminer. Cela tient à la nature de l'eau que l'on doit alcaliser. Une eau pure ayant peu de sels terreux, exige peu de potasse. Une eau crue bien séléniteuse en exige beaucoup. Il est facile d'en sentir la raison : le sulfate de chaux contenu dans les eaux se décompose par la potasse, et celle-ci est détruite parce qu'elle est absorbée par l'acide sulfurique. Il faut qu'il y ait dans l'eau de la potasse libre, si elle doit exercer ses fonctions. Or, avec une eau riche en sels calcaires ou magnésiens, il est clair que toute la partie qui a été nécessaire à la saturation de l'acide, tenant ces terres en dissolution, n'existe point.

Dans ma pratique ordinaire, ayant à procéder avec une eau très-séléniteuse, il me fallait employer dix-huit décagrammes de potasse sur cent pintes d'eau. Il faut établir en principe qu'une petite quantité suffit, mais qu'il faut que ce peu soit libre. On peut juger de cette existence d'un peu de potasse libre, par une expérience très-simple, et qu'il est bon de ne jamais négliger. On verse un peu d'eau alcalisée chaude sur une poignée de feuilles, et on la laisse en repos pendant quelques minutes : si la liqueur prend une couleur tirant au vert, si en en prenant avec une cuiller et en la laissant tomber, il se forme une écume bleue, il y a assez de potasse; si la liqueur a pris une couleur vert-d'émeraude bien foncée, il y en a trop; enfin, si la liqueur conserve une couleur jaune de vin blanc, il n'y en a pas assez. S'il y en a trop peu, on en ajoute; et s'il y en a trop, on ajoute de l'eau. Un excès de potasse est bien dangereux, car il retiendrait trop fortement l'indigo en dissolution; et dans l'opération suivante du battage, on éprouverait des difficultés à le précipiter; cette opération deviendrait trop longue, et l'on risquerait même de ne le précipiter que partiellement.

On procède, pour tout le reste, de la manière qui a été dite dans le chapitre précédent.

Ce procédé par l'eau alcalisée est très-bon; je l'ai pratiqué depuis novembre 1811 jusqu'à la fin d'août 1812, et il a fourni un indigo excellent, qui dans des épreuves en teinture, et très-en grand, a soutenu la concurrence de l'indigo étranger Bengale bleu flottant, qu'on lui a comparé; et l'indigo qu'il avait fourni provenait tout entier de feuilles de la dernière cueillette, du 2 novembre au 3 décembre, d'un hiver des plus précoces et des plus rigoureux; le plus souvent il avait été extrait de feuilles gelées. J'ai cependant quitté l'usage de cette eau alcalisée, pour lui préférer le procédé, plus simple, que j'ai décrit dans le chapitre précédent. Il y a plusieurs raisons qui m'ont porté à cette préférence : d'abord, l'indigo a un bleu plus éclatant; il est moins oxidé ; le procédé ensuite devient plus simple. L'expérience m'a appris que quelques élèves ne manquaient pas d'être embarrassés relativement à cette potasse caustique ; mais c'est sur-tout l'économie qui m'a décidé. L'emploi de la potasse, quelque petite que soit la quantité qu'on en met, ne laisse point d'entraîner des frais, qu'on ne doit point négliger d'éviter si on les trouve inutiles; et c'est précisément le cas avec l'isatis. Cette plante fournissant l'indigo en petite proportion, toute petite dépense finit par devenir considérable. En calculant la dépense qu'entraîne l'emploi de la potasse, dans la circonstance très-peu favorable où je me trouvais placé, de ne pouvoir employer qu'une eau extrêmement séléniteuse, j'ai trouvé qu'elle montait exactement à 8 francs 50 centimes par kilogramme d'indigo qu'elle formait, ce qui est très-considérable.

Il y a encore une circonstance qui n'est pas favorable à l'emploi des alcalis pour l'extraction; c'est que l'indigo une fois précipité est beaucoup plus difficile au lavage que toutes les fécules qu'on obtient par d'autres moyens d'extraction et de précipitation. Il y a sans doute, dans l'ensemble des réactions, une partie de matière muqueuse qui change de propriété, et qui, auparavant dissoluble dans l'eau froide, ne peut plus l'être, quoiqu'elle soit bien soluble en eau chaude, ou par la fermentation ; mais ce ne serait pas là un grand inconvénient, puisque la fermentation, en dernier résultat, ne coûte rien ; et d'ailleurs il est toujours utile de la pratiquer sur toutes les fécules, parce que l'expérience a prouvé qu'elle les améliore constamment, quelle que soit leur beauté primitive.

D'après ce que je viens de remarquer, on doit donc sentir qu'en décrivant ce moyen d'extraction, je ne le conseille pas pour l'isatis, puisqu'on peut avoir des résultats tout aussi beaux et aussi assurés avec plus d'économie ; mais j'ai cru qu'il était d'un assez grand intérêt de le décrire, parce qu'il m'a paru qu'il aurait été à regretter qu'un moyen d'extraction aussi important et aussi propre à éclairer la science, fût perdu. Comme d'ailleurs chacun a son goût, il est toujours plus utile d'avoir des moyens variés, que d'être borné à une seule manière ; et je puis citer des exemples de cette différence dans le goût même, par rapport à des procédés d'art. M. Garreau, qui a formé un établissement à Mondovi, a trouvé que c'est un grand avantage que de pouvoir écarter la potasse, et a embrassé avec empressement cette soustraction. M. Valet, qui a formé en Italie un autre établissement, à Villanova-Marchesana, près de Ferrare, regrette vivement cet abandon de la potasse, de ma part, et continue à s'en servir de la manière que je viens de décrire, et qu'il a vu pratiquer pendant un mois à l'école expérimentale de Quiers.

Il y a des cas, d'autre part, où ce moyen d'extraction réussit très-bien, lorsqu'aucun autre ne peut conduire à séparer l'indigo. Il suffira d'en citer un. Pendant très-long-temps, j'ai cherché en vain à obtenir une fécule bleue, de la liqueur ou jus de l'eau qui coule des tas de l'isatis qu'on a fait fermenter, et dont on fait le pastel. Cependant, lorsque je traitais ce jus avec de la chaux vive et du sulfate de fer à chaud, j'obtenais constamment un bain dans lequel le fil et le coton se teignaient sensiblement en bleu, ce qui ne pouvait laisser aucun doute sur l'existence de l'indigo dans ce jus. Lorsque je l'ai délayé ensuite par l'eau alcalisée, au point d'avoir une solution avec un peu d'excès d'alcali, j'ai toujours obtenu considérablement d'indigo de ce jus, en faisant chauffer la solution, en la battant, et en y ajoutant un peu d'eau de chaux.

Il ne faut pas oublier ensuite qu'il nous reste le grand pas à faire pour trouver l'indigo dans beaucoup d'autres plantes, et il est à croire que cette solution alcalisée, qu'on peut abandonner relativement à l'isatis, deviendra très-utile pour d'autres plantes. Il est des feuilles que l'eau pure ne saurait pas assez bien pénétrer, ni par un premier degré de fermentation, ni par une infusion aussi peu prolongée que celle par laquelle nous opérons avec l'isatis; et il y en a un grand nombre qui, plus que celles-ci, se trouvent riches en matière cireuse sur leur épiderme, et qui, à ce titre, au moins pour long-temps, éludent l'action de l'eau. Sur des plantes semblables, l'eau alcalisée réunit des avantages qu'en vain on pourrait espérer de l'eau pure.

Des essais que j'ai pu faire cette année sur quelques poignées de feuilles de l'anil, me portent à croire que s'il s'agissait de cette plante, l'eau alcalisée devrait être préférée à l'eau pure. Les feuilles de l'anil sont moins succulentes, d'un tissu plus compacte, et sur-tout sont très-difficilement pénétrées par l'eau, à cause de cet enduit ciré qui couvre leur surface. L'emploi de la potasse, qui entraîne des frais dont on doit fortement tenir compte, tant qu'il s'agit de l'isatis, qui contient une quantité peu considérable d'indigo, sur lequel ils retombent, n'entraînerait plus une dépense qu'on dût calculer lorsqu'il s'agirait de l'anil; parce qu'à poids égal, cette dernière plante donne beaucoup plus d'indigo, sur lequel le prix de la potasse employée doit se répartir. Ainsi, l'emploi de la potasse, qui porte dans l'indigo-pastel un surcroît de prix de 4 francs 25 centimes par livre ou demi-kilogramme d'indigo, n'exige qu'une dépense égale pour trente livres qu'en fournirait une poids égal d'anil, dans l'hypothèse que cette plante donne trente fois plus d'indigo que n'en donne l'isatis, comme cela paraît résulter de l'analyse comparée de ces deux plantes, que M. Chevreul nous a donnée dans les *Annales de Chimie*. Dans ce dernier cas, la dépense que l'emploi de la potasse entraîne pour l'anil, a presque disparu, puisque, répartie, elle n'offrirait, sur chaque livre d'indigo, qu'un surcroît de prix de quelques centimes.

C'est d'après ces différentes considérations que j'ai jugé très-important de ne pas passer sous silence ce procédé d'extraction; mais je ne dois pas manquer non plus d'observer qu'il réunit encore quelques autres avantages qui, s'ils ne sont pas bien remarquables dans l'état actuel des choses, pourraient encore devenir, à d'autres égards, de la dernière importance. Cette infusion d'isatis, dans une eau alcalisée, est, dans toute la rigueur du terme, une véritable cuve d'inde, dans laquelle l'indigo se trouve dans un état très-favorable à déployer son action teignante sur les étoffes. Cette cuve a le défaut d'être très-faible de ne pouvoir produire de fortes nuances qu'à force d'immersions répétées, parce qu'elle contient trop peu de matière colorante; cependant, ce bain a toujours fourni des nuances foncées de bleu-de-roi, par des immersions répétées dix-huit fois. Or, si, comme M. Chevreul l'a déterminé, la proportion de l'indigo est constamment, et par-tout dans l'anil, trente fois plus forte que dans l'isatis, il n'est pas difficile de voir combien serait propre à la teinture une semblable infusion bien chargée qu'on ferait avec de l'anil.

Quelque faible que soit cette cuve, elle ne s'éloigne pas, d'autre part, de la force d'une cuve ordinaire de pastel, telle que les guesderons sont dans l'usage de la monter. Dans cette cuve, on soumet les objets qu'on doit teindre à quatre travaux, dans leur manière de s'exprimer; et chaque travail se compose de quatre immersions; ce qui donne en tout seize immersions, dont l'effet est rarement une nuance aussi foncée que celle du bleu-de-roi que je viens d'énoncer.

Je terminerai en observant qu'il n'y a pas de procédé plus prompt, ni plus marquant dans ses effets, ni plus frappant dans ses résultats. Considéré même comme essai pour découvrir et manifester l'existence de l'indigo dans les plantes qui en contiennent, il mérite, sous ce point de vue, beaucoup d'attention de la part de ceux qui voudront se livrer à la grande recherche de l'indigo dans d'autres plantes que celles dans lesquelles nous l'avons déjà reconnu.

Ce qui tient à la manière dont la potasse peut exercer ici son action, se trouvera développé dans la III.e partie de cet ouvrage.

CHAPITRE IV.

De la seconde Opération, la formation ou précipitation de l'Indigo, ou du Battage.

L'EXTRAIT ou la liqueur dont on a parlé dans le chapitre II de cette section, étant passé dans le battoir, on procède à la seconde opération, dont le but est la formation de l'indigo, ou le changement de l'indigo de l'état dans lequel il est dans la plante, dissoluble et dissous dans l'eau, en celui d'indigo véritable, coloré en bleu, et qui, ne pouvant plus rester en dissolution dans l'eau, doit se précipiter. On donne à cette opération le nom très-propre de *battage,* parce que réellement on bat la liqueur d'une ou d'autre manière, pour l'agiter et en obtenir beaucoup d'écume.

Dès que les deux liqueurs d'infusion et de premier lavage des feuilles sont réunies dans le battoir, on commence à les battre. Il est utile de ne pas différer, pour ne pas laisser affaiblir la température : ce soin est très-important au commencement. Le changement d'état de l'indigo est l'effet d'une combustion ; et il ne faut pas oublier que, dans toute combustion, le point le plus difficile est de pouvoir la déterminer d'abord. On sait que tout combustible ne brûle point en y mettant le feu,

mais

mais que tout brûle promptement, lorsque le feu a bien pris. La température est l'agent par lequel la combustion se détermine et est bien alimentée dans la suite. Il ne serait cependant pas utile de battre de suite violemment : lorsque la liqueur est bien chargée d'écume, on la laisse quelques minutes en repos. L'écume, qui était épaisse et blanche, se raréfie, s'affaisse en partie, et devient d'un beau bleu-perse. Si la liqueur est trop chaude, et sur-tout si on a trop battu, le bleu que prend l'écume tire au violet ; si, au contraire, la liqueur est trop froide, si l'on n'a pas long-temps battu, la couleur de l'écume est seulement d'un bleu-de-ciel. Quel que soit le défaut qu'on remarque dans l'écume, n'importe. Dès que sa couleur est formée, on recommence le battage. On remédie au défaut de température et de battage, par un battage successif plus prompt, même violent ; et, *vice versâ*, on remédie par un battage plus ménagé, si on s'aperçoit que la coloration se fait trop promptement. On continue ainsi par intervalles, en battant, et en laissant quelques momens l'écume se colorer en beau bleu par le repos.

Lorsqu'on s'aperçoit dans la suite qu'après avoir bien battu la liqueur, l'écume ne prend plus par le repos qu'un bleu faible, alors on recommence de nouveau le battage. Jusqu'à cette époque, un

Q

ouvrier , dans la petite indigoterie, avait pu suivre deux cuves ; il en battait une , tandis que l'écume de l'autre se formait en bleu. Il faut maintenant un ouvrier pour chaque cuve à battre , et il doit battre de suite : il bat doucement, si sa liqueur est chaude et la température élevée ; plus fortement en au-tomne, et si la température de sa liqueur est faible. On observe, par ce premier degré de battage, un changement dans la liqueur. Sa couleur, qui était celle du vin blanc, est déjà changée en brun : en la versant de haut en bas, on la voit cependant d'une couleur légèrement verte. Par la continuation du battage, cette couleur change encore et devient d'un brun très-foncé tant qu'elle est trouble.

Les écumes changent de couleur aussi : de bleues qu'elles devenaient au commencement, elles ne de-viennent plus que blanches , même par le repos, et du blanc passent ensuite au rougeâtre. A ce dernier changement on s'aperçoit qu'on touche à la fin du battage, qui dure d'une heure un quart à une heure et demie, lorsqu'on le fait à la main, avec un balai de verges de bois, sur la liqueur d'une cuve de trois cents livres de feuilles. A ce point, on jugera du battage, s'il est parfait ou non, soit par la couleur de l'écume, soit par celle de la liqueur, lorsqu'on aura acquis ce juste coup d'œil que donne l'habitude. Mais, tant qu'on n'est point parvenu à ce point d'habileté, on pourra se servir du moyen suivant, qui est très-sûr. On prend un gros verre de cristal qu'on remplit à un tiers de la liqueur battue, et on y ajoute un volume égal d'eau.

La liqueur n'est pas assez battue, si on voit encore une ligne tirant au vert-bleuâtre décrire la forme du verre à son contour. Si la liqueur est d'une couleur brune uniforme, c'est un indice qu'on a assez battu. Si on l'abandonne au repos, on peut en juger encore par la promptitude avec laquelle le grain se forme, et par la limpidité et la couleur de la liqueur surnageante. Mais, lorsque ce grain tarde à se former, et qu'on est dans l'incertitude si on doit cesser ou continuer le battage, on peut s'en tenir au premier indice. Au reste, il faut se rassurer sur ce point : ce n'est pas un malheur à redouter qu'un battage trop poussé ou un battage insuffisant, parce que l'un et l'autre cas ne sont pas sans remède facile. Le premier n'entraîne guère d'autre inconvénient que la perte du temps et la fatigue de l'ouvrier qui a battu ; le second cas peut entraîner deux inconvéniens : le premier est la formation d'une partie d'indigo qui ne sera pas assez oxidé, mais qui ne se précipite pas moins bien avec l'indigo bleu ; le deuxième, c'est que la liqueur tenant encore, après le repos, quelques portions d'indigo, on se serait ainsi exposé à une perte de produit. On a un remède facile contre le premier inconvénient. Comme l'indigo peu oxidé qui se formerait est soluble dans l'eau, au premier lavage du précipité (qu'on doit faire avec des soins particuliers qui seront indiqués en leur lieu) on l'emporte, et alors on réunit ces eaux de lavage de l'indigo à celles de troisième macération des feuilles, et çe que l'on aurait perdu ici, se trouve dans le produit de cette nouvelle opération. Au surplus, on fait toujours précipiter cet indigo en traitant cette eau de premier lavage séparément, soit par une petite quantité d'acide sulfurique, soit par un peu d'eau de chaux, et on mêle ensuite ce précipité à celui qu'on obtient de l'eau qui a servi à laver la seconde fois les feuilles qu'on traite à part, et dont on tire l'indigo par un procédé différent que je décrirai dans le chapitre suivant.

Lorsqu'ensuite il arrive que, par insuffisance de battage, la liqueur retient encore un peu d'indigo, ce qu'il faut toujours examiner en la soutirant, on a soin de ne pas la jeter ; on la fait passer dans une cuve à part, et on y mêle quelques litres d'eau de chaux : en peu d'heures l'indigo se précipite, et on réunit, comme ci-devant, ce précipité à celui que fournissent les eaux de troisième macération.

Lorsque les indices dont on vient de rendre compte démontrent que le battage est fini, on détruit entièrement toute l'écume avec un peu d'huile, et on livre la cuve au repos, dans la petite indigoterie. Dans la grande fabrication, on fera passer la liqueur battue du battoir à la cuve dans laquelle l'indigo doit se précipiter. Je dois remarquer que, pendant le battage, il se forme beaucoup d'écume qui fatigue l'ouvrier; celui-ci est très-disposé à la détruire avec de l'huile; mais c'est une mauvaise pratique que de la détruire à mesure qu'elle se forme, à moins qu'elle n'ait trop de consistance : l'oxidation se fait beaucoup mieux qu'en battant la liqueur sans écume.

La précipitation a lieu dans l'espace de huit à dix heures, et il est important de ne pas prolonger ce temps de repos fort au-delà, sur-tout avec les feuilles cueillies après la sève d'août. Il s'excite des fermentations dans la cuve qui troublent la liqueur en faisant remonter l'indigo. On soutire donc la liqueur dès l'instant qu'elle est claire, et on procède ensuite au lavage de la fécule précipitée de la manière qui sera dite ci-après.

Si la fermentation annoncée ci-dessus arrivait, il faut ne tirer la liqueur que par le robinet supérieur de la cuve, la remplir d'eau commune, et remuer le tout : cela suffit le plus souvent pour l'arrêter et pour que le précipité se forme bien. Si cela n'est pas jugé suffisant, il faut y joindre deux ou trois gros d'acide sulfurique; par cette addition, la liqueur,

devenue muqueuse, est raréfiée, la fermentation
arrêtée et la précipitation rendue facile.

Dans toute cette opération on n'emploie aucun
précipitant alcalin ; le véritable précipitant est la
température que la liqueur conserve, de 35 à 40
degrés de Réaumur. Il n'est pas nécessaire d'observer que de là il doit s'ensuivre que cet indigo
est très-pur, parce qu'il ne contient ni carbonate
de chaux, ni chaux qu'on n'a pas employée, et
parce qu'il ne peut contenir de même aucune des
combinaisons que la chaux pourrait former avec
d'autres principes fournis par l'infusion. C'est pour
cela que l'indigo qui provient de ce procédé n'a
besoin d'aucune opération d'affinage par les acides.

Le problème de trouver un précipitant qui remplace l'eau de chaux ou les alcalis, est donc parfaitement résolu, et l'on doit regarder le calorique
comme un précipitant par excellence.

CHAPITRE V.

*Procédé par Extraction de l'Indigo à froid ; ou de la
Précipitation de l'Indigo des eaux froides de la troisième macération ; et de la manière d'employer l'Eau
de chaux dans la formation de l'Indigo.*

Dans les deux procédés que j'ai décrits, l'eau
qui sert de dissolvant à l'indigo de l'isatis, est employée chaude ; on peut tout aussi bien extraire

l'indigo par fermentation à froid, et l'avoir très-pur, pourvu qu'on règle l'emploi de l'eau de chaux d'une manière convenable. Voici le cas dans lequel je pratique ce procédé.

Les eaux du second lavage des feuilles, ou de troisième macération, sont froides, et l'indigo ne pourrait plus se former par le seul battage, parce que la température ou le calorique nécessaire pour en déterminer l'oxidation, y manque. Il faut donc les traiter différemment. Un précipitant d'une autre nature est alors indispensable. Ce précipitant doit être propre à remplir deux buts différens : le premier, celui de détruire les obstacles qui s'opposent à l'oxidation ; le second, celui de déterminer dans l'indigo désoxidé un plus fort degré d'oxidabilité. L'eau de chaux est sans doute le meilleur qu'on puisse choisir, et le plus économique. Le projet qu'on a fait d'y associer un peu de potasse, comme on le pratique en Amérique, est utile, lorsqu'on ne sait pas bien ménager ce précipitant, et nous en trouverons la raison. Mais je puis garantir que, si l'on procède avec les soins que je décris, l'indigo qu'on obtiendra n'est ni moins beau ni moins pur que celui que fournit le procédé précédent ; pas le moindre atome de carbonate de chaux ne s'y trouvera réuni, et l'on peut, sans qu'il doive être assujetti à l'action d'aucun acide, le réunir au premier, sans aucune crainte de l'altérer dans sa bonne qualité. Ces soins se réduisent tous à la proportion d'eau de chaux qu'on portera en réaction, et aux époques du battage auxquelles on en fera le mélange avec l'extrait ou les liqueurs indigofères froides. Ce sujet est de la plus grande importance ; c'est le résultat d'une recherche chimique long-temps suivie sur l'action que l'eau de chaux exerce sur les liqueurs indigofères ; et quoique ce ne soit qu'un tour de main, je regarde comme la découverte la plus importante qu'on ait pu faire pour le perfectionnement de l'art de l'indigotier, cette manière de régler et appliquer l'eau de chaux. La raison en est que par les moyens, quels qu'ils soient, dont on fera usage pour la dissolution de l'indigo, soit par la fermentation à eau froide, soit par infusion à eau chaude, soit par digestion à eau tiède, soit même par la macération des feuilles sèches ou fanées, toujours, par cette manière d'appliquer et de ménager l'eau de chaux, on aura un indigo d'une très-grande pureté par une seule opération, et sans qu'il soit besoin de le raffiner en aucune manière.

Les eaux de lavage des feuilles de toutes les opérations qu'on a faites dans la journée étant donc rassemblées dans une cuve, on procède à la formation de l'indigo par le battage. Ici tout ménagement est inutile ; on bat fortement, et on fait le plus d'écume que l'on peut. On laisse de temps en temps cette écume se reposer sur la surface de la cuve, et se colorer à l'air; on examine de même la couleur de la liqueur. Lorsqu'elle commence à bien brunir, c'est le moment d'y verser deux ou trois litres d'eau de chaux sur une grande cuve d'extrait, et on continue de battre. Comme une proportion d'eau de chaux plus forte facilite extrêmement la précipitation, les ouvriers n'ont que trop de disposition d'en profiter pour terminer le travail. Celui qui dirige les travaux ne doit donc pas les perdre de vue; car cette opération étant destinée aux eaux des macérations de toute la journée, on l'exécute toujours le soir, époque à laquelle ils sont empressés de s'en aller.

Je ferai connaître dans la troisième partie de cet ouvrage les différentes fonctions que l'eau de chaux exerce sur les infusions indigofères. Ici il faut poser en principe que ce qui s'oppose à la précipitation de l'indigo, est principalement un excès d'acide carbonique qui se forme pendant le battage, et que l'agitation ne peut point suffisamment dégager de la liqueur. L'eau de chaux est conséquemment destinée à anéantir cet acide par l'absorption qu'elle en fait. L'acide carbonique a, comme tous les autres acides, la propriété d'affaiblir, de mettre même des obstacles insurmontables à l'oxidation de l'indigo désoxidé, comme nous le verrons dans la III.ᵉ partie.

En employant cependant l'eau de chaux pour remplir ce but d'absorber l'acide carbonique, il ne faut pas que la chaux y soit portée en proportion suffisante pour le saturer. Si cela arrivait, il se formerait du carbonate de chaux insoluble qui se précipiterait et entraînerait avec lui d'autres principes de la liqueur. De là tous les inconvéniens qu'on a éprouvés jusqu'ici dans l'emploi de ce précipitant qu'on n'avait pas appris à ménager.

On juge, à la seule inspection, de la quantité d'eau de chaux qu'on peut employer; mais on peut encore la déterminer par un petit essai. La quantité d'eau de chaux que l'on met ne doit jamais verdir la liqueur : la couleur verte indique un excès assuré, et cet excès est en proportion de la couleur verte manifestée. Aussi, sur une liqueur qu'on n'a pas battue, et où il n'y a point d'acide carbonique, pour peu qu'on y mêle d'eau de chaux, cette couleur verte paraît ; il en faut, au contraire beaucoup lorsqu'on a assez battu la liqueur : c'est que, dans ce dernier cas, beaucoup d'eau de chaux est annullée par l'acide carbonique qui s'est formé par le battage.

Pour déterminer la quantité d'eau de chaux qui est nécessaire, on peut procéder de la manière suivante, dont la pratique deviendra tout-à-fait inutile, dès l'instant qu'on se sera un peu habitué à connaître

à la vue la force des eaux de macération, ou leur richesse en couleur, et que l'on aura jeté les yeux sur la
quantité de la liqueur qu'on doit traiter.

On prend un gros verre à boire qu'on remplit à
moitié de la liqueur de la cuve, et on y verse, par
petites portions, de l'eau de chaux. La première, la
deuxième, la troisième ne troublent pas la liqueur
d'une cuve battue ; si elles paraissent la verdir, ce ne
sera que d'un jaune vert. Enfin par de nouvelles
additions elle se trouble, et montre un sédiment qui
va se former. Comme l'on a tenu compte des portions d'eau de chaux employée, et de l'espace qu'elles
ont occupé dans le verre, avant que de parvenir à
opérer le précipité, on trouve exprimée la quantité
avec laquelle on peut procéder, et le rapport en
volume, entre le total de la liqueur de la cuve, et
celui de la quantité extrême d'eau de chaux qu'on
pourrait y mettre. On peut y en mettre, sans inconvénient, un peu moins que la quantité totale qui est
nécessaire pour opérer la précipitation. Cependant
la moitié de celle que cet essai marque est plus que
suffisante pour opérer la précipitation complète par
le battage successif, et on procède d'après cette base.
Après donc un quart d'heure de battage repris, on
ajoute un ou deux litres à-la-fois de cette eau de chaux,
on répète le battage, et on procède ainsi, par petites
portions, jusqu'à ce que la couleur de la liqueur

indique que le battage est fini. La quantité d'eau de chaux qu'on y porte n'arrive jamais à un dixième du total de la liqueur. On voit de-là quelle est la source des erreurs de tous ceux qui ont travaillé à l'indigo-pastel ; c'est qu'en mêlant l'eau de chaux avant qu'aucun battage précède, comme il n'y a point d'acide carbonique qui la neutralise, elle doit agir soit sur l'indigo, soit sur les autres principes que la liqueur contient, et auxquels elle peut se combiner ; c'est qu'en portant un volume d'eau de chaux égal à celui de la liqueur, on procède avec une proportion extrêmement trop forte, et qu'il doit se former par conséquent, soit du carbonate de chaux, soit de ce savon calcaire qui résulte de la combinaison de la chaux avec la matière végéto-animale si abondamment fournie par l'isatis, et que l'eau dissout en même-temps que l'indigo.

En procédant ainsi, le repos donne une belle fécule bleue qu'on doit laver comme la précédente.

Comme, dans cette opération, la chaux se trouve constamment en état de carbonate acidule, l'acide carbonique excédant tient la chaux en dissolution, et il ne s'en précipite point avec l'indigo ; et comme l'essai ci-dessus indiqué prouve que tant qu'il y a de l'acide par excès, aucun autre principe contenu dans la plante ne lui enlève la chaux, il ne se fait non plus aucune précipitation d'autre substance insoluble. Voilà le principe qui doit régler

(253)

l'emploi de l'eau de chaux ; et dans ce principe nous avons un troisième procédé pour obtenir, par fermentation si on le veut, de l'indigo très - pur, et cependant en employant l'eau de chaux comme précipitant. Il est facile maintenant de comprendre la cause de toutes ces mauvaises fécules, dans tous les procédés pratiqués jusqu'ici ; c'est qu'on ne s'est pas occupé à évaluer les effets de ce précipitant, et qu'on s'est habitué à ne tenir compte, et à ne reconnaître ces effets que du point où ils commencent à être nuisibles, c'est-à-dire, du moment où la liqueur prend une couleur verte.

Comme ce point de la théorie de l'art n'est pas bien difficile, et est d'autre part d'une importance majeure, je rendrai compte ici de quelques faits qui pourront l'éclaircir, et dont chacun peut très-aisément se convaincre par des essais faciles à exécuter.

On fait une eau saturée d'acide carbonique, et on se sert de cette eau pour une macération des feuilles. Dans douze ou quinze heures on a le plus bel extrait de couleur jaune de vin blanc, clair lorsqu'il est vu en masse, mais ayant un coup-d'œil louche, et se montrant d'un beau bleu tendre à différens points de vue favorables auxquels l'on se place pour l'observer sur les bords d'un verre. C'est un excellent extrait, très-riche en indigo.

On prend cet extrait et on le bat ; par cette opération, une grande partie de l'acide carbonique doit se dégager et se dégage en effet. Cependant l'indigo reste dissous, et quelque long et violent que soit le battage, non-seulement l'indigo ne graine point et ne se précipite pas, mais on n'a jamais qu'une écume blanche ; si on y mêle un peu d'eau de chaux, et seulement en proportion suffisante pour diminuer la quantité d'acide carbonique, et si on a soin qu'il en reste un peu, l'indigo graine, et on a un précipité d'un très-beau bleu, par le battage.

Si l'on prend, d'autre part, le même extrait obtenu par la macération des feuilles dans l'eau saturée d'acide carbonique, et si on le chauffe à une température de trente-cinq ou quarante degrés, il s'ensuit que, par cette température, une partie de l'acide carbonique est déjà chassée ; il en restera cependant encore assez pour que l'indigo ne graine point ; mais en soumettant la liqueur au battage, une nouvelle portion d'acide carbonique sera chassée encore, et alors, par cette opération, l'indigo sera promptement oxidé, et on aura un sédiment d'un bleu superbe. Dans cette dernière méthode, deux conditions essentielles se réunissent : 1.° la soustraction de l'acide carbonique qui s'oppose à l'oxidation, effet qu'on sait que remplit très-bien l'eau de chaux ; 2.° ensuite la température qui augmente l'oxidabilité de l'indigo désoxidé, de la même manière qu'elle augmente celle de tous les combustibles en général. J'aurai à faire connaître ailleurs des faits qui ne laissent aucun doute sur ce que la chaux remplit le même but, par sa réaction avec l'indigo désoxidé, et de la même manière qu'avec tous les autres combustibles avec lesquels elle se peut combiner, tels, par exemple, que le phosphore et le soufre.

De ce que je viens d'exposer jusqu'ici dans cette section, il résulte donc trois procédés différens que j'ai décrits : chacun d'eux donne l'indigo dans un très-grand degré de pureté, et tel qu'on peut le comparer aux indigos exotiques les plus estimés. Un quatrième procédé peut aisément se déduire de ce que je viens de remarquer sur les effets que produit l'eau de chaux. Il suffira de l'indiquer en peu de mots.

Si, lorsque l'on a battu l'infusion à chaud de la manière que j'ai décrite, on veut accélérer le battage et faciliter la précipitation, on peut le faire en y ajoutant une très-petite portion d'eau de chaux. C'est le procédé que l'on suivra certainement de préférence, et que je conseille de préférer même sur l'infusion à chaud. J'ai fait connaître une manière de précipiter l'indigo sans autre précipitant que le calorique ; cela était nécessaire pour la science : mais comme un peu d'eau de chaux bien ménagée n'altère point les produits, et comme d'ailleurs elle

facilite la formation de l'indigo, et abrège conséquemment l'opération du battage, je ne vois rien
qui s'oppose à ce qu'on profite des avantages qu'elle
peut présenter, lors toutefois qu'on aura bien appris à l'employer.

Ainsi, par exemple, ceux qui préfèrent l'extraction de l'indigo à froid ou par l'eau tiède, pourront profiter de même de l'action précipitante du
calorique, et diminuer considérablement la proportion de l'eau de chaux qu'ils emploient, en donnant à leur battoir une disposition telle qu'on puisse
élever la température de leurs liqueurs ; en le faisant
traverser, par exemple, par un tuyau métallique
portant la fumée d'un four ordinaire où l'on ferait
chauffer de l'eau, ou pour les infusions, ou pour le
lavage de l'indigo.

Enfin, on peut conclure de ces observations que
toutes les fois que l'on procédera avec l'eau de chaux,
d'après les principes exposés et avec les soins décrits,
quel que soit le procédé d'extraction qu'on aura
adopté, toujours l'indigo qu'on obtiendra sera excellent, parce qu'on aura écarté tous les effets nuisibles
que produit l'eau de chaux, et parce que, par une
application bien calculée, on est parvenu à la borner
à cette action et à ce rôle auxquels il est indispensable qu'elle soit réduite.

CHAPITRE

CHAPITRE VI.

De la Fécule précipitée après le battage, et de la première opération du lavage de l'Indigo.

QUELLE que soit la manière d'extraction et de précipitation que l'on pratique, la fécule qu'on obtient par le repos de la liqueur après le battage, n'est jamais un indigo exempt de quelques molécules étrangères; il est dans un état fort différent de l'indigo oxidé bleu, insoluble dans l'eau. Il s'en trouve constamment une petite partie qui n'a pas subi une oxidation complète. Ce sont probablement les dernières molécules qui se sont formées par le battage.

Ce résultat n'a pas été observé dans les procédés qu'on a suivis le plus communément, et il n'est pas difficile d'en sentir la raison. Il n'a lieu dans aucun procédé, toutes les fois que l'on a forcé l'action des précipitans, savoir, celle de la température ou de l'eau de chaux, ou lorsqu'on a trop poussé le battage. Ainsi, c'est un mal que de trop provoquer les effets de ces agens. Si l'on évite par ces moyens que quelques molécules d'indigo ne restent sans s'être suffisamment oxidées, on éprouve un inconvénient opposé, celui que, par cet excès, la plus grande partie de l'indigo s'oxide trop. Il s'ensuit alors que l'indigo obtenu n'a point d'éclat, que sa couleur bleue devenant trop foncée, tire au noir, et que suivant les

R

degrés de l'excès dans lequel on est tombé, la fécule se trouve être plus ou moins brûlée, pour me servir de l'expression commune. Si l'on avait toujours affaire à des gens très-instruits, cet excès d'oxidation ne serait pas un grand malheur, puisque cet indigo brûlé ne peut pas moins servir en teinture; mais il a des défauts qui le rendent moins appréciable. D'abord il tarde plus à venir à couleur dans la cuve, et même quelquefois il nécessite une plus forte proportion de matières fermentescibles, ou l'addition de nouvelles matières qu'on ne comptait pas employer. Il demande beaucoup plus de connaissances dans la conduite des cuves, ce qui fait qu'assez souvent il ne réussit point; et en général il réussit très-mal, et quelquefois point du tout, dans la cuve à froid, qu'on ferait bien réussir en la chauffant, si on était dans l'usage de le faire. Par ces raisons, il n'est pas aimé des teinturiers, il est refusé par les imprimeurs sur toiles, et son défaut d'éclat le déprécie dans le commerce.

Les molécules d'indigo dont je viens de parler, qui n'ont pas été suffisamment oxidées, ne se sont pas moins précipitées avec les autres au fond de la cuve; mais c'est par une attraction exercée par ces dernières, et non parce qu'elles ne sont point dissolubles par l'eau. Sitôt que par l'agitation cette attraction est rompue, cette partie d'indigo non oxidé s'en détache, et en y portant de l'eau pour laver le

mélange, elle passe bientôt à l'état de véritable dissolution.

L'eau qu'on verse étant bien agitée avec la fécule,
et le mélange étant ensuite livré au repos, la liqueur
se trouve bientôt colorée en beau vert, tirant plus
ou moins au bleu, suivant le degré plus ou moins
considérable d'oxidation de cet indigo, et la proportion dans laquelle ces molécules se trouvent, relativement à la matière colorante jaune que la liqueur
dans laquelle la fécule nage a retenue. On se tromperait beaucoup, si l'on croyait que c'est une matière
particulière de couleur verte, dissoluble dans l'eau,
qu'il est important d'emporter par le lavage, et si on
la rejetait. Ce vert est le composé de matières colorantes jaunes et d'indigo peu oxidé que l'économie
recommande de conserver, puisqu'on peut, sans
beaucoup de peine et presque sans frais, s'en emparer, en le portant à l'état d'indigo insoluble.

J'observerai de plus (quoique je n'en connaisse
point la raison) qu'il arrive quelquefois aussi qu'il
s'est précipité avec l'indigo d'autres matières écu-
meuses, blanches, que l'eau entraîne avec ce composé vert, sans que l'eau puisse les prendre en parfaite
dissolution. L'eau a alors une couleur vert-blanchâtre
et trouble, et cela a lieu particulièrement avec les
fécules que fournissent les feuilles qu'on cueille vers
le commencement de septembre. Je ne fais que

remarquer ce fait pour l'offrir à l'attention de ceux qui voudraient s'en occuper. Quant à notre objet, il n'y a d'important que la manière de s'emparer de cette portion d'indigo. On obtiendra aisément ce résultat en procédant de la manière suivante.

On verse sur la masse de fécule liquide qui s'est formée au fond de la cuve, un volume d'eau qui ne soit pas du double plus grand que celui qui est occupé par la fécule. Si on le peut, il vaut beaucoup mieux que cette eau soit chaude, mais on peut tout aussi bien réussir avec de l'eau froide. Avant de verser l'eau, il sera bon d'avoir fortement agité la fécule liquide, parce que la liqueur muqueuse dans laquelle elle nage, retient ordinairement beaucoup d'acide carbonique dont il est utile de la débarrasser, et que l'agitation dégage en grande partie. Cela fait, on verse l'eau, en observant d'en mettre peu à-la-fois, et en agitant beaucoup; on abandonne ensuite le tout au repos. Par cette opération, l'indigo parfaitement insoluble, se précipite, et l'eau a dissous ce qu'elle peut emporter d'indigo soluble. On soutire cette eau, et on procède à la parfaite oxidation de la partie d'indigo qu'elle retient. Un ou deux litres d'eau de chaux qu'on y mêle, suivant les quantités qu'on en a, suffisent ordinairement pour produire cet effet. La liqueur cesse d'être verte, devient jaune-brun, et l'indigo se trouve bien insoluble au fond.

Si l'on ne veut point de l'eau de chaux, quelques onces d'acide sulfurique produiront très-promptement le même effet. On mêle l'indigo obtenu de ces eaux vertes, avec celui que l'on fait à froid par les eaux de deuxième lavage.

Il n'est pas nécessaire que j'observe qu'on peut abréger l'opération en versant directement, sur le mélange qu'on a fait de la fécule liquide et de l'eau, soit de l'acide sulfurique, soit de l'eau de chaux, et en délayant le tout pendant quelques minutes en grande eau, pour laver. Mais on ne doit point oublier que je décris les opérations minutieusement, et que je tâche d'indiquer les moyens par lesquels on peut parvenir à obtenir les produits séparément. Sur cela chacun peut se régler comme bon lui semble.

CHAPITRE VII.

Du Lavage de l'Indigo à froid.

La masse de la fécule épuisée de cette eau verte dont je viens de parler dans le chapitre précédent, retient encore beaucoup de matière colorante jaune et de matières muqueuses et extractives dissolubles par l'eau, mais assez fortement attachées aux molécules d'Indigo. Il est très-important de le débarrasser de ces substances, si l'on veut lui donner de la qualité et de l'éclat. C'est pour remplir ce but qu'est destiné le lavage. Cette opération est en apparence très-facile ; mais dans le fait elle ne l'est pas autant qu'elle le paraît ; elle exige beaucoup de soins. Je suis très-assuré que nombre de gens qui ont beaucoup travaillé sur ce sujet, n'en ont point senti et l'importance et les difficultés , et qu'ils finiront par reconnaître que , par un seul lavage mieux entendu et plus parfait, leurs fécules auraient obtenu des degrés de beauté qu'ils n'ont pu leur donner.

Pour bien conduire cette opération, il faut partir de ce principe, dont il est très-important de se pénétrer : c'est que parmi les substances que les molécules d'indigo ont entraînées en se précipitant, il y en a une partie que l'eau froide peut dissoudre ; mais qu'il y en a aussi une autre sur laquelle l'eau froide ne peut absolument exercer aucune action dissolvante, quoiqu'elle puisse très - bien les dissoudre lorsqu'elle est chaude, où lorsque par d'autres moyens on a fait subir à ces substances quelques changemens par lesquels leur nature est altérée. Pour bien faire connaître cette vérité, je juge nécessaire de diviser en deux chapitres l'opération du lavage , qui se réduit ainsi à deux opérations séparées. La première aura pour but d'emporter les matières solubles par l'eau froide ; c'est celle qui fait le sujet de ce chapitre. La deuxième aura pour objet les opérations pour s'emparer de toutes les substances que l'eau froide n'a pas pu enlever. Ce sujet sera traité au chapitre suivant.

C'est sur-tout pour cette opération de lavage qu'il est de la plus haute importance d'avoir une eau très-limpide. C'est une véritable purification de l'indigo que le lavage ; mais il cesserait de l'être, si, par l'opération qui a pour objet de le purifier des principes nuisibles, on y en ajoutait d'autres ; c'est ce qui arriverait avec une eau tant soit peu trouble. Ce que l'eau emporterait par la dissolution des matières dites extractives, se trouverait compensé par des matières terreuses suspendues, et l'indigo ne gagnerait point en qualité. L'éclat que doit recevoir l'indigo par la soustraction de ces matières extractives, serait détruit par une apparence terne qu'il recevrait de son association à des matières terreuses, de couleur toujours grise ou jaune. La nature même des eaux influe considérablement sur les effets de cette opération. L'eau est d'autant meilleure qu'elle est plus oxigénée et qu'elle est plus savonneuse.

C'est une grande erreur que de croire que le délayement de la fécule en grande quantité d'eau soit un bon moyen de faciliter le lavage ; un résultat contraire a lieu. Les molécules de la fécule se précipitent trop promptement, ne restent pas assez long-temps suspendues, et se trouvent par conséquent trop peu de temps soumises à l'action de l'eau. Une moindre quantité d'eau est plus que suffisante ; mais il ne faut point se borner à verser l'eau sur la fécule, à faire le mélange et à le laisser reposer ; il faut, et le plus souvent que l'on peut, agiter la fécule dans l'eau ; par ce moyen la partie qui avait commencé à se ramollir et à se laisser pénétrer par l'eau, se dissout enfin et est enlevée. La même eau lave cinq à six fois la fécule : il ne faut que la faire remonter lorsqu'elle s'est précipitée au fond.

L'action de l'eau sur la fécule peut être prolongée jusqu'à vingt-quatre heures ; mais pendant les douze premières on agitera de temps en temps le mélange, et ensuite on le laissera en parfait repos, pour pouvoir soutirer l'eau colorée le jour suivant, et la renouveler par de l'eau claire.

Telles sont les bases d'après lesquelles on doit procéder au premier lavage, qu'il serait inutile de décrire plus en détail. Il arrive quelquefois que les eaux restent trop muqueuses et que l'indigo refuse de se précipiter ; c'est alors qu'on doit y mettre soit un peu de dissolution d'alun, soit, ce qui est préférable, un peu d'acide sulfurique, dont j'ai fait connaître l'emploi en traitant de ces substances. Le lavage à l'eau froide doit être continué et répété jusqu'à ce que l'eau qu'on soutire soit parfaitement sans couleur, et qu'en tombant dans le baquet qui la reçoit, elle ne fasse plus ou bien peu d'écume et que l'écume ne soit point persistante, C'est le meilleur indice pour reconnaître que le lavage est fini, ou que l'eau ne trouve plus de substances à dissoudre.

CHAPITRE VIII.

Du parfait Lavage de l'Indigo ou par une fermentation préalable, ou par l'eau chaude.

L'INDIGO ainsi lavé étant délayé en eau chaude, fera connaître, dès l'instant, qu'il a retenu des matières que l'eau froide ne pouvait pas dissoudre. Si on agite comme je l'ai dit ci-dessus, et si ensuite on le laisse se précipiter dans cette eau, on trouvera que la liqueur qu'on en tire est d'une couleur jaune-brun très-foncée, et tellement colorée qu'on n'en a jamais tiré d'un brun aussi prononcé dans les lavages précédens à froid : sa consistance est aussi très-considérable ; cette eau est très-écumante, et son écume se soutient long-temps.

On observera la même chose, et d'une manière plus marquée encore, si on chauffe sur le feu à un degré qui approche de l'ébullition, et si on entretient quelque temps en cet état la fécule liquide obtenue par le lavage précédent, qu'on délaye ensuite avec de l'eau chaude, et qu'on laisse reposer, comme nous l'avons dit ci-dessus.

Dans ces deux cas, en essayant ces eaux on les trouvera très-colorées ; l'indigo aura acquis beaucoup d'éclat : tant qu'on l'a lavé à l'eau froide, il n'était que bleu ; par ces opérations deux ou trois fois répétées, il commence à prendre l'apparence d'un beau rouge.

Que l'on prenne la fécule bien lavée dans l'opération précédente, qu'on la mette en chausse, et qu'on la réduise en pâte, de la même manière qu'on le ferait pour la réduire en pains, et dans cet état qu'on la verse dans un baquet ; qu'on la remue, qu'on en égalise la surface avec la spatule ; qu'on couvre le baquet et qu'on l'abandonne. Dans trois ou quatre jours après l'avoir ainsi disposée, on trouvera, en l'observant, qu'il s'y est formé de grandes crevasses ; qu'une écume blanche remplit ces crevasses, et que des bulles nombreuses, comme celles que font les enfans avec le savon, couvrent de toutes parts ces fentes ; qu'on remue cette masse avec la spatule, on sentira une odeur forte, acide, et on trouvera que la consistance de la pâte est fort changée. La masse est redevenue alors liquide ; et si on la porte sur la chausse, il en sort beaucoup d'eau, qu'elle ne donnait plus auparavant.

Si l'on délaye dans de l'eau cette fécule, on observera qu'elle a bien gagné en éclat, que l'eau en sort très-colorée, très-dense, très-muqueuse, très-écumante, et on remarquera que la quantité de fécule s'est considérablement diminuée.

Soit donc par l'action de l'eau chaude, soit par la fermentation que la fécule a subie, il arrive toujours que beaucoup de matières que l'eau froide n'avait pu dissoudre, sont devenues dissolubles ; et comme la présence de ces matières, qui très-certainement ne sont pas de l'indigo, en affaiblit la qualité et en altère les apparences, il est évident qu'on ne saurait les laisser unies à l'indigo, sans nuire à-la-fois à son éclat et sans affaiblir son action colorante. On ne peut donc se dispenser de les emporter par un nouveau lavage à chaud, si on ne veut pas se priver de ces avantages.

Il ne peut être ni commode ni convenable d'exécuter ce lavage à chaud sur le produit de chaque opération, ni même sur celui de chaque opération de lavage à froid. La manière la plus commode et la plus économique est celle d'accumuler beaucoup de produits lavés à froid , pour les soumettre, en grande masse, au lavage à chaud ; et cette circonstance favorise l'opération, en ce qu'on peut profiter commodément des avantages d'un lavage plus facile, moins long, plus parfait , que la fermentation procure, conjointement au perfectionnement et à l'éclat que l'indigo en reçoit.

En conseillant ici la fermentation, je dois remarquer que c'est certainement sur de fausses données qu'on a présenté comme dangereuse la fermentation de l'indigo dans l'instruction officielle de 1812. Non-seulement la fermentation ne dénature pas et n'altère point l'indigo, comme il y est dit, mais elle le perfectionne ; et quant à la destruction qu'on a supposé qu'elle produit d'une partie de matière colorante, ce n'est qu'une pure illusion. J'ai fait, pour constater ce fait, plusieurs expériences, dans lesquelles la fermentation a été poussée jusqu'à la véritable putréfaction, c'est-à-dire, jusqu'à exhaler une odeur ammoniacale et insupportable. Non-seulement l'indigo n'a été ni altéré ni dénaturé, mais je n'en ai jamais obtenu d'aussi beau ni d'aussi éclatant. Par cette fermentation, la masse est très-considérablement diminuée; et en la lavant ensuite, on est loin d'avoir une aussi forte quantité de fécule. Cela doit être, si beaucoup de matière muqueuse, en s'acidifiant par la fermentation, a dû devenir dissoluble, et ensuite être emportée par l'eau ; mais cette matière n'est pas de l'indigo ; il ne s'y en dissout pas même un atome ; et cette matière est précisément celle qui altérait l'indigo, et dont il importait de le débarrasser, afin de lui donner de la qualité et de l'éclat.

La meilleure manière de procéder au parfait lavage, et à la confection de l'indigo, est donc celle d'une fermentation acide préalable, et ensuite celle d'un lavage à eau chaude, qu'on peut commodément exécuter de la manière suivante.

A proportion que l'on a de l'indigo bien lavé à froid, il faut donc concentrer, autant qu'il est possible, la fécule par des repos, et en soutirant l'eau claire qui la recouvre. Plus on peut donner à la fécule une consistance épaisse, plus on facilite la fermentation. On livre ces bouillies épaisses au repos au fond de la cuve, qu'on a soin de couvrir, pendant huit, dix et même quinze jours, jusqu'à ce que, soit par la raréfaction de la fécule, soit par l'odeur fortement acide, soit par l'action que cette bouillie exercera sur des outils en cuivre dont on se sert pour la remuer, on s'aperçoive qu'elle est très-acide, et qu'il n'y existe plus guère de matières propres à s'acidifier.

J'ai essayé de favoriser cette fermentation acide par l'addition d'autres matières. Le mucilage tiré des graines de lin, du fenu-grec, a parfaitement rempli ce but ; mais j'ai trouvé que cette addition était parfaitement inutile, parce que la fécule subit par elle-même cette fermentation, sans qu'il soit nécessaire de rien ajouter.

On ne doit craindre aucun danger d'une fermentation trop poussée ; si l'indigo a été bien lavé à froid, il ne retient presque plus de matière végéto-animale, il ne retient que des matières muqueuses acidifiables : on n'a des signes de putréfaction que fort tard ; et lors même qu'on aurait de ces indices de putréfaction, on n'aurait encore point à craindre que de l'indigo fût perdu, au moins en portion considérable.

Ceux qui aiment à travailler en employant l'eau de chaux, même dans des proportions tant soit peu au-delà de celles que j'ai fait connaître nécessaires, pourront tirer de cette fermentation acide préalable les plus grands avantages; comme l'acide qui s'y forme est l'acétique, qui produit, avec la chaux, un sel très-soluble, et comme cet acide est absorbé par la chaux à proportion qu'il se forme, il n'altère point l'indigo, tandis qu'il fournit le moyen d'emporter la chaux à laquelle il s'est combiné, par les lavages qui doivent succéder.

Cette fermentation étant exécutée, on délaye la masse d'indigo en eau chaude, en agitant bien et fortement la fécule dans l'eau. On sépare l'eau du précipité qui s'est formé, par le soutirage, et on répète la même opération différentes fois jusqu'à ce que l'eau en sorte sans couleur, et sur-tout jusqu'à ce qu'en tombant de haut en bas dans le baquet, on n'observe plus que des bulles d'écume qui se détruisent promptement et à proportion qu'elles se forment.

S'il arrive que l'eau de lavage soit dense et muqueuse, ce qui a lieu lorsque la fermentation n'a pas été assez poussée, l'indigo tarde alors à se précipiter, et le lavage est plus difficile et plus long; c'est qu'il est resté de la matière muqueuse qui ne s'est point acidifiée. Il faut procéder alors avec de l'eau bien chaude; bien agiter, et pour faciliter la précipitation de l'indigo, il faut raréfier la liqueur muqueuse avec quelques cuillerées d'acide sulfurique.

Si l'on veut écarter la fermentation, on peut tout aussi bien parvenir au parfait lavage par la seule eau chaude ; mais la dissolution complète des matières muqueuses est beaucoup plus difficile, et les opérations de lavage en sont nécessairement beaucoup plus multipliées. On pourra abréger l'opération en faisant bouillir l'indigo dans l'eau, et en ayant soin de le remuer continuellement.

Les matières muqueuses attachées à l'indigo peuvent être regardées comme une véritable substance amilacée, insoluble dans l'eau froide, disposée à subir la fermentation acide, et qui peut très-bien se dissoudre en eau chaude, par une ébullition suffisamment prolongée. Si l'on voulait pratiquer cette ébullition des fécules dans l'eau, avant que de les soumettre à la fermentation, ce n'en serait que mieux, parce que leur acidification serait plus prompte, ainsi que leur dissolution dans les lavages. Les acides facilitent beaucoup la dissolution de cette matière amilacée ; c'est par cette propriété qu'agit l'acide sulfurique et la dissolution d'alun.

Dans l'une et l'autre manière, l'indigo bien lavé et délayé en eau ne doit plus paraître bleu ; il n'est pas non plus bien lavé, s'il ne paraît que violet ; il doit avoir une apparence rouge, de ce rouge cuivré qu'il prend lorsqu'il se forme en pellicules sur les cuves.

Le lavage à chaud, et mieux encore l'ébullition, lui donnent ce beau rouge qu'on admire dans les indigos des Indes orientales.

SECTION VII.

De la Préparation de l'Indigo.

CHAPITRE I.er

Séparation des Terres.

L'INDIGO étant bien lavé, par les opérations que je viens de décrire, il ne reste plus qu'à lui donner la préparation nécessaire pour le porter à cet état qu'il doit avoir pour être mis dans le commerce. Cette préparation se compose de plusieurs opérations presque toutes mécaniques, qui ne sont pas difficiles à exécuter, mais qu'il n'est pas moins utile de faire connaître. Je ferai mon possible pour les décrire avec clarté, et même minutieusement, parce que l'expérience m'a prouvé que toutes les fois que les élèves n'étaient point des pharmaciens, ou des jeunes gens ayant quelque pratique en chimie, ces opérations mécaniques leur devenaient beaucoup plus embarrassantes que celles d'extraction, de précipitation et de lavage.

Ces opérations se réduisent aux suivantes :

1.º La séparation de l'indigo, autant qu'il est possible, des matières terreuses, que, malgré tous les soins, il contiendra encore ;

2.^e

2.º La filtration de l'indigo, ou sa soustraction de l'eau, dans laquelle ses molécules nagent encore, comme dans la bouillie claire qu'on a tirée de la cuve ;

3.º La formation des pains et leur desséchement ;

4.º Le ressuage qui termine la confection de l'indigo.

La description de ces opérations terminera la partie pratique de cet ouvrage.

La séparation des terres de l'indigo est très-importante, et on doit la soigner autant qu'on le peut.

Je n'entends point par séparation des terres celle qui aurait pour objet de séparer de grosses molécules. Cette opération préliminaire doit avoir été faite auparavant, et s'exécute facilement, en recevant la fécule liquide sur un tamis de soie bien fin, au travers duquel on la fait passer, soit par le moyen d'un pinceau, soit par son délayement avec de l'eau ; mais cette opération serait insuffisante.

Il y a des molécules terreuses très-fines qui se mêlent à l'indigo, lors même qu'on a une eau bien limpide, et qu'on a procédé avec beaucoup de soin pour séparer toute matière terreuse attachée aux feuilles ; ces molécules terreuses très-fines passent avec l'indigo à travers le tamis ; c'est principalement celles-là qu'il importe de séparer avec tout le soin possible. On sait que l'indigo est très-léger, et que même, en grande masse, il flotte sur l'eau : on sait que la terre, au contraire, est pesante, et que quelque fines que soient ses molécules, elles se précipitent toujours dans l'eau. Si on fait l'application de ces propriétés de l'indigo et des terres, on peut, jusqu'à un certain point, séparer les molécules d'indigo de celles qui sont terreuses, en délayant le tout dans l'eau; le premier précipité qui se formera sera celui qui est terreux; le dernier sera l'indigo.

On commence donc à délayer le tout dans l'eau; cela fait, on laisse le mélange en repos dans une cuve, à laquelle on a pratiqué deux robinets à la hauteur de deux, trois ou six pouces, suivant la quantité sur laquelle on opère. Après un quart-d'heure ou vingt minutes de repos, les terres sont déjà précipitées, tandis que l'indigo reste encore suspendu. On soutire par le robinet le tout, et on le fait passer dans une autre cuve. La liqueur qu'on a obtenue n'a plus ou n'a que peu de terre, parce que celle-ci s'est ramassée dans la partie de la cuve qui est inférieure à l'orifice du robinet. On délaye cette dernière partie terreuse avec de nouvelle eau, pour soulever les parties d'indigo qui se sont précipitées avec les parties terreuses; et après un nouveau repos, on soutire l'eau qu'on mêle à la première, et on procède ainsi encore deux ou trois fois, jusqu'à ce qu'on s'aperçoive que les molécules terreuses ne sont plus mêlées avec beaucoup d'indigo. On fait de ce résidu un indigo de bas titre,

à part, après avoir séparé par de nouveaux délaye-
mens les parties terreuses les plus faciles à se précipiter.

L'indigo délayé dans l'eau, qu'on a transporté dans
la cuve, n'a plus besoin que de repos pour se précipiter. On l'abandonne pendant vingt-quatre heures,
pour avoir un sédiment le plus épais qu'il soit possible. Dans cet état, il est propre à être soumis à la
filtration.

CHAPITRE II.

De la Filtration de l'Indigo.

Le but de cette opération est de séparer des molécules de l'indigo, autant qu'il se peut, l'eau dans
laquelle elles sont divisées, pour, en les concen-
trant, donner à la fécule liquide une consistance
pâteuse aussi dure qu'on le peut. Pour remplir ce
but, il faut avoir des tissus fins d'une matière bien
convenable, afin que, tandis que les pores du tissu,
en s'obstruant, retiennent les molécules d'indigo, les
filamens du tissu même puissent absorber et conduire
aisément l'eau toute pure.

Pour cette opération, non-seulement la nature du
tissu de l'étoffe, mais encore sa forme, influent considérablement. Les étoffes de laine sont préférables
à celles de fil et de coton, comme je l'ai déjà observé
au chapitre X de la section III de cette IIe partie; et
la forme à préférer est celle d'un capuchon.

Avant que de commencer la filtration, on a bien disposé cet appareil. On a une série de chevalets tels qu'ils sont représentés *(planche I, fig. 1.)*, portant chacun quatre carrelets tels qu'on les voit séparément *(pl. II, fig. 2)*, et posés sur un chevalet *(pl. I, fig. 1)*.

A ces carrelets sont attachées les chausses en laine telles qu'on les voit à un carrelet *(planche I, fig. 1)*. On voit séparément cette chausse *(pl. I, fig. 1)*, et la coupe du tissu qui doit la former *(planche II, fig. 3)*.

Au-dessous de chaque chausse, on met un petit baquet *(pl. I, fig. 2)* destiné à recevoir la première partie de la fécule en bouillie qui ne passe pas claire à la chausse, et on a une série de mêmes baquets répondant au nombre des chausses pour recevoir l'eau lorsqu'elle commence à être claire.

Dès que cet appareil est disposé, on procède à la filtration. Elle consiste à verser sur ces chausses la fécule liquide qu'on a obtenue par l'opération décrite dans le chapitre précédent. On peut porter cette fécule liquide froide; mais la filtration est alors longue, et on n'obtient pas une pâte bien consistante. On peut aussi la faire chauffer auparavant : cette dernière méthode est à préférer. La filtration n'est pas seulement plus promptement finie, mais il s'écoule beaucoup plus d'eau, on a une pâte plus consistante et conséquemment plus facile et plus prompte à se dessécher.

Pour chauffer cette fécule en grande masse, il faudrait faire usage d'appareils que je crois très-commodes et exempts de tout inconvénient ; ces appareils seraient ou le bain-marie ou une grande chaudière disposée de manière à être chauffée par la vapeur de l'eau qu'on tiendrait bouillante dans une chaudière inférieure, dans laquelle s'emboiterait la chaudière supérieure , moyennant une petite soupape qu'on ménagerait pour la sortie de la vapeur. L'expérience m'a prouvé cependant qu'on peut très-bien faire chauffer cette fécule liquide dans une chaudière placée à feu nu, pourvu qu'on ait le soin de la remuer souvent, pour empêcher qu'elle ne s'attache au fond et ne se brûle. Il est bon de la chauffer de cinquante à soixante degrés du thermomètre de Réaumur. Non-seulement l'indigo ne souffre point de ces températures, mais il y gagne considérablement. Plus il a été chauffé, plus long-temps il a été entretenu à une température élevée , plus il a tourné au rouge, plus son cuivrage sera devenu éclatant quand il sera desséché.

Lorsqu'il s'agira de verser cette fécule liquide sur la chausse, il est bon de la prendre avec une casserole, et de commencer par la verser sur les bords de la chausse, pour qu'elle ait à parcourir, en filtrant, le tissu dans toute sa longueur. Par ce petit soin, les pores en seront plus promptement obstrués, et l'eau passera claire dès l'instant que la chausse en sera remplie. Dès que l'eau passe claire, on change le baquet qui doit la recevoir, et à mesure que, par la filtration d'eau claire, il se forme du vide dans la manche, on y remet la liqueur trouble qu'on a reçue dans le premier baquet.

On procède de la même manière à chacune des chausses, dont on a proportionné le nombre à la masse de liquide qu'on doit filtrer. A mesure que l'eau s'écoule, on la remplace dans la chausse par de la fécule liquide; et, soit à cet égard, soit pour disposer le nombre des chausses en proportion de la masse, si l'on a une fécule médiocrement épaissie par le repos, on peut partir de cette donnée, qu'en la remplissant trois fois avec la fécule liquide, elle se trouvera suffisamment remplie de pâte d'indigo.

En procédant avec la fécule liquide chauffée, l'écoulement total de l'eau se fait ordinairement en huit ou dix heures, et on a l'indigo en pâte. Lorsqu'il paraît qu'il ne s'égoutte plus d'eau, on secoue un peu les chausses, la pâte se ramollit par ce mouvement; on peut même détacher la partie adhérente aux parois supérieures de la manche, et la réunir à la masse, en remuant un peu.

Il est bon que tout ceci se fasse dans la journée, parce que le service des chausses se fait beaucoup mieux de jour que pendant la nuit. En terminant ainsi le soir, on laisse encore égoutter la fécule toute la nuit, pour s'emparer le matin de l'indigo en pâte.

CHAPITRE III.

De la Formation et du Desséchement des Pains d'Indigo.

L'INDIGO étant réduit en pâte, chacun peut procéder à la formation des pains comme il lui plaît ; cette partie est décrite dans tous les ouvrages qui traitent de l'indigoterie. J'observerai cependant que le pétrissage, recommandé par beaucoup d'auteurs, ne convient pas, en ce qu'il devient impossible d'égaliser les masses dans toutes leurs parties ; et que, par ces inégalités, il se forme des morceaux sans continuité dans la réunion de leurs molécules, parce que leur rapprochement est inégal ; ce qui donne lieu à des cavités, et entraîne l'inconvénient qu'il se forme de la moisissure dans chacune d'elles. L'ensemble de ces circonstances ôte à l'indigo desséché, une partie considérable de l'effet qu'il devrait produire. Je vais décrire la manière de disposer les pains, et de les dessécher ; après plusieurs essais, elle m'a paru la plus commode et la meilleure. A cet égard, cependant, chacun peut faire comme il le croit le plus convenable.

La pâte d'indigo étant bien formée sur les chausses, je les renverse, je jette la pâte de chacune dans un bassin, et je la remue ensuite pour l'égaliser dans sa consistance. Sans cette opération je n'ai jamais réussi à obtenir de l'indigo présentant un beau grain,

S 4

bien uni dans sa cassure. Il y a sur une même chausse
de la pâte qui est dure, il y en a de moyenne consistance, et il y en a d'entièrement tendre. Par ce re-
muement, la consistance devient égale dans toutes
les parties, et le total de la masse reçoit une liquidité
telle qu'on la desire. La pâte étant devenue bien
égale, on peut en faire les pains de la manière dont
je le dirai ci-après ; mais, lorsque je desire de donner
à l'indigo-pastel toute l'apparence dont il est susceptible, je soumets cette masse de pâte encore à l'action
de la chaleur. On pose le bassin qui la renferme sur
des charbons qui ont jeté leur premier feu, et couverts de cendre ; je la chauffe doucement, jusqu'à
60 ou 65 degrés en la remuant continuellement. La
pâte acquiert beaucoup de liant par cette opération,
et une tendance au rouge qu'elle ne perd plus par la
dessiccation, et qui éclate sur l'indigo sec, lorsqu'on
le frotte. Je suis porté à croire que, par cette opération, la résine rouge qui accompagne dans l'indigo
la matière colorante bleue, se confectionne, ou même
qu'à cette température une partie d'indigo se change
en résine rouge. Quoi qu'il en soit à cet égard, ce qui
est bien certain, c'est que par ce chauffement, l'indigo gagne beaucoup en éclat. Plus on l'entretient à
cette température, plus il gagne. Après une demi-
heure je le retire du feu, et je le laisse réfroidir,
en ayant soin de remuer la pâte de temps en temps.
On pourrait sans doute faire les pains avec cette pâte

toute chaude; l'eau en est plus promptement absorbée et le desséchement plus prompt; mais j'ai
observé qu'alors l'indigo desséché est trop friable.
Cela peut se pratiquer si on veut un indigo très-
léger; ainsi je préfère de le laisser réfroidir. Lorsqu'elle n'est plus que peu tiède, on fait les pains. Sa
consistance doit être celle d'une bouillie épaisse qu'on
prend avec une cuiller, et qui versée, s'étend au point
de presque s'aplanir dans sa surface, et sur-tout au
moyen d'un mouvement qu'on lui imprime par de
petites secousses contre les moules. Je me sers à cet
effet de moules de fer-blanc; ce sont des carrés de
quatre à six pouces de largeur, sur deux à trois de
hauteur, dont j'ai déjà fait mention, en traitant des
instrumens et outils divers. La surface intérieure de
ces moules est couverte d'une bande de papier-
joseph, et le moule pose sur une feuille du même
papier pliée en quatre, et mise sur des carrés de carton
commun, sans colle, le tout placé sur des tissus très-
grossiers, en laine, soutenus par des claies faites
en osier.

On pourrait donner à ces moules plus de largeur,
mais plus de hauteur retarderait trop le desséchement.
On les remplit exactement de pâte d'indigo, qui
s'égalise par elle-même, et on laisse le moule en
repos.

Dans quelques minutes, l'eau absorbée par le
papier l'est par la laine, et la pâte prend de la

consistance. On pose alors une feuille de papier, quelques pièces de carton et de l'étoffe de laine sur la surface supérieure du moule, on le renverse, et on le laisse encore s'égoutter. Environ une demi-heure après, la pâte est durcie, et le pain peut être isolé et extrait du moule; il n'a souffert aucun rétrécissement, il ne s'est point gercé; dans cet état, il ne se rétrécit ni ne se gerce plus. Les molécules étant réunies d'une manière très-égale, il n'y a aucune moisissure extérieure, et jamais aucune moisissure n'a lieu intérieurement par la dessiccation. Après deux ou trois heures d'exposition des pains à l'air, on détache les bandes de papier qui y étaient adhérentes, et on les soumet au desséchement.

La température lente est la plus favorable au desséchement; par une température élevée, les molécules adhèrent trop fortement; l'indigo est moins facile à se casser, et sa cassure présente un moins beau grain. On ne doit jamais excéder trente-cinq ou quarante degrés. Une température trop basse favorise trop la fermentation, et le résultat en est la moisissure. Je suis dans l'opinion que si l'on avait lavé l'indigo si parfaitement qu'il n'eût retenu aucun reste de matière muqueuse, aucune moisissure n'aurait lieu. L'indigo, en effet, en se desséchant, moisit d'autant plus qu'il a été mal lavé; et en examinant de près cette moisissure, on voit qu'elle ne présente aucune différence avec celle du pain que l'on conserve dans un lieu humide, et dans un air non renouvelé. A mesure que l'indigo s'approche de l'état de dessiccation, il ne moisit plus. On enlève la moisissure avec une éponge humide, et on achève la dessiccation à l'air libre.

CHAPITRE IV.

Du Ressuage de l'Indigo.

La dernière opération que l'on fait sur l'indigo est le ressuage. En Amérique, on regarde cette opération comme essentielle. Sans elle, l'indigo, suivant les lois du pays, n'est ni livrable ni marchand ; et on assure que si on l'enfutaillait avant qu'il eût subi cette opération, on ne trouverait, au bout de quelque temps, que des fragmens de pâte détériorée. (Voyez *Encyclop. méthod. Art de l'indigotier.*)

On n'attend pas que l'indigo soit parfaitement sec pour le soumettre au ressuage. En Amérique, on tarde jusqu'à ce qu'il paraisse entièrement sec. M. de Puymaurin, qui a pratiqué l'opération sur l'indigo-pastel, annonce que le véritable état de dessiccation qui le rend propre à cette opération, est celui-ci : *lorsqu'en cassant un angle des cubes avec le doigt, on entend un petit cri.*

M. de Cossigni paraît ne regarder le ressuage

que comme un moyen très-commode d'achever la dessiccation. Les phénomènes qu'on dit résulter de cette opération, indiquent cependant que c'est bien autre chose qu'un simple achèvement de dessiccation.

On met l'indigo, dans cet état de dessiccation, en tas dans une barrique recouverte de son fond désassemblé, et on l'y laisse trois semaines.

La manière conseillée par M. de Puymaurin ne diffère pas de celle qu'on pratique dans les colonies. Aussi, les phénomènes qui accompagnent le ressuage de l'indigo, en Amérique, sont à peu près ceux que M. de Puymaurin a observés sur l'indigo-pastel. L'indigo, en Amérique, s'échauffe au point qu'on ne peut y tenir la main; il rend de grosses gouttes d'eau, il jette une vapeur désagréable, se couvre d'une fleur qui ressemble à une espèce de fine farine. La différence observée par M. de Puymaurin se réduit à ce que l'indigo ne s'est échauffé qu'à six degrés au-dessus de la température de l'atmosphère; ce qui tient probablement à la différence de la masse sur laquelle il a opéré.

D'après ces phénomènes, on ne peut se refuser de voir dans le ressuage une véritable fermentation dont le résultat est une amélioration sensible de l'indigo, qui en reçoit une belle couleur bleu-velouté et beaucoup d'éclat.

L'indigo préparé de la manière que j'ai décrite,

soumis au ressuage, présente des phénomènes assez différens : il jette bien quelques points blancs, mais point de liqueur, et ne s'échauffe pas, du moins en petites masses. Lorsque l'indigo est sec ou presque entièrement sec, je fais porter les pains dans un lieu humide, enveloppés chacun dans son papier, et placés l'un sur l'autre ; et je les conserve ainsi pendant deux ou trois semaines.

Le but principal de cette opération est d'égaliser la dessiccation des pains, parce que, dans le séchoir, il est impossible d'éviter que la partie extérieure ne soit pas plus sèche que celle du dedans des pains. Au bout de ce temps, la dessiccation est égale dans toutes ses parties, et l'indigo n'a pas ressué du tout ; il ne s'y manifeste pas la moindre moisissure, si l'on en a privé les pains au sortir du séchoir, et si les pains sont assez secs. Au reste, il est fort indifférent qu'il se fasse ou non un peu de moisissure, parce qu'elle se détache toujours et disparaît par le frottement. Par ce moyen, l'indigo reçoit la même amélioration que par le ressuage ; sa couleur bleue s'embellit, et il devient velouté.

Au bout de deux ou trois semaines, les gros pains se délitent spontanément, et se réduisent en petits morceaux. On dirait qu'ils souffrent, par l'action de l'air humide, la même altération que souffre la chaux, c'est-à-dire une extinction spontanée. Cependant j'ai observé que l'indigo gagne beaucoup encore en beauté, si on continue à le conserver en cet état délité, à l'air humide.

Je suis porté à croire que le ressuage n'est que l'acidification par la fermentation de la matière muqueuse qui n'a pas été bien enlevée par le lavage, et que c'est par cette raison que l'indigo bien lavé à chaud, ressue moins. On ne saurait cependant nier que l'action de l'air l'améliore. Si on prend l'indigo spontanément délité, et qu'on le réduise en poudre en l'aspergeant avec un peu d'eau, il gagne beaucoup en éclat, en perdant ce peu d'eau qu'on y avait mêlé ; de façon qu'en répétant quatre ou cinq fois la même opération, il en reçoit le plus grand éclat possible.

L'opération du ressuage est celle sur laquelle j'ai acquis le moins de connaissances. Dans l'état actuel de celles que j'ai obtenues, si j'avais de grandes masses d'indigo, pour leur donner le plus grand éclat et le meilleur confectionnement possibles, je procéderais de la manière suivante, dans une grande indigoterie.

L'indigo étant conservé comme je viens de le dire, je le laisserais deux ou trois semaines se déliter entièrement en petits morceaux ; je ferais de cet indigo des tas, dans une chambre disposée à cet effet ; je les aspergerais légèrement d'eau, pour y exciter lentement une fermentation : celle-ci terminée, je soumettrais l'indigo au broyage, sous un moulin ; j'en ferais une pâte de la consistance la plus propre à en former des pains, et je les ferais de nouveau sécher.

D'après quelques essais que j'en ai faits en petit, il me paraît que c'est la meilleure manière de le confectionner, et je suis dans la persuasion que c'est par un procédé analogue qu'on achève tous les indigos anglais, dont nous admirons la beauté, sans qu'en dernier résultat nous puissions en admirer la qualité.

CHAPITRE V.

Du Produit en Indigo, et de la Valeur présumée de l'Indigo-Pastel.

APRÈS avoir décrit toutes les opérations qui concernent l'art d'extraire l'indigo du pastel, il nous reste à examiner deux sujets sur lesquels on aimera sans doute à trouver quelques renseignemens dans cet ouvrage. Le premier est cette question, *si l'on peut extraire l'indigo de l'isatis, sans que le prix auquel il reviendra se trouve, comparativement à celui de l'indigo que nous tirons de l'étranger, trop fortement élevé.* C'est le sujet de ce chapitre.

Le deuxième est l'examen encore d'une question qu'on n'entend jamais de la part des gens bien instruits, mais qu'on entend souvent dans la bouche de ceux même qui en sont le moins convaincus ;

c'est celle-ci : *L'indigo du pastel est-il bien la même chose que l'indigo qui nous vient des Indes!* Je ferai quelques remarques sur ce sujet dans le chapitre suivant.

A l'égard de la première question, j'ai d'autant plus lieu d'espérer que mes observations peuvent inspirer de la confiance, que de tous ceux qui ont travaillé à l'indigo-pastel, je suis celui qui donne à un poids donné de feuilles, le moindre produit en indigo. J'ai déjà eu occasion de remarquer, dans cet ouvrage, que ceux qui annoncent des livres d'indigo pour chaque quintal de feuilles, cherchent à induire en erreur, ou donnent le nom d'indigo à des produits auxquels ce titre n'appartient pas. Pour prendre en compte un produit en indigo, il faut qu'il égale en qualité le meilleur qu'on a sous ce nom dans le commerce. Celui qu'on obtiendra par les procédés et par les soins que j'ai décrits, toutes les fois qu'on l'aura préparé avec une belle eau, bien limpide, et bien lavé, égalera toujours et surpassera le plus beau guati-malo, auquel il ressemble dans ses apparences. J'ai déjà observé ailleurs qu'on ne doit compter, en cours de fabrique, que sur trois onces au plus d'indigo de cette qualité, par quintal de feuilles d'isatis. Les premières récoltes, jusqu'à la sixième ou septième, à la fin d'août, en donnent au-delà ; mais les cueillettes que l'on fait en automne en donnent moins ; et l'avant-dernière, faite à la fin d'octobre, et la dernière, en

novembre,

novembre, n'en donnent guère au-delà de la moitié des autres cueillettes. En prenant la masse des produits des opérations de toute saison, les trois onces annoncées pour un quintal de feuilles sont le résultat constant, avec un petit surplus que je ne veux point prendre en compte, parce qu'il peut manquer dans les pays où la culture de l'isatis ne serait pas autant perfectionnée que dans celui où j'ai travaillé. Je ne dois cependant pas manquer d'observer qu'à cet égard je suis dans la parfaite conviction que l'isatis doit donner par-tout ailleurs plus de matière colorante que dans le pays où j'ai travaillé, parce qu'il m'est démontré que la plante en fournit d'autant plus qu'elle a végété sur un terrain plus gras, et parce qu'à Quiers les terres sont singulièrement fatiguées par trois cents ans d'une culture annuelle de ce végétal épuisant. J'aime ensuite à ne pas oublier le grand principe, savoir que, dans tout calcul d'économie, il est toujours bon de se laisser quelque latitude favorable, ne fût-ce que pour compenser les événemens qu'on ne peut ni prévoir, ni prévenir (1). En partant de

____

(1) M. de Puymaurin, dont l'indigo est très-beau, quoique plus pesant et plus compacte, parce qu'il est moins lavé que celui que je prends en compte, annonce qu'à Alby cent livres de feuilles lui fournissent cinq onces d'indigo ; ce qui est plus qu'un quart en sus. A Amsterdam, où le climat est beaucoup moins favorable, cent livres de feuilles ont fourni trois onces d'indigo qu'on a jugé d'excellente qualité. Lorsque j'ai extrait l'indigo de feuilles d'isatis cultivé aux environs de Turin, j'ai obtenu constamment environ

T

cette donnée , il ne reste qu'à en chercher une deuxième pour trouver la solution du problème dont il est ici question ; c'est celui de savoir quel prix on doit fixer pour un quintal de feuilles d'isatis. Cette donnée est fournie par l'expérience , et par des faits auxquels on n'a rien à opposer. Le prix d'un myriagramme de feuilles peut être fixé en ce moment à 25 centimes , ou celui du quintal à 1 franc 25 centimes. Ce prix pourra être affaibli encore dans la suite , et se trouvera beaucoup moindre pour les indigotiers qui seront en même temps cultivateurs ; mais, dans les circonstances actuelles , il faut encourager les propriétaires à cette culture , et on doit soutenir le prix des récoltes. Nous verrons d'ailleurs que l'indigotier peut s'y conformer. Le prix le plus élevé auquel les cultivateurs livrent leurs feuilles aux fabricans de pastel , dans les environs de Tortone , département de Gènes , est de 20 centimes le rub, qu'on peut regarder comme un myriagramme, son rapport étant de 25 à 27, ce qui répond à 1 fr. par quintal. A Turin , plusieurs propriétaires, cultivateurs de jardins potagers , s'engagent à changer la

---

trois onces et demie d'indigo sur cent livres de feuilles. Ainsi, je pense que , dans tout pays où l'on n'a jamais cultivé cette plante, et en y donnant un bon terrain , on peut calculer, sans crainte de se tromper d'une manière défavorable , sur les trois onces d'indigo que j'établis par cinquante kilogrammes ou cent livres de feuilles.

(291)

culture de leurs plantes potagères pour celle de
l'isatis, qu'on leur prendrait au prix ci-dessus énoncé,
1 franc 25 centimes le quintal; et aux environs de
Turin, le prix de bail de ces jardins est très-élevé,
savoir, de 380 à 400 francs par hectare.

. Lorsque l'on somme le nombre de myriagrammes
en feuilles qu'un hectare de bon terrain fournit par
les neuf ou dix cueillettes de feuilles qu'on fera dans
presque tous les climats de l'Empire, en préférant,
comme je l'ai conseillé, les feuilles dans toute leur
vigueur aux feuilles mures, on trouve que le prix de
25 centimes fixé à chaque myriagramme de feuilles,
est tellement favorable au cultivateur, qu'aucune
autre culture ne s'approchera de celle de l'isatis en
produit net, lorsque le prix des denrées de première
nécessité aura repris son cours ordinaire. On peut
donc partir de cette deuxième donnée avec toute confiance.

En partant maintenant de ces deux bases, et en
ne donnant au quintal de feuilles que deux onces et
demie de produit, au lieu des trois onces qu'on en
obtient, savoir, en laissant directement vingt pour
cent de bénéfice, en compensation des frais de cet
établissement, on trouve que si une once d'indigo
provenant de deux myriagrammes de feuilles coûte
50 centimes, une livre d'indigo revient, quant
à l'isatis, à 8 francs, ou à 16 francs le kilogramme. Ajoutons à ce prix les frais de fabrication,

T 2

les intérêts des capitaux nécessaires au premier établissement, le dépérissement des ustensiles; les ré-
parations, &c.; et supposons que tout cela monte à
4 francs par kilogramme, ce qui est beaucoup trop
pour un fort établissement bien monté, le prix réel
de l'indigo sera alors de 20 francs le kilogramme,
ou de 10 francs chaque livre (1). Supposons même

---

(1) J'ai observé ailleurs, dans cet ouvrage, que la fabrication de
l'indigo pourrait bien se rattacher à des spéculations rurales. Il ne
sera pas déplacé de présenter ici quelques données différentes de
celles d'après lesquelles je viens de calculer.

D'après les expériences que j'ai pu faire, je crois que les bases
suivantes peuvent servir de règle pour les pays analogues à celui
où j'ai travaillé, et faire connaître en même temps le prix auquel
l'indigo reviendra. Je dois seulement rappeler deux circonstances:
la première est que ce calcul n'est point dressé d'après le prix actuel
des denrées de première nécessité, mais sur celui moyen en temps
de calme et de paix; 2.° que le prix du bail que j'alloue aux terres
est censé celui de la masse des terres qui composent un domaine,
et que ce n'est pas celui qu'on pourrait leur attribuer en les prenant
séparément et partiellement de différens propriétaires.

1.° Le journal de bonne terre donne, terme moyen, d'après
mes expériences, 200 quintaux de feuilles. Le journal est à l'hectare
comme 100 à 261; ainsi l'hectare donne, en feuilles d'isatis, 500
quintaux et au-delà.

2.° Le quintal de feuilles est censé donner cinq onces d'indigo,
par M. Puymaurin; on n'en accordera que quatre à prendre ici en
compte.

Ces bases posées, j'y ferai encore une soustraction de 25 pour
cent, et conséquemment je ne calculerai que sur les produits
suivans :

Un journal produit, en feuilles, 150 quintaux; un hectare, 375;

que par-tout ailleurs l'isatis soit moins riche en indigo qu'en Piémont, et qu'il puisse revenir à 24 ou
26 francs le kilogramme ; si on veut bien ne pas
oublier que l'indigo que je prends ici en compte est
au moins égal au meilleur des Indes, on trouvera
que le prix auquel il reviendra en dernier résultat,
non-seulement n'égale pas celui auquel nous payons

---

150 quintaux, à trois onces d'indigo, produisent 28 livres 2 onces ;
un hectare, 70 , 5 onces.

Dépenses pour l'exploitation d'un journal et frais de fabrication compris.

Prix du bail ou valeur du terrain....................	50f 00.
Prix de trois labours, à 5 fr. chacun..................	15. 00.
Prix d'un travail à la bêche........................	10. 00.
Montant de différentes opérations de sarclage et arrachage des mauvaises herbes...........................	30. 00.
Prix de dix cueillettes, à 6 francs chacune...........	60. 00.
Prix du fumier, à 40 fr. par journal, pour sa quatrième partie, parce qu'il revient chaque quatre ans dans l'assolement..................................	10. 00.
Prix de la graine...............................	12. 00.
Prix de fabrication, à 4 fr. par kilogramme..........	56. 00.
Pour journal, dépense totale..................	243. 00.
Pour hectare................................	607. 50.
Dépenses pour un hectare.....................	607. 50.
70 livres un tiers d'indigo, à 10 fr., produisent.......	703. 33.
Bénéfice...............................	95. 83.
Prix réel de l'indigo........................	8. 63.

On doit observer sur ce calcul,

maintenant l'indigo étranger, mais qu'il n'est pas même plus fort que la valeur que les indigos qu'on peut lui comparer, conservaient dans le commerce aux temps les plus heureux, dont un millier de circonstances, telles que ce qui a rapport à la traite des nègres et au système politique des colonies, ne permettent plus d'espérer le retour (1).

1.º Que la soustraction opérée de 25 pour cent, que rien n'autorise à faire, parce qu'on a alloué à la fabrication 4 francs par kilogramme, affaiblit d'un quart le produit en bénéfice marqué 703 ;

2.º Que le prix de 50 fr. alloué en masse aux terres, est, en général, trop fort; qu'une terre de la valeur de 50 fr. en masse de domaine donne plus de 150 quintaux; et qu'en général, dans le cours ordinaire du prix des denrées, lors d'une paix stable, on ne doit guère donner à une terre une valeur de bail au-delà de 30 fr.;

3.º Que le prix fixé aux trois labours est trop fort, puisque j'ai prouvé qu'un labour et un hersage, en temps convenable, peuvent suffire ;

4.º Que le prix de 10 fr. par journal ou 25 fr. par hectare que j'ai alloué pour un travail à la bêche, doit être soustrait entièrement, parce que ce travail, que j'ai pris en compte, parce qu'on le fait, n'est pas nécessaire, et est même peu utile, comme je l'ai démontré en traitant de la culture;

5.º Que le prix d'arrachage des mauvaises herbes, de 30 fr. par journal et de 75 par hectare, deviendra beaucoup moindre par un assolement bien entendu, et par la suite des opérations d'arrachement;

6.º Que le prix alloué pour frais de fumier doit être soustrait, parce que, par la fabrique, on rend à la terre les feuilles mêmes qu'elle a fournies à la fabrique;

7.º Enfin, que le prix de la graine pourra être presque soustrait par la petite partie des cultures qu'on laissera pour la fournir.

(1) Il est un fait qui ne peut manquer de paraître paradoxal,

Mais il y a un plus grand bénéfice à prendre en considération, dans le remplacement de l'indigo étranger par celui indigène de l'isatis ; je ne parlerai pas du grand résultat prévu par tout bon citoyen, celui de présenter à notre agriculture une source nouvelle de richesse, et de conserver à l'Empire des sommes immenses que nous payons à l'ennemi éternel de notre prospérité. Il en est un autre auquel j'attache une importance au moins égale, c'est celui de rendre utiles à eux-mêmes et à la société quelques millions de bras absolument sans valeur, parce que ce ne doivent être que des enfans, des vieillards, des femmes faibles, qu'on doit destiner

---

mais qui n'est pas moins une vérité ; c'est que, d'après tout calcul, on trouve, en dernier résultat, que de toutes les plantes indigofères qu'on cultive, l'isatis convient le plus, par rapport à l'abondance des produits en indigo qu'il fournit par-dessus toutes les autres. Les voyageurs, et entre autres M. Lechevin, nous assurent qu'aux Indes orientales le prix de l'indigo s'élèverait à trois fois celui qu'il conserve en Europe, si les Anglais ne forçaient pas les habitans à le fabriquer par corvées.

Dans les colonies françaises, le plus fort produit qu'on obtient est celui de Saint-Domingue. On dit que cent livres d'herbes fraîches donnent une livre d'indigo. Charpentier de Cossigni, dont l'ouvrage me fournit cette donnée (page 228, note), doute qu'il soit exact. Il lui paraît trop fort, par la raison que cent livres d'anil ne donnent que treize livres de feuilles sèches dans lesquelles l'indigo est contenu exclusivement, parce que la tige n'en a pas, au moins en quantité considérable. M. Gouly, propriétaire, à Chaville, près de Versailles, qui long-temps a travaillé à la fabrication de l'indigo à l'Isle-de-France, assure que,

aux opérations multipliées que la culture de cette plante nécessite.

Je ne saurais terminer cet article sans rassurer quelques personnes que j'ai quelquefois entendu former des craintes sur le résultat de l'introduction de ces nouvelles culture et branche d'industrie. Il a paru à plusieurs qu'il pourrait en résulter un très-grand préjudice à la culture des céréales ; et conséquemment une diminution dans les denrées de première nécessité, qui leur paraîtrait alarmante. Il est bon d'observer à ce sujet qu'on a calculé, d'une part, le total d'indigo nécessaire à la consommation de l'Empire, et qu'on a calculé, d'autre part, l'éten-

---

dans cette colonie, cent livres d'anil ne donnent que dix à douze onces de bon et bel indigo ; en supposant cependant la première donnée exacte, il en résulterait que l'anil donne environ quatre fois plus d'indigo que le pastel. Mais si on veut avoir égard à l'espace de terre qu'occupent les plantes qui doivent fournir les cent livres d'anil, qu'au plus on ne pourrait pas comparer à cet égard à la luzerne, et si l'on veut considérer que, quoique l'anil soit vivace, on le cultive presque toujours comme plante annuelle dans ces cultures, et qu'on n'en fait qu'une récolte en août et une demi-récolte en octobre : alors, en comparant la quantité de feuilles de l'isatis qu'on récoltera par les dix récoltes qu'on peut en faire sur la même étendue de terrain, on trouvera certainement que la culture d'un hectare d'isatis donnera plus en indigo que le même hectare sur lequel on cultiverait l'anil ; parce que si, d'une part, l'anil donne quatre fois plus en indigo, la même étendue de terre en isatis donnera, par les dix récoltes, quatre fois plus en feuilles ou en herbe verte.

due de terre nécessaire à le produire. Il n'y faut qu'environ sept lieues carrées de terrain. On peut juger par ce résultat dont les effets ne seraient presque pas sensibles sur l'étendue d'un département, combien peu ces effets doivent l'être sur l'ensemble du plus grand empire de l'Europe, dont le sol est en même temps le plus riche et l'agriculture la plus savante.

CHAPITRE VI.

De l'identité de l'Indigo dans les différentes Plantes indigofères.

Si cet ouvrage n'était destiné qu'à des gens bien instruits et libres de tout préjugé, cet article serait inutile ; on pourrait même le regarder encore comme tel après ce que j'en ai dit dans les chapitres I et II de la première section de cette partie de l'ouvrage, si, lorsqu'il s'agit de détruire des préjugés, il ne fallait pas employer tous les moyens qui sont en notre pouvoir. D'après cette considération, j'ajouterai quelques observations à ce que j'en ai déjà dit.

Un corps particulier est toujours le même, quelque variées que soient les combinaisons, les substances dont il provient, pourvu que, par les opérations d'extraction et de raffinage, s'il est nécessaire, il soit ramené au même degré de pureté. L'esprit-de-vin qui provient du vin de Languedoc, n'est pas du tout différent de celui qu'on obtiendrait de vins plus précieux de Chypre, Tokai ou Madère; il est le même encore, lorsqu'on l'extrait des vins de cerises ou du cidre, pourvu qu'il soit porté au même degré de raffinement et de pureté. L'or, le cuivre, le plomb, l'argent pur, sont toujours les mêmes, quelque différentes que soient les espèces des mines d'or, d'argent, de cuivre et de plomb dont ils proviennent. Il en est de même de l'indigo et de tout autre corps que l'on peut, comme lui, porter au plus haut degré de pureté. C'est une grande erreur répandue presque généralement, que de croire que l'indigo qui est dans le commerce, soit le produit d'une seule et même plante.

La plante qui le fournit à Guatimalo, est loin d'être celle qui le fournit à Saint-Domingue; celle qui le fournit en Égypte, n'est ni l'une ni l'autre des précédentes; et celle qui le fournit aux Indes orientales est encore différente de toutes les autres; celles enfin dont on l'extrait au Japon et à la Chine, n'ont rien de commun avec celles des pays dont on vient de parler. Ces indigos cependant ne diffèrent point à d'autre égard qu'à celui de leur pureté, ce qui tient à la manière de les préparer, et non à la nature de l'indigo ou de la plante qui le fournit. Il en est de même de celui qui est fourni par l'isatis. On ne peut se refuser à reconnaître que deux corps sont identiques, lorsqu'ils ne présentent jamais aucune différence dans leurs propriétés. Un orfèvre achetera toujours pour or le métal à couleur jaune, à une pesanteur spécifique égale à celle de l'or, ne s'altérant pas à la coupellation, ne se dissolvant que dans l'eau régale, et c'est donc sur ces propriétés qu'il identifie le métal qu'on lui propose, avec l'or qu'il possède. L'indigo du pastel ainsi comparé à l'indigo que fournissent les autres plantes, lui ressemble autant et beaucoup plus encore que deux différens morceaux d'or se ressemblent, puisque ces indigos s'identifient par un nombre de propriétés beaucoup plus étendu.

Le poids, la couleur, la propriété de cuivrer par le frottement, l'insolubilité dans l'eau, dans l'alcool, dans les acides, leur sont des propriétés communes. Si l'acide sulfurique dissout les uns, et forme une solution d'un beau bleu, la même chose arrive sur celui de l'isatis ; si les acides nitrique et oximuriatique détruisent l'indigo étranger, ils détruisent celui de l'isatis. Si l'indigo étranger se sublime au feu, s'il cristallise, s'il paraît rouge, s'il produit une fumée pourpre, si cette fumée s'attache aux corps et les colore en bleu, l'indigo pastel produit tous ces phénomènes, et d'une manière ni plus ni moins marquée. Si les indigos étrangers viennent à couleur en cuve par dix moyens différens, ces dix moyens différens servent tous à faire venir à couleur l'indigo de l'isatis ; enfin toutes les opérations de teinture, toutes les nuances en couleur, toutes les couleurs composées, rien ne montre la moindre différence : s'il en est une, elle est en faveur de l'indigo de l'isatis. On convient en général que les couleurs qu'il donne sont plus solides. D'après un si grand nombre de preuves, il serait beaucoup plus raisonnable de douter de l'existence de Rome, de Paris ou de Londres, que de révoquer en doute l'identité de ces corps. Il n'y a pas à s'étonner que des doutes semblables soient élevés par des teinturiers riches, par des droguistes, par des banquiers, &c. Ce n'est pas la conviction personnelle qui les dicte; ce sont des considérations d'intérêt particulier; c'est un égoïsme mal entendu et blâmable auquel tout bon citoyen doit préférer l'intérêt général et l'amour de la patrie.

CHAPITRE VII.

Des différentes Plantes qu'on a proposées comme fournissant de l'Indigo.

Il est à croire que l'indigo se trouve répandu dans les végétaux beaucoup plus abondamment que nous ne le connaissons. Plusieurs plantes fournissent des couleurs bleues à différentes nations; et il a paru conséquemment qu'on en pourrait tirer de l'indigo. Plusieurs végétaux ont été annoncés comme donnant cette matière colorante. M. de Lasteyrie a dressé un catalogue de toutes les plantes qui lui ont paru promettre quelque succès. J'ai essayé celles qui m'ont semblé les plus importantes, mais je n'ai obtenu aucun résultat satisfaisant. Celles sur lesquelles j'ai dirigé mes essais, sont les suivantes.

Galega officinalis, dont Linné dit qu'on tire une couleur bleue. Je l'ai essayée la première, à cause de ses grands rapports botaniques avec le genre des *indigofera*. Je l'ai traitée de toutes manières, par fermentation, par infusion, par digestion, soit avec de l'eau pure, soit avec de l'eau alcalisée ; mais je n'y ai trouvé aucun indice d'indigo. Il est à regretter que les rapports que la chimie voudrait y trouver ne soient point ceux que la botanique y reconnaît.

Amorpha fruticosa. Le nom d'indigo bâtard que les Français ont donné à cette plante ; l'assertion de Miller, qui dit que ce nom a été tiré de l'emploi qu'en faisaient autrefois les habitans de la Caroline, qui tiraient un indigo commun de ses jeunes rejetons, m'ont décidé à essayer cette plante, qui pourrait végéter très-bien dans nos climats, et utilement si elle contenait de l'indigo. Je l'ai traitée comme la *galega*, et elle ne m'a fourni aucun indice de fécule bleue.

J'ai traité de la même manière les plantes suivantes :

Hedysarum onobrychis,	*Poligonum aviculare*,
Medicago sativa,	*Poligonum fagopirum*,
Cicer arietinum,	*Poligonum tartaricum*,
Astragalus gliciphillos,	*Coronilla emerus*,
Scabiosa succisa,	*Colutea arborescens*,
Robinia pseudo-acacia,	*Robinia caraganna*.
Gleditia tryaçantos,	

Aucune de ces plantes n'a donné le moindre indice d'indigo.

On nous écrivait d'Allemagne, vers la fin de 1811, qu'on était parvenu à extraire de l'indigo du *kelidonium glaucum* ; il ne manqua à cette annonce que d'être vraie. J'en ai tiré dès l'instant, et abondamment, du jardin botanique, et je l'ai essayé de toutes les manières sus-énoncées, et encore par la macération dans des eaux acidulées ; et je n'ai obtenu aucun indice d'indigo.

M. de Lasteyrie a tâché de prouver par des autorités, qu'on teignait en Espagne du temps des Maures, en bleu avec une plante légumineuse à laquelle on donnait le nom de *lablab*, qu'il soupçonne être le *dolicos lablab* de Linnée. Je dois encore à l'amitié de M. le professeur Balbis, directeur du jardin botanique de l'académie, d'avoir pu essayer cette plante ; mais elle n'a pas plus fourni des indices d'indigo que les précédentes.

Celles sur lesquelles je n'oserais point prononcer qu'il n'en existe point, parce qu'elles m'ont paru en montrer quelque léger indice, ce sont exclusivement les *choux-brocolis* et les feuilles de l'*iris germanica*; encore je ne puis en annoncer l'existence que comme bien douteuse.

Ce que j'ai appris par ce genre de recherches, c'est que nos moyens de constater l'existence de l'indigo dans les plantes sont encore très-bornés, et qu'en général les moyens d'extraction qui sont propres à une plante, ne peuvent pas servir pour d'autres. A Java, par exemple, on fait bouillir l'anil pour en extraire l'indigo ; l'isatis bouilli n'en donne aucun indice. L'application de l'eau alcalisée, si puissante sur l'isatis, m'a parfaitement manqué sur de petites portions de l'*indigofera anil* qu'a fournies M. Freylino, et a parfaitement réussi sur *l'indigofera argentea* ou indigotier de Guatimalo, dont son Excellence le ministre des manufactures m'a fourni la graine.

Autant il serait absurde de croire que la nature a formé ce principe végétal pour ne le placer que dans une douzaine de plantes, autant on serait, je crois, dans l'erreur en le supposant trop généralement répandu. Par ce que j'ai pu voir sur ce sujet, je me crois assez instruit pour annoncer que tant qu'on ne fera que des expériences sur de petites doses, et d'après deux ou trois manières d'extraction qu'on peut convenablement exécuter sur les plantes indigofères connues, on ne fera aucune découverte sur ce sujet. Les plantes dans lesquelles on voudra le chercher devront être assujetties à des opérations en grand, et les manières d'extraction aussi variées que possible, même par l'action intermédiaire d'autres corps. Mais, d'après ce point de vue, ce genre de recherches entraîne des travaux et des dépenses qui ne sont pas à la portée d'un simple particulier. Je

ne crois point me tromper en disant qu'on y parviendrait, si le Gouvernement formait un établissement chargé de ce beau travail ; ce qui, du moins,
me paraît bien sûr, c'est que si l'on ne découvrait
point l'indigo, les dépenses et les peines ne se trou-
veraient pas moins compensées par la découverte
d'autres matières colorantes, dont plusieurs, sans
doute, remplaceraient des drogues que nous tirons
de l'étranger au préjudice de l'Empire. Je fais des
vœux pour que ce projet se réalise.

———

III.ᵉ PARTIE.

RECHERCHES SUR LES PRINCIPES DE L'ART DE L'INDIGOTIER.

INTRODUCTION.

Lorsque je décrivais dans cet ouvrage les différentes opérations dont se compose l'art de l'indigotier, et que j'ai dû en rendre raison, il m'est souvent arrivé de les appuyer sur des principes auxquels j'aurais desiré donner de plus amples développemens, en exposant en même temps tout l'ensemble des faits desquels je les ai déduits. Mais il m'a paru que ces détails m'auraient trop écarté de mon sujet principal, et auraient nui conséquemment à la clarté, qui doit être considérée avant toute chose dans un ouvrage particulièrement rédigé en faveur de ceux qui se destinent à une nouvelle branche d'industrie. On doit sans doute s'imaginer qu'en me destinant à l'art d'extraire l'indigo de l'isatis, dans le but d'ajouter, autant que possible, à son perfectionnement, j'ai dû me livrer à des expériences nombreuses,

V

et souvent même à des essais délicats , lorsque je croyais entrevoir que leurs résultats pourraient servir à répandre quelques rayons de lumière sur les principes qui doivent servir de guide dans la pratique de cet art. C'est à rendre compte du résultat de mes observations et de mes recherches sur ce sujet, qu'est destinée cette dernière partie de mon ouvrage.

CHAPITRE I.er

Différentes Questions que présente l'art de l'Indigotier.

LES analyses multipliées qu'on a faites de l'indigo dans ces derniers temps , et l'examen profond auquel on a assujetti les phénomènes que cette matière colorante présente dans les opérations de teinture, ont beaucoup étendu les bornes de nos connaissances sur sa nature et sur ses propriétés ; et on a jugé ces connaissances assez souvent propres à éclaircir en même temps plusieurs des opérations par lesquelles on l'obtient des plantes qui la fournissent.

Comme l'art de l'indigotier a été jusqu'aujourd'hui étranger à l'Europe, on s'est trouvé forcé de s'en rapporter aux conséquences qui paraissaient s'ensuivre des opérations de teinture , sans que l'on pût former le projet de constater leur exactitude par l'examen des opérations d'indigoterie et des phénomènes particuliers qu'elles pourraient présenter.

Ce sera, sans doute, une époque bien mémorable dans l'histoire de l'art de l'indigotier, que celle où l'on a fermement résolu d'extraire l'indigo de nos plantes indigènes. Médités par d'habiles chimistes, les différens problèmes qu'il présente doivent enfin être résolus, et il doit en recevoir des principes aussi assurés que ceux de la science qui les lui fournit.

En comparant les phénomènes que présentent les opérations de l'art de l'indigotier, avec ceux qu'offrent les opérations de teinture, il n'est pas difficile de reconnaître qu'il y en a plusieurs dont il n'est pas possible de rendre raison dans l'état actuel de nos connaissances.

L'art de la teinture, qui est en possession de moyens si variés pour porter l'indigo commun à l'état de dissolution, n'en présente cependant aucun pour le dissoudre par de l'eau pure, quels que soient la manière et le degré auquel on l'aura désoxidé. On ne peut jamais se dispenser de l'action des alcalis ou de l'eau de chaux. La chimie ne fournit non plus aucun moyen au-delà de ceux que fournit l'art de la teinture ; cependant, tel qu'il existe dans les végétaux, l'indigo est bien sûrement dissoluble par l'eau. On sait, au contraire, que de quelque manière que l'on procède, c'est toujours par l'action dissolvante de l'eau que l'indigo est extrait des plantes dans les opérations de l'art de l'indigotier. De ce seul fait il ré-

sulte évidemment que, telle que cette matière colorante existe dans les plantes, elle diffère des états
très - variés que nous pouvons donner à l'indigo
commun ; puisque , dans aucun de ces états , il ne
jouit de la propriété de se dissoudre dans l'eau pure,
dans laquelle se dissout l'indigo , tel qu'il est dans les
plantes. Au surplus, cette propriété peut être l'effet
d'une simple différence d'état , aussi-bien que celui
d'un changement total dans la nature même du corps.
S'il se peut , d'une part , que l'indigo des végétaux
jouisse de cette propriété de, se dissoudre dans l'eau
par un simple changement d'état, soit d'une grande
désoxidation, soit d'une désoxidation complète, il
se peut tout aussi bien qu'il n'existe pas du tout dans
les végétaux , mais qu'il se forme dans les opérations par lesquelles on croit l'extraire et en changer
l'état. L'importance de ces questions n'est pas difficile
à saisir , et plusieurs faits contribuent à la rendre
sensible.

Dans les opérations de teinture , si nous par-
venons à donner à l'indigo commun différens degrés
de désoxidation , soit par des fermentations avec des
matières fermentescibles, soit par des sulfures hydro-
génés, soit par des oxides métalliques très-disposés
à une oxidation ultérieure ; si par ces moyens on
parvient à lui donner des dissolvans, ces dissolvans
sont toujours des matières alcalines, les alcalis fixes,

ou la chaux. Cependant ces mêmes substances produisent un effet précisément contraire dans l'art de l'indigotier; et cet effet contraire est presque autant exclusif à ces substances alcalines, que celui de dissolvant dans les opérations de teinture. On sait que l'indigo des plantes, extrait et dissous par l'eau, n'est censé se changer en indigo bleu insoluble et se précipiter, que par l'action de quelques corps auxquels on a reconnu cette force précipitante; or ces corps sont encore les mêmes alcalis, et la chaux.

Ce n'est que de la connaissance de la nature, de l'état dans lequel cette matière colorante est dans les végétaux, et de celle de l'action de ces précipitans qui le changent en indigo insoluble, que l'on peut tirer des principes certains propres à éclairer l'art de l'indigotier.

Mais, indépendamment de ces objets de recherche, cet art en présente encore d'autres qui, s'ils ne sont pas d'une aussi haute importance, ne sont cependant pas à négliger, sous le point de vue d'en éclaircir les principes.

L'opération la plus simple de l'art de l'indigotier, celle par laquelle on extrait l'indigo le plus communément, savoir, la fermentation de la plante avec l'eau, dans l'état actuel de nos connaissances, se trouve enveloppée dans l'obscurité. Le point où cette fermentation doit être poussée, celui auquel il

faut l'arrêter, les signes auxquels on pourra reconnaître ces points, sont encore des problèmes qui
subsistent intacts, et auxquels toutes les connaissances que nous avons acquises sur la nature et les
propriétés de l'indigo, sur la nature et la composition des plantes indigofères, ne peuvent pas être
applicables. Mais ce qui peut paraître plus extraordinaire, c'est qu'on ne soit pas même parvenu à
déterminer exactement cette espèce de fermentation.
Elle est acide, suivant les uns ; elle serait putride,
suivant les autres, qui ne parlent que d'alcali volatil ;
tandis que, d'un commun accord, on redoute cette
putréfaction que l'on suppose détruire l'indigo.

Dans l'indigo, tel que nous le connaissons dans
le commerce, on ne peut s'empêcher de voir deux
matières colorantes bien distinctes et différentes dans
leur nature : l'une, matière colorante bleue, tombe
sous les yeux de tout le monde ; et une deuxième,
rouge, résineuse, que l'alcool dissout comme les
autres résines, et qui en cela diffère de l'indigo, est
très-facile à reconnaître par l'infusion de l'indigo
dans ce dissolvant. Cette matière colorante rouge,
nous la trouvons de même dans l'indigo de l'isatis,
et dans des proportions fort considérables. Cependant, si nous jetons les yeux sur les produits nombreux qui composent l'isatis, son analyse ne nous
prouve pas que cette résine soit contenue dans la

plante. M. Chevreul, qui nous a donné l'analyse
du pastel en coques et de l'isatis, n'en a point trouvé,
ni en traitant par l'alcool le pastel épuisé par l'eau,
ni en traitant par le même alcool les feuilles desséchées de l'isatis, qu'il avait auparavant épuisées par
l'eau (1).

On sait enfin que l'indigo peut subir des modifications très-considérables, et au point de changer
dans un grand nombre de ses propriétés, sans cependant changer dans ses apparences de couleur, et
en en recevant même de plus élégantes. Ce changement arrive par des moyens très-différens de ceux
de désoxidation employés dans l'art de la teinture
que j'ai éconcés ci-devant; on en trouve la preuve
dans la manière dont il se comporte avec l'acide sulfurique. L'indigo dissous par cet acide, n'est pas
désoxidé, puisque, par la réaction, il se forme, au
contraire, de l'acide sulfureux; il n'est pas cependant non plus l'indigo d'auparavant, quoiqu'il reste
éminemment bleu. On sait que, lorsqu'il est dissous
par cet acide, sa solution fournit, en teinture des

____

(1) Le même chimiste vient de nous donner une analyse plus
complète et plus soignée de l'isatis. Il a extrait par l'alcool un peu
de matière résineuse rouge, de la partie du suc filtré qui se coagula
à quarante-quatre degrés centigrades. Nous aurons occasion de
voir qu'il s'en forme en exposant l'indigo bleu à une pareille
température.

V 4

couleurs moins solides ; que le savon le dissout et
l'emporte des étoffes ; et on sait que, si on le précipite
de cette dissolution sulfurique par les alcalis, l'indigo peut alors être dissous par des acides faibles,
et, dans des cas que je ferai connaître, même par
l'eau pure, qui auparavant n'exerçaient sur lui aucune
action dissolvante.

L'indigo peut donc exister bleu, mais en des états
fort différens ; et ces états différens sont loin d'être
dépendans de son degré d'oxidation. Ces états, ces
modifications peuvent aussi survenir par les différentes circonstances qui ont lieu dans les opérations
qui constituent l'art de l'indigotier. L'indigo, par
exemple, quoique toujours bleu, précipité, sans
ou avec eau de chaux, de sa seule dissolution dans
l'eau froide ou chaude ; celui toujours bleu encore,
précipité de sa dissolution alcaline dans le procédé
de Gresset et Pavie ; celui encore toujours bleu,
précipité de sa dissolution par eau de chaux, dans
le procédé de purification de Pugh, et d'extraction
de MM. Sutorius ; celui enfin toujours bleu, précipité
de ses dissolutions acides comme dans les procédés
de MM. Michelotti, Bonfico, Dive et Darraq,
serait-il constamment le même indigo ! Il n'est guère
permis de le croire, par cela seul que nous savons
que de grands changemens surviennent dans les
propriétés de l'indigo par sa réaction avec l'acide

sulfurique, dont les effets sont cependant beaucoup moins marqués que ceux que les alcalis exercent sur l'indigo dans les circonstances convenables à pouvoir le dissoudre. Il serait du moins aussi important de connaître ces différens états, s'ils existent, que ceux de désoxidation dans les opérations de teinture. L'art de l'indigotier supposant, comme tous les autres, une connaissance parfaite des matières et des produits qui en sont l'objet, ne saurait donc être porté à sa perfection qu'autant que ces différentes questions auront été éclaircies.

Je ne doute pas que ces considérations n'aient fixé l'attention de quiconque s'est livré à l'art d'extraire l'indigo du pastel, dans le but de reculer les bornes de nos connaissances à cet égard. De l'ensemble des recherches qu'on aura faites sur ces différens sujets, résultera certainement ce degré d'avancement de l'art qu'on ne doit jamais attendre ni d'un seul homme ni d'une seule manière de voir. Il est donc important que chacun de ceux qui y ont travaillé fasse connaître le résultat de ses observations. C'est dans ce but que je joins à cet ouvrage ce que mes recherches et mes méditations m'ont paru présenter de propre à éclaircir ces questions. M. Michelotti, qui a entrepris un travail analogue à plusieurs égards, dont il a déjà fait connaître une partie dans un premier mémoire qu'on trouve dans *Journal de physique pour le mois d'avril 1812*, ayant bien voulu me donner communication de son journal, et M. Chevreul ayant bien voulu me communiquer le nouveau travail qu'il a présenté à l'Institut, contenant l'analyse des feuilles de pastel, je pourrai quelquefois en tirer des faits que j'aurai soin de désigner comme leur appartenant.

CHAPITRE II.

Opinions avancées sur l'état de l'Indigo dans les Plantes.

EXAMEN DE CES OPINIONS.

La différence remarquable de la dissolubilité de l'indigo des végétaux et de la non dissolubilité dans l'eau de l'indigo du commerce, n'a pas dû échapper aux chimistes. Je n'en connais cependant que deux qui s'en soient occupés ; ce sont MM. Chevreul, à Paris, et M. Michelotti, à Turin. Le docteur Henry, dont j'ai fait connaître les travaux sur l'art d'extraire l'indigo de l'isatis, a clairement exprimé cette différence, qu'il a cru, comme d'autres, dépendante seulement de l'état ; mais il ne nous a rien appris des faits sur lesquels il a appuyé son opinion. Il a regardé l'indigo dans la plante comme y existant dans un état de désoxidation parfaite, et il le désigne sous le nom d'*indigo désoxidé*.

M. Chevreul est, de tous les chimistes, celui qui s'en est le premier et le plus occupé. Il a soumis à l'analyse l'indigo, l'indigofera-anil, l'isatis et le pastel en coques. Dans ces analyses, M. Chevreul a dû observer ce que la pratique de l'art de l'indigotier présente à chaque instant, savoir, la différence de couleur de l'indigo tel qu'il est dans la plante, et de l'indigo du commerce, ainsi que le passage de l'indigo des végétaux de son état *incolore* à celui d'indigo bleu. Après avoir épuisé par l'eau du pastel et des feuilles d'isatis, qui n'avaient perdu que leur eau de végétation, il les a traités par l'alcool, qui a dissous de l'indigo. La solution alcoolique obtenue par le traitement des feuilles, lui a fourni de la cire, de l'indigo bleu et de la fécule verte; mais les seconds lavages alcooliques du pastel, épuisé auparavant par l'eau, et qui tiraient sensiblement au bleu, lui ont présenté un résultat aussi curieux qu'intéressant : il se déposa d'abord, par la concentration de la dissolution dans une cornue, de petites paillettes pourpres; en filtrant alors, et en distillant de nouveau la liqueur, il se déposa au bout de huit heures, par un réfroidissement lent, de petits grains blancs qui s'attachèrent au fond de la cornue, et des flocons de la même nature qui restèrent suspendus dans la liqueur. Ces flocons prirent une couleur bleue dès qu'en filtrant ils reçurent le contact de l'air; les 'petits grains cristallins qui étaient restés au fond de la cornue se colorèrent de même peu à peu ; lorsqu'on les exposa au soleil, ils parurent cristallisés, et réfléchirent la couleur pourpre brillante de l'indigo sublimé. M. Chevreul en a conclu que l'indigo existe tout formé dans les végétaux ; que ces grains cristallins sont un véritable indigo à son *minimum* d'oxidation ; que, dans cet état, l'indigo est blanc, et reçoit une forme cristalline par voie humide.

Cette conclusion paraît avoir été adoptée par les chimistes, mais sans la soumettre à aucune recherche. M. Chevreul a obtenu ce curieux produit dans des quantités infiniment petites, qui ne lui ont pas permis d'étudier toutes ses propriétés, et ne l'a plus trouvé dans de nouvelles recherches qu'il a faites sur le pastel. M. Michelotti s'occupa d'obtenir ce produit par une route toute différente : il a cru avoir trouvé que les eaux acidulées avec les acides muriatique, sulfurique, acétique, peuvent conduire à ce résultat.

Il a fait macérer des feuilles d'isatis dans une eau acidulée par de l'acide muriatique, ensuite il a mêlé cette solution supposée d'indigo des feuilles par l'acide, avec une solution de carbonate de soude, pris après tous les soins nécessaires pour empêcher la réaction de ce mélange avec l'air extérieur. Par ce mélange, la liqueur prend une teinte verte, et il se forme d'abord des flocons légèrement colorés ; mais le précipité qui se forme dans la suite est aussi parfaitement décoloré. Il attribue la teinte verte des liqueurs mêlées et du premier précipité à l'impossibilité dans laquelle on est, dans de semblables procédés, d'éviter tout contact avec l'air ; et il conclut de cette expérience, que tout l'indigo de la plante contenu dans la dissolution par l'acide, passe à l'état de fécule décolorée, et que cette méthode offre un moyen facile de préparer l'indigo blanc découvert par M. Chevreul.

L'examen, soit des faits annoncés par M. Chevreul, soit de ceux annoncés par M. Michelotti, comparés avec ceux que l'art de l'indigotier présente à chaque instant, suffit pour élever quelques doutes sur les conséquences que ces chimistes en avaient tirées. On sait que, tel qu'il est dans les végétaux, l'indigo est parfaitement dissoluble par l'eau ; que c'est par l'eau que nous le prenons en dissolution ; et qu'il s'y dissout très-facilement, puisque, pour s'en emparer et l'avoir en cet état de dissolution, il suffit de verser sur les feuilles d'isatis un peu d'eau chaude, qu'on ne laisse que quelques minutes. Cependant, ce n'est qu'en supposant que, tel qu'il est dans les végétaux, l'indigo est parfaitement insoluble par l'eau, qu'il peut se trouver soit dans les dissolutions alcooliques de Chevreul, soit dans les précipités de Michelotti. Si l'indigo, tel qu'il est dans les végétaux, est dissoluble par l'eau, comment se peut-il qu'il n'ait pas été emporté dans les opérations multipliées d'infusion, ou peut-être même d'ébullition dans l'eau, auxquelles M. Chevreul a dû exposer soit le pastel, soit les feuilles sèches d'isatis, pour les épuiser de toute matière dissoluble par l'eau! Comment a-t-il pu rester dans la masse pour se dissoudre ensuite par l'alcool! Et dans le procédé de Michelotti, l'indigo de la plante soluble dans l'eau ne saurait se précipiter, lorsqu'il est déplacé par la soude, de sa combinaison avec l'acide muriatique, qu'en supposant que l'eau dans laquelle la séparation s'opère n'est pas propre à le tenir en état de dissolution.

D'après cette seule considération, on a lieu de croire que, si, dans le pastel épuisé par l'eau, par M. Chevreul, et ensuite traité par l'alcool, on a trouvé de l'indigo, ce n'est certainement pas un indigo qu'on puisse regarder comme identique avec celui qui est dans la plante. L'indigo obtenu doit nécessairement être insoluble par l'eau, par la raison que l'eau n'a pas pu le dissoudre, tandis que, tel qu'il est dans les végétaux, il s'y dissout très-facilement. En effet, dans l'expérience par laquelle il a traité les feuilles desséchées épuisées par l'eau, l'indigo était au *maximum*.

J'ai répété souvent l'expérience de Michelotti, et j'ai cherché à connaître, par des essais particuliers, le produit annoncé par M. Chevreul, ou l'indigo blanc cristallisé.

Par l'examen de la méthode de Michelotti, il ne m'a pas été difficile de trouver que le précipité blanc qui se forme, ne peut pas être regardé comme un précipité d'indigo, mais est produit par des sels terreux qui abondent dans le pastel. Sa coloration en bleu à l'air, est due à ce que, par l'action de la soude et de l'oxigène atmosphérique sur l'indigo dissous dans l'eau, il se forme de l'indigo bleu dont les molécules sont entraînées par celles des terres ; et cette formation d'indigo bleu n'a lieu que dès l'instant où il y a de la soude par excès. Ce sédiment blanc formé devient bleu sensiblement, lorsqu'en décantant la liqueur on l'expose au contact de l'air ; mais c'est parce que les molécules terreuses sont imprégnées de la solution de l'indigo des feuilles dans l'eau avec excès de soude. Cet indigo passé à l'état bleu par l'oxigène atmosphérique, dont la soude ou les molécules terreuses, dans une grande division, favorisent l'action. Au reste, si, après avoir porté la soude dans le mélange, on filtre de suite le tout, la liqueur ne dépose que de l'indigo bleu à l'air, et rien du tout, si on la conserve dans des vaisseaux fermés.

On peut enfin se convaincre de la nature terreuse de ce précipité, de la manière suivante, qui m'a été communiquée par M. Michelotti lui-même, qui a

entièrement renoncé à ses opinions sur ce sujet (1).
On fait le mélange de la dissolution acide de l'indigo
du végétal avec celle du sous-carbonate de soude,
dans un récipient qu'on remplit parfaitement, et
qu'on tient bouché avec exactitude. Il se forme un
précipité blanc. Ce précipité étant formé, on décante
la liqueur, et celle-ci donnera à l'air de l'indigo
bleu. Si on lave dans l'eau le précipité blanc, et qu'on
le laisse de nouveau reposer, par une nouvelle décantation de l'eau de lavage, on aura à part le précipité
blanc, mais qui ne devient pas bleu à l'air.

On pourrait former des doutes analogues sur l'indigo blanc cristallisé de M. Chevreul, par cela seul
que des petits cristaux blancs, formés dans l'alcool se
colorent en bleu, par leur exposition au contact de
l'air ; on ne peut pas en conclure que l'indigo
est cristallisable, qu'il est blanc, &c. Ces cristaux

____

(1) Voici la lettre que m'écrivait M. Michelotti à ce sujet, en
date du 31 janvier 1813 : « Lorsqu'on précipite une dissolution acide
de feuilles d'isatis par un carbonate alcalin, le produit est vraiment un précipité terreux avec un peu d'indigo, qu'on peut enlever
avec de la potasse caustique, qui forme une solution d'abord
incolore, mais qui ensuite se colore en bleu à l'air ; lorsqu'aussi on
précipite une infusion d'isatis par l'eau de chaux, le précipité blanc
qui se forme est terreux mêlé avec de la matière végéto-animale,
combinée à la chaux, et souillé par très-peu d'indigo qui colore
la masse lorsqu'elle a le contact de l'air ; mais effectivement, dans
ces expériences, l'indigogène reste dissous dans la liqueur, et ne se
précipite pas. »

pourraient

pourraient aussi bien être des cristaux d'une toute
autre nature, et cependant présenter ce phénomène
de la coloration au contact de l'air, par la raison que,
formés dans une dissolution d'indigo incolore, leur
surface en étant couverte, il doit se trouver, sur cette
surface, une croûte d'indigo bleu, dès l'instant que
cette surface se trouvera en contact avec l'oxigène
atmosphérique, qui donne à l'indigo du végétal qui
la couvre une couleur bleue.

Si l'on prend, par exemple, des grains de beau
sable blanc cristallin, sur lesquels on laisse tomber
quelques gouttes d'une infusion d'isatis, ces grains
seront, après quelques minutes de contact avec l'air,
tout couverts d'indigo pourpre, comme en sont couverts tous les crins du tamis par lequel on fait passer
l'infusion.

Mais l'expérience de M. Chevreul ne laisse pas
moins soupçonner que l'indigo décoloré du végétal
se cristallise dans l'alcool. Comme le pastel avait été
épuisé par l'eau qui a dû emporter toute substance
cristallisable, on ne peut chercher que dans l'indigo
la source de ces cristaux. Je rendrai compte ci-après
de quelques observations qui paraissent conduire à
l'idée de l'existence d'un être intermédiaire entre l'indigogène et l'indigo commun aux différens degrés
d'oxidation auxquels nous pouvons le porter. Cet
être pourrait fort bien être représenté par les cristaux

X

incolores et se colorant à l'air que M. Chevreul a trouvés.

Il est à regretter que ce célèbre chimiste n'ait opéré que sur de si petites portions, et que personne après lui n'ait cherché à constater ce beau résultat par des essais plus en grand. J'ai essayé, pour ma part, à m'éclairer sur ce sujet, dans la double vue de m'assurer en même temps si l'indigo, tel qu'il existe dans les végétaux, très-soluble dans l'eau, l'est en même temps dans l'alcool.

Je me trouvai assez heureux pour avoir en même temps des feuilles d'isatis, et des feuilles de l'indigofera-anil, qui, par sa richesse beaucoup plus grande en indigo, pouvait me présenter des résultats plus satisfaisans. J'ai traité par de l'alcool parfait des feuilles vertes d'anil, sans les épuiser auparavant par l'eau, et cela dans la vue d'y laisser l'indigo tel qu'il existe. Ces feuilles m'ont présenté les résultats suivans.

L'alcool en a reçu une belle couleur verte bien foncée. Après douze heures de macération, on a décanté la teinture, on l'a filtrée, et on l'a distillée lentement dans une cornue jusqu'à un grand degré de concentration. La couleur verte s'était tout-à-fait détruite par la chaleur, ce qui annonce qu'elle n'était point produite par de l'indigo bleu, dont il ne se forma aucun flocon ; mais qu'elle n'était que cette résine verte que l'alcool enlève de toutes les feuilles en général. Il parut se former des cristaux par le refroidissement; mais, en les examinant, on a trouvé que ce n'était qu'une matière molle, pâteuse, de couleur brune, se dissolvant dans les huiles, c'est-à-dire, une véritable cire. La liqueur restante, délayée dans l'eau de chaux, n'a présenté aucun indice de bleu, soit par le battage, soit par l'action des températures élevées appliquées au mélange, soit par celle des acides.

J'ai traité les mêmes feuilles par une seconde macération alcoolique, et j'ai distillé de la même manière la teinture qui était également verte, mais moins foncée ; celle-ci a donné les mêmes produits, et n'a présenté aucun indice d'indigo.

On a extrait des mêmes feuilles une troisième teinture ; cette dernière n'était plus que d'une couleur vert-jaunâtre d'olive. Traitée de même, et concentrée par la distillation, elle a fourni encore des indices de matière cireuse, mais aucun d'indigo.

J'ai prié M. Borsarelli de répéter ces expériences sur les feuilles d'isatis, et j'en ai suivi les résultats.

On a pris des feuilles d'isatis desséchées, et on les a traitées cinq fois de suite par l'alcool, pour les épuiser. La première, la seconde et la troisième teinture étaient de couleur verte, qui, comme celle de l'*indigofera*, passa au brun par l'action du feu. On les a soumises toutes à l'évaporation dans une

X 2

cornue séparément. Dans toutes, le peu de liqueur
restée, d'une couleur brun - foncé, laissa précipiter,
par le refroidissement, une matière qui, vue en
masse, était noire, d'une consistance molle et pâteuse, insoluble dans l'eau, s'attachant fortement
aux doigts, teignant le papier en couleur de suie,
inflammable et brûlant avec une odeur de cire.
La liqueur, séparée de cette matière cireuse, se dé-
layait dans l'eau sans la troubler ni donner aucune
précipitation. La couleur du mélange était jaune,
sans aucun indice de vert ni de bleu ; il se formait
à la superficie du mélange quelque trace d'une pellicule évidemment huileuse. L'eau de chaux troubla
ce mélange ; mais, ni par le battage, ni par la chaleur, ni par l'action successive des acides, on ne
trouva aucun indice de bleu.

Les deux dernières teintures alcooliques n'ont présenté d'autre différence que dans la couleur, qui était
vert d'olive ; seulement dans celles-ci, observées dans
un verre de haut en bas, la couleur paraissait rouge ;
concentrées par la distillation, elles donnèrent encore de la cire : mais, par aucun moyen, on n'a
pu trouver d'indice d'indigo. On dirait, d'après ces
résultats, que, tel qu'il existe dans les végétaux,
l'indigo ne se dissout point dans l'alcool. Je suis
porté à le croire, parce que je n'ai réussi à en trouver
aucun indice par l'application de tous les moyens

que la chimie peut suggérer, dans la vue d'enlever les autres principes auxquels il peut être associé. Cependant je ne crois pas cette conséquence au-dessus de toute objection. L'expérience prouve que, soit qu'il se combine avec d'autres principes des végétaux, et forme ainsi des composés dans lesquels ses propriétés soient détruites ; soit qu'enveloppé seulement par ces principes, sa faculté combustible, par laquelle il devient indigo bleu, soit affaiblie au point de s'annuller, l'indigo des végétaux ne donne jamais des indices de son existence, lorsque, dans les opérations par lesquelles on l'extrait, on dissout en même temps, avec lui, abondamment d'autres principes. Des feuilles sèches de pastel, par exemple, qu'on fait simplement macérer quelques heures dans l'eau, qui ne dissout que peu de mucilage et de matière végéto-animale, montrent très-sensiblement de l'indigo, comme dans la manière de Henry. Si on fait bouillir, au contraire, les feuilles dans l'eau qui cependant aura dissous l'indigo, ou si on tire seulement une infusion à chaud très-chargée, la liqueur ne donne plus d'indice d'indigo.

Nous nous sommes alors plus rapprochés de la manière de M. Chevreul. On a épuisé par l'eau des feuilles de pastel, et on a procédé à cet épuisement par la seule digestion des feuilles dans l'eau chauffée seulement à 50 degrés centigrades, dans la crainte de porter, par une plus haute température, quelque altération dans l'état de l'indigo de la plante. Les six premières de ces teintures qu'on a extraites par l'eau, ont sensiblement verdi par l'eau de chaux, et ont donné des flocons bleus par le battage et l'action des acides. Les feuilles ainsi épuisées ont été séchées et traitées ensuite par l'alcool. La teinture qu'on en a extraite n'annonça aucune trace de bleu ; sa couleur était brun foncé : concentrée par la distillation, elle n'a montré aucun indice ni d'indigo directement bleu au *maximum*, comme dans l'expérience de M. Chevreul, ni d'indigo devenant bleu à l'air, ou au *minimum*. On doit donc chercher ailleurs la source des produits que ce chimiste a trouvés. Je crois en pouvoir assigner deux différentes. La première peut se trouver dans des altérations que l'indigo du végétal peut et doit même avoir subies dans les opérations de la fabrication du pastel ; la seconde peut se trouver dans les infusions à chaud ou même les ébullitions dans l'eau, auxquelles M. Chevreul doit l'avoir assujetti pour l'épuiser. Dans ce dernier cas, les températures élevées pourraient aussi bien avoir changé l'état de l'indigo du végétal, que les opérations de l'art de faire le pastel ; et il s'ensuivrait que, par ce changement d'état, il aurait perdu sa propriété de se dissoudre dans l'eau.

Dans l'un et l'autre cas cependant, on ne pourra

regarder l'indigo blanc cristallisé de M. Chevreul, comme identique avec celui qui est dans la plante, qui en diffère fortement par sa grande dissolubilité dans l'eau ; et on ne pourra regarder ce produit comme le représentant à nos yeux dans l'état où il se trouve dans les plantes indigofères. Je suis porté à croire qu'on trouvera ce corps particulier, en opérant d'une manière analogue, et que peut-être même on le trouvera encore différemment modifié ; et, lorsqu'il est encore blanc et sans couleur, je le regarde comme un corps intermédiaire, disposé à devenir indigo bleu : en cela il ressemblerait à l'indigo tel qu'il est dans la plante ; mais en il différerait en ce qu'il ne serait plus dissoluble par l'eau. La preuve en est qu'il n'a pas été emporté dans les opérations d'épuisement du pastel. Il différerait enfin de l'indigo bleu commun, en ce qu'il est plus soluble par l'alcool. Si l'on parvient à bien constater l'existence de ce corps, que M. Chevreul lui-même n'a plus observé dans son nouveau travail sur le pastel, ce sera bien le cas de le dire indigo au *minimum* ou désoxidé.

M. Chevreul nous a fait connaître dans le *Journal de physique, août 1812,* un nouveau fait dont il infère encore que l'indigo, tel qu'il existe dans les végétaux, est de l'indigo blanc au *minimum* d'oxidation. Il fait digérer à 35 degrés centigrades des feuilles d'isatis dans l'eau qu'il a fait bouillir pendant quelque temps, pour la priver sans doute de son oxigène. Il fait passer cette liqueur dans une cloche remplie de mercure ; ensuite il y mêle de l'eau de chaux bouillante. Il se dépose peu à peu des flocons blancs qui tirent très-légèrement au ver-dâtre. Ce précipité, dit-il, est formé en grande partie de chaux d'indigo au *minimum* et d'un peu de couleur jaune. La preuve, ajoute-t-il, que le précipité obtenu dans cette expérience est un indigo au *minimum*, savoir, le même que l'indigo cristallisé dans l'alcool, c'est que, si, après avoir agité la liqueur, on en fait passer la moitié dans une cloche contenant du gaz oxigène, le précipité devient bleu foncé, tandis que celui qui n'a pas eu le contact de l'oxigène ne se colore pas.

Le résultat de cette expérience ne présente rien qui ne soit bien d'accord avec tout ce que nous con-naissons des propriétés de l'indigo, tel qu'il est dans les végétaux, et avec tous les phénomènes que pré-sentent les opérations de l'indigotier. Mais je dois observer que l'indigo du pastel, une fois réuni à la chaux ou aux alcalis, forme un composé dont les propriétés sont assez différentes de celles qu'il pos-sédait auparavant : cela est prouvé par la manière dont ce composé se comporte avec l'oxigène atmosphérique et avec l'oxigène en tout état. Ce composé devient beaucoup plus promptement bleu par l'action de l'air dont il attire l'oxigène bien plus avidement; ce composé ensuite donne de l'indigo bleu par l'action des acides muriatique et sulfurique. Or, ces acides ne changent ni ne précipitent celui du végétal dissous par l'eau, et on verra qu'au contraire ils exercent sur cet indigo des effets directement opposés.

D'après ces faits, on ne doit pas confondre cet indigo avec celui qui était dans la plante. Celui ci est bien un indigo ou désoxidé ou à son *minimum* d'oxidation, et tendant à s'oxider ; il est dans l'état où est l'indigo du commerce dans la cuve d'inde , ou de sa dissolution par l'alcool ; mais il est très-différent de celui qui est dans son état naturel dans le végétal.

On peut observer encore que l'idée d'un être à son *minimum* d'oxidation entraîne nécessairement celle de l'existence de ce même être , sans qu'il soit oxidé du tout. Or, qu'il se trouve à son *minimum* dans cet état avec la chaux, il ne sera point démontré par là que, tel qu'il se trouve ici , il se trouverait dans la plante ; d'abord parce qu'il n'est point démontré qu'il ait déjà souffert un commencement d'oxidation ; ensuite parce que, s'il l'avait déjà subi, cela pourrait fort bien être arrivé par l'action de la chaux qui, dans ce cas, en aurait changé l'état. Pour juger de l'indigo dans les deux états de combinaison avec la chaux passant au bleu par son contact avec

le gaz oxigène, et de simple dissolution dans l'eau,
ne grainant point sans battage et sans précipitant,
il faut examiner les effets et l'action du précipitant
et du battage. C'est ce que je ferai dans un chapitre
particulier de cette partie théorique.

Je conclus des observations que je viens de faire
dans ce chapitre, que l'indigo blanc, dissoluble dans
l'alcool et cristallisable, ne représente pas l'indigo
tel qu'il se trouve dans les végétaux ; que ce corps
représente, par le fait, un indigo au *minimum* ; mais
que celui qui est contenu dans les plantes en diffère
essentiellement.

Plusieurs faits prouvent, au contraire, que l'indigo n'existe point du tout formé dans les végétaux.
Je vais rendre compte de ces faits dans les chapitres
suivans ; mais je ne dois pas terminer celui-ci sans
détruire les inconvéniens graves auxquels une expression de M. Chevreul pourrait donner lieu,
parce qu'elle pourrait occasionner des retards dans
les progrès de l'art de l'indigotier.

En nous rendant compte de l'expérience que je
viens de rapporter, de la réaction de l'infusion de
l'isatis mêlée d'eau de chaux bouillante, avec le gaz
oxigène, dont le précipité n'est, en dernier résultat,
qu'un mélange de terres, indigo au *minimum* dissous, et matière verte se colorant par les causes que
j'ai fait connaître en parlant du précipité obtenu par

Michelotti, M. Chevreul a établi que, dans le mélange de l'infusion avec l'eau de chaux, la température n'a pas d'influence, et qu'il est indifférent que
le mélange se trouve à une température chaude ou
froide par l'application de l'eau de chaux bouillante
ou de l'eau de chaux froide. Cela peut ne pas être
sensible, tant qu'il ne s'agit que de quelques pouces
de liquide qu'on fait passer dans une cloche remplie
de mercure ; mais on se tromperait, si on jugeait de
l'action des températures par des résultats observés
sur de petites masses. En observant ce qui a lieu
sur des quantités considérables de plantes indigofères, non-seulement il ne serait pas exact de dire
que la température n'a point d'influence ; mais il
faut poser en principe que la température en exerce
une infiniment forte, que nous pouvons ménager,
et dont nous pouvons tirer les plus grandes ressources.

La partie pratique de cet ouvrage présente des
faits nombreux qui ne peuvent laisser de doutes sur
l'influence infiniment grande des températures, et
ce que j'aurai à observer sur les précipitans et la précipitation, en fera connaître plusieurs encore qui
ajouteront des preuves en faveur de cette grande et
importante vérité, de l'influence des températures,
qui change par elle seule l'état de nos connaissances
sur l'art de l'indigotier.

CHAPITRE III.

L'indigo n'existe point tout formé dans les Végétaux. Preuves tirées des faits généraux que présente l'art de l'indigotier.

DANS les opérations que l'on exécute dans l'art de l'indigotier, lorsqu'on se propose de faire passer l'indigo de son état de dissolution dans l'eau à celui d'indigo bleu insoluble, pour le précipiter ensuite, il y a plusieurs phénomènes constans et très-fortement marqués, qui ne permettent point de croire que l'indigo qui se précipite, est le même que celui qui était, et tel qu'il était dans la plante, ayant reçu seulement de l'oxigène.

Un de ces phénomènes n'a dû échapper à personne parmi ceux qui ont travaillé à l'indigo, parce qu'il est très-constant dans sa précipitation, soit qu'on l'opère par le seul battage, et les températures élevées, soit qu'on y porte l'intermède des précipitans alcalins; c'est la formation d'une quantité immense d'acide carbonique, lequel acide est très-certainement produit dans ces opérations, puisqu'on le trouve dissous dans les liqueurs qui tiennent l'indigo en suspension après le battage, et qui, avant l'opération, n'en contenaient pas un atome.

Il est très-connu que ce passage de l'indigo dissous dans l'eau, et sans couleur, à celui d'indigo bleu insoluble, est le résultat d'une combustion; mais le point de la question est de savoir si cette combustion est vraiment subie par l'indigo, qui peut très-bien la subir, soit qu'il se trouve désoxidé, soit qu'il se trouve oxidé au *minimum*; ou si elle n'est subie que par quelqu'un des principes plus simples qui composent l'indigogène, &c. Si c'est l'indigo en masse qui subit la combustion, une coloration pure et simple et une absorption d'oxigène doivent accompagner ce changement d'état. Or, le contraire arrive; les produits de cette combustion sont doubles; si l'indigo désoxidé s'oxide d'une part, il y a d'autre part une combustion de carbone qui donne l'acide carbonique. Ce seul fait nous ramène à l'idée d'un corps particulier qui, dans cette combustion, se décarbonise en partie, produit l'acide carbonique par cette perte de carbone, et constitue par cette soustraction de carbone, l'indigo désoxidé qui devient insoluble dans l'eau, par une oxidation ultérieure.

Cette formation d'acide carbonique est un fait très-frappant, et qui mérite toute l'attention, parce qu'il contribue à répandre beaucoup de lumière sur les principales opérations de l'art d'extraire l'indigo.

Si l'on fait une infusion de feuilles d'isatis par une eau, dont on aura chassé tout gaz par une ébullition suffisante, on aura un liquide dans lequel on ne pourra soupçonner de l'acide carbonique. Cependant, que l'on soumette cette infusion au battage, dès l'instant qu'on aura vu que l'indigo commence à grainer, ou, en d'autres termes, lorsqu'une partie de l'indigo a commencé à changer d'état et à devenir insoluble, on trouvera de l'acide carbonique dans la liqueur, quelque peu disposée qu'elle soit à l'absorber et à le retenir à cause de la température élevée et de l'agitation violente produite par le battage. On reconnaitra la présence de cet acide avec l'eau de chaux, qui, versée en petite proportion, ne formera aucun précipité à cause de la grande quantité d'acide carbonique qui formera dans ce cas un carbonate acidule; mais on produira un carbonate effervescent qui se précipitera par l'addition d'une nouvelle partie d'eau de chaux.

C'est sans doute l'oxigène atmosphérique qui dans cette opération a oxidé l'indigogène ; mais cet oxigène a simultanément produit de l'acide carbonique qui n'a pu être formé que par une combustion de carbone, qui a eu lieu dans la même opération du battage.

Lorsque l'on mêle la liqueur d'une cuve bien chaude avec de l'eau de chaux, à parties égales, par exemple, la formation d'acide carbonique est si prompte, que, même sans aucun battage, l'eau de chaux ne se soutient pas cinq à six minutes; et on trouve la chaux changée en carbonate effervescent; dans le même temps l'indigogène se trouve oxidé. Ce

bouleversement dans la nature des corps réagissans,
est encore, dans ce cas, opéré par l'oxigène; car ce
n'est que par son action qu'on peut, et produire
l'acide carbonique, et oxider l'indigo.

Mais il est, dans ce dernier cas, plus que douteux
que l'oxigène soit fourni par l'air atmosphérique,
puisque tout cela arrive complètement sans le battage qui en favorise l'absorption ; et parce que, si
l'on voulait que ce fût par l'air que l'eau bouillie et
celle de chaux pussent tenir en état de dissolution,
on ne trouverait aucun rapport entre la quantité
d'oxigène qui est contenue dans ce volume immense
d'acide carbonique, et celle qu'on peut supposer à
ces eaux, quelque grande que soit la dose d'air dissous
qu'on voudrait leur accorder. On est tenté de chercher
dans la décomposition de l'eau la source de l'oxigène
acidifiant le carbone et oxidant l'indigo. Cependant
on ne peut donner à l'oxigène cette source, sans
supposer un déplacement simultané d'hydrogène ;
et comme dans cette réaction on ne peut trouver
aucun indice de gaz hydrogéné développé, on serait
porté à croire que, par un échange de principes, le
corps indigogène de l'infusion perd une partie de son
carbone, tandis qu'il se réunit à l'hydrogène fourni
par l'eau ; cette réaction aurait ainsi pour résultat une
décarbonisation, et une hydrogénation simultanées.

J'ai nourri long-temps cette opinion, et je suis

encore dans ce moment porté à croire que la décomposition de l'eau a lieu effectivement, lorsque l'on procède avec l'eau de chaux ou des alcalis caustiques, à des températures très-élevées ; parce que j'ai observé que, dans ces cas, la coloration de l'indigo, quoique se faisant lentement et d'une manière incomplète, a lieu non-seulement sans battage, mais même dans de gros récipiens disposés de manière à ne laisser aucun accès à l'air atmosphérique. Cependant, pour ce qui concerne l'hydrogénation du corps décarbonisé, cette supposition se trouve démentie par le seul fait de la formation de l'indigo bleu, par l'action pure et simple de l'oxigène atmosphérique, qui ne peut point porter en même temps de l'hydrogène en réaction.

Mon but n'étant ici que de fournir les preuves de la formation de cet acide carbonique, et de chercher la source du carbone qui le produit, je n'entrerai point dans une discussion ultérieure de ce qui se passe dans cette réaction de l'indigo du végétal avec les précipitans, parce que cet examen doit former le sujet d'un chapitre particulier.

Je ne remarquerai ici qu'une circonstance : c'est que la formation de cet acide carbonique n'est pas seulement un résultat constant et nécessaire pour la formation de l'indigo bleu, mais qu'il s'en produit des quantités très-considérables ; et je remarquerai

ensuite

ensuite, en faveur de ceux qui voudraient s'occuper de ces expériences, que, pour avoir des résultats bien frappans, il est utile de les chercher par des opérations en grand.

Il ne faut pas oublier, dans ce cas, deux circonstances : la première, c'est que, comme il s'agit de combustion, la masse du combustible y produit des différences très-fortes. On sait qu'une masse de dix grains d'un mélange de soufre et de fer arrosés d'eau, ne donne presque pas d'indices de combustion ; tandis qu'une masse de cent quintaux d'un pareil mélange produirait un volcan. La seconde, c'est qu'il s'agit de combustions favorisées par des températures élevées, dont l'action serait très-affaiblie sur de petites masses dans lesquelles elle ne serait presque pas sensible, et dont l'action est précisément marquée par les différences qui ont lieu dans les effets qu'on remarque entre les grandes et les petites masses.

La formation de l'acide carbonique étant donc bien constatée, il ne reste qu'à chercher la source du carbone qui l'a produit. *Est-il fourni par le corps indigogène, ou par l'indigo tel qu'il se trouve dans les végétaux ; ou est-il fourni par quelques autres principes que l'eau a extraits également des feuilles!*

Cette question ne me paraît pas d'une solution bien difficile. Le seul fait de la production de l'acide carbonique par l'oxigène atmosphérique suffit pour

Y

la décider. Nous ne connaissons aucun principe des végétaux qui puisse subir une telle combustion spontanée ; et très-certainement ni le mucilage, ni l'extractif, ni la matière végéto - animale, que l'eau emporte de la plante avec ce corps indigogène, ne peuvent point la subir. Si cela était, le même résultat devrait avoir lieu avec d'autres infusions de plantes muqueuses. Ce résultat a lieu exclusivement avec les plantes indigofères ; de tous les principes immédiats des végétaux, le corps indigogène est le seul qui nous présente l'exemple d'une combustibilité spontanée, promptement déterminée : c'est conséquemment dans ce principe qu'il faut chercher la source du carbone, qui a produit l'acide carbonique.

Cette conclusion paraît, d'ailleurs, amenée par l'ordre naturel des idées et des choses. De tous les corps qui réagissent, il n'y a que l'indigo du végétal dans les propriétés duquel nous observons qu'il est survenu des changemens. Celui-ci est donc le seul corps qui ait été altéré ; la formation de l'acide carbonique supposant une combustion de carbone, ce combustible ne peut ni être fourni par les corps qui n'ont souffert aucun changement dans leur nature, ni être cherché ailleurs que dans l'indigo des plantes, dont les propriétés sont devenues toutes différentes.

D'après ces considérations, il me paraît qu'on se trouve forcé de conclure que l'indigo n'existe point tout formé dans les végétaux, mais qu'il existe un corps que l'on doit regarder comme particulier et absolument différent de l'indigo, par un excès de carbone qui en change la nature et lui donne des propriétés toutes différentes ; et que ce corps n'est disposé à devenir indigo, que par une décarbonisation ou soustraction de carbone formant alors l'indigo désoxidé, qui passe à l'état d'indigo commun par l'absorption d'une partie d'oxigène assez peu considérable, qui en forme un oxide végétal particulier. C'est à ce corps que je donne le nom d'*indigogène*.

Je vais tâcher de le faire mieux connaître d'après quelques caractères qui lui sont particuliers, et en le considérant dans ses propriétés comparativement à celles de l'indigo désoxidé et à tout degré de désoxidation.

CHAPITRE IV.

Examen comparé de la manière dont se comportent avec les acides l'Indigogène et l'Indigo, à tout degré de désoxidation. Conséquences sur l'action des Acides sur l'Indigogène, applicables à la précipitation de l'Indigo.

Il est très-connu que l'indigo désoxidé, à quelque degré qu'on puisse le faire, par tous les moyens qui sont en notre pouvoir, se fait aisément reconnaître par la promptitude avec laquelle il passe de nouveau à l'état d'indigo bleu, par la seule action oxigénante des acides, même les moins propres à l'exercer.

Si on prend le bain d'une cuve de pastel dans laquelle l'indigo est désoxidé par la fermentation du pastel même, et dissous, soit par la potasse, soit par la chaux; si on prend le bain d'une cuve d'inde dans laquelle l'indigo y est, dans le même état, désoxidé; toujours on le précipitera en indigo bleu, dès l'instant qu'on l'aura délayé avec une eau acidulée par les acides muriatique ou sulfurique. C'est la base du procédé de MM. Pavie et Gresset, que j'ai rapporté dans la partie pratique de cet ouvrage. Si on prend, d'autre part, le bain de la cuve à froid, par chaux et sulfate de fer, l'indigo désoxidé par l'oxide, et dissous par l'eau de chaux, se trouvera promptement rétabli en indigo oxidé, et précipité par l'action des acides muriatique et sulfurique. C'est la base de la manière de Pugh pour déterminer la quantité d'indigo réel dans une fécule, que j'ai encore rapportée. On ne peut donc point douter que la seule action oxigénante des acides suffit pour rétablir en oxide bleu l'indigo, à quelque degré de désoxidation qu'il se trouve. Si l'indigo, tel qu'il existe dans les végétaux, n'était que de l'indigo désoxidé, à quelque degré que ce soit, la même chose devrait arriver. Or, si c'est le contraire que l'expérience prouve, on est forcé de voir dans ces corps deux substances absolument différentes, parce qu'elles diffèrent par des propriétés fortement marquées. Je vais présenter quelques faits, d'après lesquels il résulte, que non - seulement les acides exercent sur ces deux substances une action différente, mais qu'ils en exercent une parfaitement opposée.

D'après les expériences de Michelotti, et sur-tout d'après celles de M. Bonfico, qui a exécuté les mêmes expériences à une température plus élevée, on est frappé de deux résultats; le premier est celui de la dissolution du principe indigogène par les acides, qui ne peuvent jamais dissoudre l'indigo désoxidé, qu'ils changent, au contraire, en oxide d'indigo, ou indigo bleu indissoluble; le deuxième est dans l'action non colorante des acides. Ces corps, lors même qu'ils sont aidés de l'action des températures qui exercent une si grande influence dans l'attraction naturelle du principe indigogène sur l'oxigène atmosphérique, sont loin de devenir plus oxigénans; au contraire, ils affaiblissent ou détruisent même la propriété si éminemment combustible du principe indigogène, puisque, par l'exposé du procédé de Bonfico, on trouve que même en opérant avec une liqueur acidulée et

Y 3

à quarante degrés de température, l'infusion peut se conserver sans aucune crainte d'altération.

J'ai desiré de constater ces faits, en y portant tous les soins nécessaires pour leur donner le plus haut degré de certitude, et j'ai prié M. Michelotti lui-même et M. Borsarelli de se charger d'une suite d'expériences dont j'ai fourni le plan et dont j'ai suivi tout le détail.

Nous avons préparé de ces dissolutions du principe indigogène, en macérant des feuilles d'isatis en grande quantité dans la moindre proportion possible d'eaux acidulées, soit par l'acide muriatique, soit par le sulfurique, soit par l'acide carbonique que nous avons fait absorber à l'eau en grande proportion, au moyen d'une machine à comprimer dont se sert M. Borsarelli dans sa belle fabrique d'eaux minérales artificielles.

Les dissolutions opérées par les acides muriatique et sulfurique, aussi concentrées qu'on peut les obtenir par la macération, étaient très-claires, d'une faible couleur de vin blanc, qui ne changea pas du tout par son séjour au contact de l'air, et ne donnèrent jamais aucun de ces indices du passage, ou de la tendance de l'indigogène à s'oxider, tels, par exemple, que le coup-d'œil louche que prennent les infusions à eau simple, ou ce cercle bleuâtre qu'elles forment autour d'un verre qu'on en remplit, &c. En essayant de les soumettre au battage, on n'a non plus obtenu aucun changement dans la limpidité des dissolutions, quelque long et violent qu'ait été ce battage.

La dissolution par l'acide carbonique présentait une grande différence dans la couleur et la limpidité. Elle avait toutes les apparences d'un très-riche extrait, tel qu'on l'obtient par la fermentation ; elle n'était point diaphane ; son coup-d'œil était louche, et autour du verre, elle présentait un cercle d'un beau bleu tendre ; et vue de haut en bas dans un verre, elle paraissait bleuâtre. Mais cette dissolution aussi se conserva constamment à l'air, sans déposer le moindre atôme d'indigo ; et lorsque nous nous flattâmes d'y parvenir par le battage, nous avons été frappés que même, par ce moyen, dont l'effet est certainement celui de dégager une grande partie de l'acide carbonique dissous dans l'eau, on n'est point parvenu à opérer la moindre précipitation d'indigo, pas même à obtenir le moindre indice de bleu dans l'écume.

Comme j'avais trouvé dans des opérations en grand que les températures élevées changent fortement les attractions de ce principe sur l'oxigène atmosphérique, on a soumis ces dissolutions d'indigogène, dans les acides muriatique et sulfurique, à l'action de fortes températures, qu'on a augmentées insensiblement jusqu'à l'ébullition.

L'action de la température n'a produit aucun changement remarquable, que sur la couleur du liquide
qui commença à jaunir, et devint d'un brun assez
foncé, lorsqu'il s'approcha de l'ébullition. La liqueur
soumise dans cet état de température au battage, ne
s'est pas non plus troublée, et n'a donné aucun
indice d'indigo précipité par le refroidissement et le
repos. Les mêmes infusions ainsi battues et chaudes,
ont cependant donné de l'indigo bleu, lorsqu'on y
a ajouté un excès d'eau de chaux. L'indigo était, par
l'action réunie de la température et de ce précipitant,
un peu altéré et noirâtre; mais une partie de liqueur
qu'on a laissé refroidir, et que l'on a traitée le jour
d'après avec de l'eau de chaux, a donné un excellent
indigo.

Par ces résultats, il est donc bien constaté que les
acides muriatique et sulfurique, non - seulement
n'exercent point sur le principe indigogène une action oxigénante, mais qu'au contraire ils mettent des
obstacles insurmontables à l'oxidation de ce principe, ou détruisent entièrement, par leur présence,
sa propriété particulière de subir une combustion
spontanée; ce qui suffit pour établir, entre ce corps
et l'indigo, à quelque degré que ce soit de désoxidation, deux différences très-grandes; car il n'est
pas besoin d'observer que si l'on traite de la même
manière, par le battage, une liqueur indigofère,

extrait, ou dissolution d'indigogène en eau simple, chauffée à la même température, on obtient de l'indigo bleu et de l'acide carbonique.

La dissolution par l'acide carbonique, dont j'ai déjà marqué les différences d'avec celles muriatique et sulfurique, se comporta à-peu-près de la même manière que celle-ci, à l'action des températures élevées. Sa couleur seulement devint moins brune, et conservait encore, sur sa surface, cette apparence bleuâtre que j'ai remarquée. Cette solution ne paraissait point disposée à donner de l'indigo bleu ; mais en laissa cependant précipiter quelques indices par le refroidissement. La plus grande partie de cette macération par l'acide carbonique a été traitée de la manière suivante, pour mieux évaluer l'action de l'acide carbonique. On commença par la chauffer dans un bassin de cuivre, à quarante-cinq degrés de Réaumur, pour commencer le dégagement d'une partie d'acide carbonique, et on la soumit au battage en cet état de température soutenue. Il se forma dans peu une belle écume bleue, et il se déposa un assez bel indigo. L'acide carbonique se comporte donc comme les autres acides à cet égard. Il n'est pas inutile d'observer que ce résultat repand infiniment de lumière sur la théorie du battage, et sur l'action de l'eau de chaux, des alcalis et des précipitans en général.

L'action qu'exercent dans ces dissolutions les acides muriatique, sulfurique et carbonique, est sans doute commune à tous les acides : M. Michelotti l'a constatée sur l'acétique ; mais je trouve, dans le journal dont il m'a donné communication, une expérience dont le résultat peut paraître curieux, et qu'à ce titre je rapporte. C'est une dissolution de l'indigogène par une eau acidulée par l'acide oxalique. M. Michelotti, dont j'ai fait connaître les opinions qu'il portait sur l'indigo des végétaux, avait appliqué cet acide à la dissolution, dans l'espérance d'obtenir l'indigogène pur et sans mélange terreux, lors de sa décomposition par la potasse. L'extraordinaire dans l'application de cet acide est que la liqueur qu'il a obtenue au lieu d'une couleur de vin blanc clair, avait, en la décantant, après vingt-quatre heures, une belle couleur rouge, ce qu'il n'observa jamais avec aucun autre acide.

Dans les expériences précédentes, l'action des acides a été appliquée au principe indigogène dans son état de combinaison avec les autres principes de la plante ; par des expériences ultérieures, nous avons cherché à la connaître dans la circonstance où ce principe aurait déjà subi une dissolution préalable par l'eau.

Nous avons fait des infusions en eau chaude, ensuite on a traité ces infusions par des acides muria-

tique et sulfurique, en en versant quelques gouttes
dans l'infusion, et les acides étant bien concentrés.
On a été frappé de ce qu'il se forme des indices
d'indigo bleu. J'ai médité sur ce résultat, et j'ai
cru en trouver la raison en supposant que l'infusion
dans laquelle on a versé l'acide, ayant été au contact de l'air, le principe indigogène avait déjà été
en partie décomposé, et qu'il s'était par là déjà
formé de l'indigo désoxidé, sur lequel les acides
doivent exercer l'action oxigénante qu'on leur connaît. Pour confirmer ou écarter cette idée, on a fait
l'expérience suivante, qui a parfaitement confirmé
cette conclusion. On a fait une macération de feuilles
concentrée comme ci-devant, et conservée autant
que possible hors du contact de l'air ; et on a porté
dans les différens verres dans lesquels on l'a divisée,
tantôt de l'acide sulfurique, tantôt de l'acide muriatique concentrés, et on n'a pas observé la moindre
coloration. On a même porté dans quelques verres
de l'acide nitrique, qui n'a pas non plus produit
de changement. Ces résultats ajoutent une nouvelle preuve des obstacles que les acides mettent à
la combustion du principe indigogène, et de la
manière dont ils affaiblissent son action sur l'oxigène
de quelque manière qu'il soit fourni. Il est vrai cependant de dire que l'acide muriatique oxigéné présente à cet égard une exception qui est cependant

dans l'ordre des choses. Dans un des verres contenant la solution muriatique sus-énoncée, on versa
une goutte seulement d'acide muriatique oxigéné,
la liqueur prit d'abord une couleur vert-olive,
ensuite cette couleur tira au bleu, et il se précipita
de l'indigo. Dans un autre verre, contenant la même
dissolution muriatique, on versa un peu plus d'acide
muriatique oxigéné ; c'était sans doute un excès ;
la liqueur fut jaunie, et il ne se déposa plus aucun
sédiment.

Les différens faits dont je viens de rendre compte
se réunissent donc pour augmenter la masse de ceux
dont j'ai déduit la conséquence des différentes propriétés de l'indigogène et de l'indigo désoxidé. Mais
ceux que présente l'acide carbonique répandent encore beaucoup de lumière sur la précipitation de
l'indigo, des liqueurs indigofères ou extraits dans
lesquels il se trouve de cet acide, tels que ceux qu'on
obtient par la fermentation. Si le battage de ces
liqueurs ne précipite point l'indigo ; s'il est nécessaire
de s'aider d'un précipitant alcalin ; si les sous-carbonates de potasse et de soude ne remplissent point les
fonctions que remplissent l'eau de chaux et les alcalis
caustiques ; c'est qu'il existe dans ces liqueurs de
l'acide carbonique qui, dans sa qualité d'acide, détruit ou affaiblit du moins la combustibilité du principe indigogène. Si les précipitans la déterminent,

c'est que, par sa combinaison avec cet acide, ils en détruisent les effets; si cette précipitation de l'indigo est déterminée par la seule action des températures et du battage, c'est parce que, d'une part, ces deux circonstances réunies contribuent à une presque parfaite privation d'acide carbonique, que le concours des deux actions de l'agitation et de la haute température chasse de la liqueur; et d'autre part, c'est que l'attraction sur l'oxigène atmosphérique est, dans ce combustible, augmentée et rendue plus forte par le secours de la température, qui ne produit ici que l'effet qu'elle produit en général sur les combustibles. Mais ce sujet se trouvera mieux éclairci en traitant de l'action qu'exercent sur l'indigogène les alcalis et la chaux; je vais ajouter de nouvelles preuves de la différence de ces deux corps en les examinant dans leurs rapports avec les acides plus fortement oxigénans, tels que le nitrique.

CHAPITRE V.

Nouvelles différences entre l'Indigo désoxidé et le principe indigogène, fournies par leur manière de se comporter avec l'Acide nitrique.

L'INDIGO commun, à tout degré de désoxidation auquel nous pouvons le réduire, se comporte avec l'acide nitrique d'une manière toute différente de celle dont il se comporte avec les autres acides.

L'acide nitrique lui fournit constamment trop d'oxigène, et le résultat en est, dans tous les cas, qu'au
lieu de passer par cet oxigène à l'état d'indigo bleu,
il est constamment détruit et changé en jaune. On
sait que l'acide nitrique jaunit dès l'instant l'indigo
désoxidé des cuves de teinture, comme la solution
bleue opérée par l'acide sulfurique, et même l'indigo
bleu en poudre qu'on soumet à son action. Cette
action de l'acide nitrique m'a paru mériter beaucoup
d'attention, et est très-propre à confirmer la différente nature des deux corps, et à établir même une
nouvelle différence bien remarquable dans le cas que
le principe indigogène se comporterait avec cet acide
différemment de ce que nous voyons arriver par son
action sur l'indigo, soit oxidé, soit dans ses différens
états de désoxidation.

M. Michelotti avait déjà essayé cet acide en septembre, et assurait qu'il n'altère pas plus l'indigogène
des feuilles, qu'il n'est altéré par les acides muriatique et sulfurique. J'ai desiré de constater ce beau
résultat par des expériences bien soignées et variées
autant que possible, parce que je le crois le plus
péremptoire de tous, pour établir les différences
entre ces deux corps.

On s'est procuré d'abord des feuilles d'isatis d'une
excellente qualité, de la variété provenant de Naples,
cultivée dans mon jardin; et on les a macérées dans

(351)

des eaux acidulées par cet acide nitrique, de la même
manière qu'on avait appliqué les acides muriatique et
sulfurique.

Dans une première expérience, on procéda avec
une eau fortement acidulée, et on laissa les feuilles
long-temps exposées à son action. La couleur de la
liqueur était celle du vin blanc clair.

Dans une seconde expérience, on procéda avec la
même eau acidulée, mais on sépara la liqueur peu
d'heures après, et dès l'instant que les feuilles parurent
cuites, la couleur de la macération était plus claire.

Dans une troisième expérience, on employa une
eau plus légèrement acidulée, et on abandonna les
feuilles à son action pendant plus de vingt-quatre
heures. La liqueur était de couleur de vin blanc comme
ci-dessus.

Nous avons cherché d'abord si l'indigogène exis-
tait dans les liqueurs de ces macérations dans l'état
même qu'il existe dans la plante, et s'il n'aurait point
souffert de sa réaction avec l'acide nitrique.

Dans ce but, on commença à traiter ces trois dissolutions par de la potasse bien pure ; elle y produisit
d'abord un précipité jaunâtre, sans doute terreux :
ensuite on y ajouta de la potasse jusqu'à saturer par
entier l'acide, et à en porter même une petite partie
par excès.

Dès l'instant que la potasse se trouva excédante,

le mélange prit une couleur verte qui passa au bleu, et il se forma par le repos un assez bel indigo, qui parut se précipiter beaucoup plus promptement que de ses dissolutions sulfurique et muriatique : ce qui annoncerait que l'acide nitrique, dans cette expérience, a réagi sur le mucilage, tandis qu'il a laissé dans son état l'indigogène. Ce résultat a été uniforme sur les liqueurs des trois macérations.

On a essayé l'eau de chaux sur les mêmes dissolutions, en procédant avec les deux premières de manière à n'en porter que la proportion nécessaire à la saturation de l'acide, avec une petite partie excédante.

Cet excès d'eau de chaux a fait tourner promptement la couleur de la liqueur au bleu, et il se forma par le repos un beau précipité bleu.

Dans la liqueur de la dernière expérience, on porta de l'eau de chaux dans une proportion fortement excédante ; le précipité, qui se forma dans celle-ci par le repos, n'était que d'un beau vert-foncé, que les acides tournaient au bleu.

Il ne reste aucun doute, d'après ces résultats, que l'acide nitrique se comporte, sur l'indigogène, à la manière de tous les autres acides, et que, s'il détruit l'indigo à quelque degré que ce soit d'oxidation, il n'altère pas du tout le principe indigogène.

Ce principe se trouvant bien établi, on a cherché à connaître, comme on l'avait pratiqué à l'égard des

autres

(353)

autres acides, s'il n'y produirait point des changemens,
à des températures élevées.

On a fait cette expérience de la même manière
que les précédentes, avec les acides sulfurique et muriatique. La dissolution nitrique commença à s'obs-
curcir par les températures ; et lorsqu'elle s'approcha
de l'ébullition, elle passa presque au rouge.

On a divisé cette dissolution, qui avait subi l'ébullition et n'avait donné aucun précipité, en deux parties, dont l'une a été destinée à examiner ce qui en
résulterait par le simple refroidissement et le repos,
en contact de l'oxigène atmosphérique ; l'autre a été
destinée à déterminer si, à cette température élevée,
l'indigogène aurait été altéré par l'acide.

Celle qu'on livra au repos se trouva avoir formé,
le jour d'après, un peu de précipité, encore sensiblement bleu, mais tirant au noir.

La dernière partie a été divisée en deux, pour les
soumettre, comparativement, à l'action de la potasse
pure, et à celle de l'eau de chaux.

Ces deux précipitans ont produit sur la dissolution
les mêmes effets ; il s'est formé, par leur réaction,
un précipité sale vert-olive, qu'on a abandonné avec
celui qui s'est formé spontanément dans l'autre partie
de la dissolution.

A une température élevée, l'acide nitrique altère
donc l'indigogène, comme il altère les autres principes

Z

immédiats des végétaux ; mais même dans ce cas il n'a pas exercé cette action qui lui est propre, et on sait qu'il l'exerce sur l'indigo désoxidé.

CHAPITRE VI.

De la Formation de l'acide carbonique, par la sépara-
tion de l'indigogène de ses dissolutions acides; Essais
dans la vue de déterminer la quantité de carbonne
que l'indigogène perd en passant à l'état d'indigo
désoxidé.

L'INDIGO qui se précipite par la chaux et les alcalis caustiques, dans la séparation de l'indigogène de ses dissolutions par les eaux acidulées sulfurique, muriatique et nitrique, dans les expériences précédentes, a paru présenter deux faits curieux : le premier, c'est qu'il passe au bleu et se précipite assez passablement sans l'action du battage, et par la seule exposition du mélange au contact de l'oxigène aériforme de l'atmosphère, à moins qu'on n'ait procédé avec un excédant trop fort de potasse, qui le redissout ; le deuxième, c'est que sa couleur est d'un bleu moins vif, et sur-tout moins tirant au rouge que l'indigo ordinaire.

Il a paru important de constater ces différences, et ensuite de tâcher de reconnaître si, dans sa dissolution par un acide, l'indigogène n'a pas été altéré ;

savoir s'il est bien dans le même état dans lequel il se trouve dans les plantes, et conséquemment si, en passant à l'état d'indigo bleu et se précipitant, il donne lieu de même à une production d'acide car-bonique ; enfin, j'aurais désiré de pouvoir apprécier, au moins par approximation, la proportion de carbone qu'il perd par ce changement d'état, ce à quoi on doit parvenir par la détermination de la quantité d'acide carbonique qui se produit.

Pour s'éclairer sur ces différens sujets, j'ai calculé les expériences suivantes, que MM. Michelotti et Borsarelli ont exécutées avec toute la délicatesse qu'elles peuvent mériter.

Pour avoir, à différens égards, un terme de com-paraison, on a fait une infusion aqueuse de feuilles d'isatis, et on a fait ensuite des macérations dans des eaux acidulées par les acides muriatique et nitrique ; de ces différentes liqueurs on a précipité l'indigo. Pour parvenir à déterminer la quantité d'acide carbo-nique produit, on a procédé de la manière suivante.

On a réduit en poudre les précipités qu'on a ob-tenus, et on les a versés dans une fiole à médecine, dont on a exactement déterminé le poids ; on a tenu compte exact du poids de l'acide muriatique qu'on employait : l'effervescence bien finie, en repesant, ce qui se trouve manquer du total de ces poids réunis, est censé représenter celui de l'acide carbonique expulsé.

Z 2

On a opéré, dans toutes ces expériences, avec des feuilles d'isatis d'élite, récoltées bien dépourvues de toute humidité, et on a procédé constamment avec une quantité de feuilles pesant six livres de douze onces, poids de marc.

L'infusion aqueuse fut refroidie à 35 degrés avant que de la soumettre au battage, et on y ajouta de l'eau de chaux par cuillerées, à différentes reprises, mais par excès, dans la vue de s'emparer de tout l'acide carbonique qui se produirait. Le mélange étant bien grainé, on le versa dans un ballon bouché, et on l'abandonna au repos.

On décanta le jour d'après la liqueur, et on observa, aux parois du ballon, de petits cristaux d'une forme cubique, qu'on détacha avec la barbe d'une plume, et qu'on reconnut pour de véritable carbonate de chaux. La fécule, versée sur un filtre, bien lavée à clair par eau distillée bouillante, desséchée ensuite, pesait 887 centigrammes; sa couleur était d'un beau bleu tirant au rouge.

En traitant cette fécule de la manière que j'ai décrite, par de l'acide muriatique, il s'est produit une effervescence assez vive, et la diminution en poids, ou, ce qui est la même chose, l'acide carbonique produit se trouva de 44 centigrammes; ce qui donne 5,07 pour cent en acide carbonique produit.

Nous avons traité six livres des mêmes feuilles avec

de l'eau distillée rendue acide par de l'acide muriatique, et après une macération de vingt-quatre heures,
on coula la liqueur qui était d'une couleur de vin
blanc, et on y porta autant d'eau de chaux qu'il en
fallut pour saturer tout l'acide, et une très-petite quantité encore en excès suffisante pour absorber entièrement l'acide carbonique qui pourrait se produire.
On agita bien le mélange, et on l'abandonna au
repos. On observa ici, comme dans l'expérience
précédente, des cristaux de carbonate de chaux. On
sécha le précipité comme le précédent ; il était alors
d'une belle couleur vert-foncé, et pesait 1669 centigrammes, étant réuni aux cristaux qu'on avait ra-
massés. On le traita, comme ci-dessus, par l'acide
muriatique, qui produisit une effervescence sensible.
Cependant, l'acide carbonique produit se trouva dans
une proportion bien moindre ; ce qui est vraiment
remarquable. Les 1669 centigrammes n'ont perdu
que 48 centigrammes ; ce qui ne donne que 2,2
pour cent en acide carbonique.

Les six livres de feuilles qu'on a traitées de la même
manière par de l'eau pure acidulée par de l'acide nitrique, ont donné, par un même excédant d'eau de
chaux, une fécule qui, séchée, était d'une couleur
bleu-verdâtre, pesant 1564 centigrammes. Il est à
remarquer que, dans cette expérience, une petite
partie des feuilles n'avaient pas été parfaitement cuites,

Z. 3

ce qui, peut-être, a contribué à affaiblir la quantité du produit en fécule.

Lorsqu'on a traité ce précipité par l'acide muriatique, on a dû être frappé de la violente effervescence qui a eu lieu, beaucoup plus considérable que dans les expériences précédentes. La proportion d'acide carbonique produit et dégagé, a été en effet plus considérable; les quinze cent soixante-quatre centigrammes ont perdu trois cent soixante-trois centigrammes d'acide carbonique, ce qui donne au-delà de vingt-trois pour cent.

Les résultats de ces expériences constatent tous la certitude de la formation de l'acide carbonique dans le passage de l'indigogène à l'état d'indigo désoxidé, et indiquent par conséquent que l'on peut regarder ce principe dans ses dissolutions acides, comme existant encore dans son état d'indigogène; mais le rapport entre les portions d'acide carbonique produit est loin d'être régulier. Nous avons répété une autre expérience avec l'acide nitrique délayé d'eau : la proportion d'acide carbonique produit ne s'est pas éloignée de beaucoup de celle de l'expérience que je viens de rapporter; elle a été cependant un peu moindre, elle n'a été que de vingt au lieu de vingt-trois pour cent. Sous le point de vue de déterminer la quantité d'acide carbonique produit, ces expériences demandent à être répétées et variées; je ne fais, à cet égard, que les indiquer, pour exciter l'attention.

Il est extraordinaire encore d'y observer une très-grande différence dans le produit en fécule. Les mêmes six livres qui n'ont donné que huit cent quatre-vingt-sept centigrammes traitées par l'eau, en ayant donné seize-cent soixante-neuf par leur macération dans l'eau acidulée par l'acide nitrique, on trouve une différence de presque moitié.; tandis que le produit de la macération nitrique dans laquelle l'extraction n'a pas été complète, ne s'éloigne pas de beaucoup de cette dernière : on dirait par ces résultats que l'action des acides enlève aux feuilles beaucoup plus de principe indigogène, ou peut-être même qu'ils changent en indigogène quelqu'autre principe de la plante. Ce sujet est digne de toute l'attention. Il paraît encore par la nature des fécules, que, tout en subsistant dans son état, l'indigogène a été altéré dans ses dissolutions dans les acides. Toutes les fécules obtenues dans ces expériences ont bien passé au bleu lors du traitement par l'acide muriatique pour en chasser le gaz acide carbonique; mais elles présentèrent après avoir été lavées, séchées et comparées, des différences remarquables. L'indigo provenant de l'infusion par l'eau, était le plus beau, il avait un bleu éclatant et tirait au rouge, et sa manière de cuivrer était la plus agréable de toutes.

Celui provenant de l'acide nitrique avait une couleur
bleue bien décidée, mais ne tirant pas du tout au
rouge, et n'ayant pas beaucoup d'éclat. Séché, il
cuivrait assez bien, mais moins en rouge que celui
qui provenait de l'infusion aqueuse. L'indigo enfin,
qui provenait de la dissolution muriatique était le
plus altéré de tous; il n'avait qu'un bleu clair, ne
marquant aucune tendance au rouge; son apparence
était terne, et ne cuivrait qu'en gris.

Je regrette de n'avoir pu donner plus de suite à
ces expériences, qui ont été entreprises depuis le
20 octobre jusqu'au 14 novembre, époque à laquelle
j'écris, et où cet ouvrage devait être fini. Je me
propose de reprendre ces différens sujets au retour
de la bonne saison.

CHAPITRE VII.

De l'action de l'Eau sur les Plantes indigofères.

L'ACTION que l'eau exerce sur les plantes indigofères est réglée principalement par quatre circonstances.

1.° Le degré de maturité des feuilles;

2.° La température à laquelle leur réaction a lieu
avec l'eau;

3.° La durée de la réaction;

4.° La masse de matière qui réagit.

L'influence de la première n'est pas bien forte lorsqu'il s'agit de températures très-élevées ; mais elle est très-considérable , soit aux températures basses, soit encore aux températures moyennes.

Les végétaux indigofères qu'il m'a été permis d'examiner, savoir : plusieurs espèces d'anil et variétés d'isatis, ont toujours l'épiderme de leurs feuilles abondamment couverte d'une couche cireuse dont on vient de connaître l'existence, au moyen de leur traitement par l'alcool, et qui leur fait refuser l'eau. Si on procède à un examen soigné des feuilles d'isatis, on pourra aisément observer que ce caractère est peu marqué sur les feuilles tendres ; qu'il est déjà bien sensible sur les feuilles à un âge moyen, et enfin , qu'il se trouve marqué bien fortement sur les feuilles à un degré de maturation avancé. D'après l'inspection de ces feuilles, on serait presque tenté de croire que ce caractère, plus ou moins marqué , exprime leur degré de richesse en indigo ; il est beaucoup plus sensible sur les feuilles d'anil que sur celles des bonnes variétés d'isatis qu'on cultive pour pastel ; et ce caractère est beaucoup plus frappant sur les feuilles de ces variétés, toujours glauqués à leur moyenne maturité, que sur les feuilles de l'isatis dégénéré et de l'isatis sauvage. Il se peut très-bien que ce soit à cette circonstance, en partie, que l'on doive attribuer la plus grande quantité d'indigo que donnent les feuilles à un âge moyen sur celles d'un âge plus avancé. Ce qui est certain, c'est que l'action dissolvante de l'eau sur le principe indigogène ne peut être bien efficace jusqu'à ce que cette matière cireuse ait été enlevée; et ce qui n'est pas moins assuré encore, c'est que cette matière cireuse ne saurait être bien enlevée par l'eau qu'après qu'elle a dissous d'autres principes propres à la saponifier, et qu'elle en a dissous dans une proportion suffisante pour opérer une saponification complète.

Ces considérations suffisent pour annoncer combien doivent être fortes les différences dans l'action de l'eau, dans les différentes circonstances sus-énoncées.

Tant que les températures sont basses et que la réaction n'est pas très-long-temps prolongée, l'action dissolvante de l'eau est absolument nulle sur le principe indigogène, et est encore presque nulle sur les autres principes. J'ai jugé utile d'évaluer cette action sous un point de vue qui peut paraître seulement curieux, mais qui n'intéresse pas moins; c'est celui de savoir s'il est bien important, comme on le croit, de ne récolter les feuilles que par un temps sec; on sait que l'on a toujours recommandé de ne pas faire des récoltes, soit de l'anil, soit de l'isatis, ni après une pluie, ni au matin sur la rosée. Ce soin est évidemment utile pour l'isatis dont il s'agit de former du pastel en coques, à cause d'un jus trop abondant qui s'en échapperait et qu'on est dans la mauvaise habitude de jeter, comme je l'ai remarqué dans la première partie de cet ouvrage; on peut croire ce soin encore utile, parce qu'après une pluie les feuilles pourraient être chargées de terre, qui ajoutée au pastel, en augmenterait le poids et en affaiblirait la qualité en teinture; mais on ne voit pas ce qui doit conseiller cette pratique dans l'art d'en extraire l'indigo, à moins que de supposer que, par le lavage des feuilles que la pluie aura opéré, une partie d'indigogène ait pu être emportée. Ce sujet est beaucoup plus important qu'on ne le jugerait au premier abord; on ne peut pas, d'une part, toujours avoir des bras qu'on n'occuperait que la demi-journée; et il ne peut convenir, d'autre part, de payer des journées entières pour des demi-travaux. Pour se procurer, à cet égard, des connaissances précises, on a examiné non-seulement des eaux dans lesquelles on avait lavé successivement deux ou trois fois des feuilles d'isatis, mais on a examiné de même des eaux que l'on a laissées séjourner plusieurs heures sur ces feuilles, à des températures connues. M. Michelotti, qui a été chargé de ce travail, n'a trouvé dans l'eau distillée qu'il a employée à des lavages réitérés des feuilles, aucune substance étrangère, et dans l'eau commune, employée aux mêmes lavages, il n'a trouvé que les sels terreux qu'elle contenait auparavant.

Ces essais ont été faits le 28 août ; la température était à dix degrés de Réaumur au-dessus de la glace. On a essayé à cette même température de macérer les feuilles dans l'eau pendant trois heures ; la liqueur de la macération a été soumise à des épreuves nombreuses, et on a trouvé qu'elle ne contenait rien qu'elle pût avoir reçu des feuilles.

Les mêmes expériences répétées au 31 août, à dix-sept degrés du même thermomètre, ont présenté des résultats fort différens ; ils font assez connaître une action considérable que la température détermine ; mais on sera peut-être étonné d'apprendre que ni les lavages ni même la macération des feuilles dans l'eau pendant quelques heures, ne suffisent pour les endommager, en emportant de l'indigogène. Dans ces expériences, on a trouvé que les eaux de macération pendant trois, quatre, cinq et six heures, n'ont enlevé aux feuilles que de faibles indices de cette matière verte commune aux feuilles de toutes les plantes, mais aucun indice du principe indigogène. On doit donc conclure de ces résultats que, pour en extraire l'indigo, on peut très-bien procéder à la récolte des feuilles d'isatis, même après une petite pluie, et qu'on peut tout aussi bien la commencer de bonne heure au matin, et la terminer à la fin du jour ; que tous les autres travaux que l'on fait à la journée. Il ne faudrait excepter que le cas où, par la pluie trop forte, les feuilles seraient trop chargées de terre.

En continuant des recherches de ce genre, on a eu occasion d'observer quelques phénomènes dont il est peut-être utile à la science de rendre compte. En employant, par exemple, de l'eau légèrement acidulée par les acides muriatique ou sulfurique, on a trouvé des indices bien marqués d'indigogène dissous par une macération des feuilles pendant l'espace seulement de cinq minutes ; ce qui annonce que les eaux acidulées exercent sur l'indigo, tel qu'il est dans la plante, une action beaucoup plus promptement dissolvante, que celle que l'eau commune peut exercer.

En procédant avec de l'eau pure et à une température de dix degrés, on n'a commencé à trouver de l'indigogène dans les extraits, qu'après vingt-quatre heures de macération ; et par une température de dix-sept degrés : le même extrait commençait à en donner après vingt heures. Il est bon de remarquer qu'on n'a opéré que sur deux livres de feuilles ; il est probable que, sur de grandes masses, une fermentation aurait pu s'exciter ; alors des résultats plus prompts pourraient par conséquent, avoir lieu. Un fait qui mérite d'être remarqué, et que M. Michelotti a observé dans la suite de ces expériences, c'est que la présence de l'indigogène dissous suit régulièrement celle de l'acide

carbonique ; *et vice versa ;* savoir, que dès l'instant
où l'on commence à trouver des indices d'acide
carbonique, il s'en manifeste de même du corps
indigogène dans la liqueur ; et de même aussi,
dès l'instant que l'on commence à trouver des indices du corps indigogène, on peut reconnaître la
présence de l'acide carbonique.

Les liqueurs où extraits provenant des macérations
précédentes, aux températures ci-dessus marquées,
ont été essayés par d'autres moyens, au moment
où ils donnaient des indices d'indigo ; on y a trouvé
des malates à base de chaux ; et lorsque la liqueur
provenait de la macération d'une masse considérable,
elle a en outre fourni de l'acide acétique.

Après quarante-sept heures de macération de
ces feuilles, la liqueur qu'on en tirait commença
à verdir ; la quantité d'acide carbonique s'était considérablement diminuée, ce que M. Michelotti a
constaté par l'action de la liqueur sur des papiers
colorés ; mais, en traitant alors la liqueur par l'eau de
chaux, il y a trouvé même sensiblement, à l'odorat,
des indices d'ammoniaque. Cette circonstance peut
rendre raison de la diminution dans la quantité d'acide
carbonique que l'ammoniaque formée a dû neutraliser
au fur et mesure de sa formation.

En rapprochant ces faits, il paraît donc que l'on
peut établir que telle est la marche de l'action de l'eau

sur les plantes indigofères. La première action qu'elle exerce se porte sur un peu de mucilage, que l'on reconnaît à la consistance qu'elle donne à l'eau, sans lui donner sensiblement de la couleur. On a des preuves de cette dissolution de mucilage pur sans aucun indice d'indigo, soit en macérant des feuilles sèches dans l'eau, soit en les traitant en eau chaude, de la manière qui a été indiquée en exposant le procédé de M. Bonfico.

Ce mucilage étant une fois dissous, il en résulte un dissolvant composé et savonneux, dont l'action s'exerce sur la matière verte, et sur la matière cireuse qui paraissent inséparables; mais jusqu'à ce moment, il n'y a lieu à aucune dissolution d'indigogène. Il paraît que successivement une fermentation, évidemment acide, et s'exerçant sur le mucilage, a lieu; la preuve en résulte également de la formation de l'acide carbonique, et de celle de l'acide acétique.

On doit nécessairement supposer que le malate de chaux qu'on y a trouvé, est à l'état de surmalate, et cette fermentation peut, à ce titre, en être favorisée; il paraît que c'est à cette époque de la fermentation déterminée, que la solution commence à se faire de l'indigogène et de la matière végéto-animale que l'état constant d'association, et les difficultés d'obtenir séparément, bien démontrées par Chevreul, font croire réunies dans la composition du végétal.

La fermentation acide du peu de mucilage dissous étant terminée, il est dans l'ordre qu'une deuxième doive s'exciter par la matière végéto-animale, dont les caractères doivent être alcalescens et le produit de l'ammoniaque.

Dans la fermentation des plantes indigofères, poussée seulement au point où l'on s'accorde qu'on doit l'arrêter, il y a donc, d'après cette manière de voir, qui me paraît assez naturelle, deux espèces de fermentation bien marquées; une acide, et une alcalescente ou putride. Un fait très-constamment observé dans l'art de l'indigotier, fournit à-la-fois une nouvelle preuve du développement de cette dernière, et l'explication d'un phénomène intéressant dont on n'a pas, jusqu'à présent, rendu raison. C'est la couleur verte que prend l'extrait à l'époque que l'on croit propre à décuver ou à soutirer la liqueur. Cette couleur verte est le véritable indice de la formation de l'ammoniaque, et de sa combinaison simultanée avec l'indigogène. On pourrait en déduire la preuve de l'action qu'exercent sur l'indigogène les alcalis en général, et l'eau de chaux, que l'on sait changer dès l'instant, en couleur verte d'émeraude, les liqueurs incolores des macérations des plantes indigofères; mais on en a une plus directe dans une expérience très-simple : c'est que si on prend l'extrait, lorsqu'il ne fait que commencer à donner des indices

d'indigo,

d'indigo, et avant que la fermentation putride soit excitée, et qu'on y ajoute un peu d'ammoniaque, on donnera à l'extrait une couleur aussi verte que celle qu'il reçoit par l'ammoniaque qui se produit par la putréfaction de la matière végéto-animale. Il y a, dans l'art de l'indigotier, un phénomène très-connu et très-redouté, qu'on pourrait soupçonner être dû à cette combinaison de l'indigogène avec l'ammoniaque : c'est la disparition qui a lieu quelquefois totalement, la diminution qu'on observe toujours dans la quantité, et l'altération qui a lieu constamment dans la qualité de l'indigo bleu qui en provient par une fermentation trop prolongée ; mais ce serait évidemment une erreur que de l'attribuer à l'action de cette ammoniaque. Le procédé dont j'ai rendu compte, dans lequel le principe indigogène est pris en dissolution par une eau alcalisée par la potasse, dans une proportion propre à exercer une influence au moins six fois plus forte que celle de l'ammoniaque qui peut se produire, prouve assez le contraire. Quelques faits dont je dois rendre compte donneront la preuve que c'est ailleurs qu'il faut chercher la cause de ces phénomènes intéressans.

Si lors de la cessation de la production de l'ammoniaque on continue d'abandonner la masse à la fermentation, si l'on tâche même de la rendre plus active encore par la soustraction d'une partie de la liqueur, et si la température est au moins élevée à vingt degrés, ce qui paraît assez propre à l'exciter vivement, on commencera à observer que la couleur verte de la liqueur disparaît ; et en l'examinant de près, on y trouvera des preuves du développement d'une fermentation toute différente nouvellement excitée. On y remarque alors la production d'une quantité immense d'acide acétique, et si l'on a procédé sur une grande masse, et avec peu d'eau, on sera peut-être frappé autant de l'abondance que de la force de cet acide.

On pourra se rendre sensible cette formation d'acide acétique, par une opération plus simple que je dois au hasard, et à laquelle je dois de même toutes les connaissances que j'ai acquises sur ce sujet.

On prend des feuilles de pastel, et on en extrait l'indigogène par l'eau bouillante, de la manière que j'ai décrite dans la seconde partie de cet ouvrage. Après qu'on en aura fait une seconde et une troisième macération, pour les laver le plus parfaitement qu'il sera possible, on versera dessus de l'eau chauffée à quarante degrés environ, et dans une proportion seulement suffisante pour les bien mouiller. On les pressera, et on les laissera en cet état environ vingt à vingt-quatre heures. Si on soutire alors la liqueur, on la trouve très-acide ; et si on remue les feuilles, on est plus fortement affecté par l'odeur de vinaigre de cette masse, que par celle qui s'exhalerait d'une masse égale de grappes de raisin en état de fermentation acéteuse. Ceux qui se destinent à l'art de l'indigotier dans des pays où la fabrication du vinaigre peut être un objet de spéculation importante, pourraient peut-être trouver dans cet emploi des feuilles d'isatis dont on a extrait l'indigo, une nouvelle source de bénéfice, soit en formant ainsi de l'acide qu'ils pourront purifier par la distillation, soit en formant nombre de produits utiles que les arts chimiques peuvent fournir par la combinaison de cet acide.

Je crois pouvoir conclure de ces différens faits que ce qui se passe dans la fermentation d'une cuve d'indigotier ne doit pas être embrassé sous un seul point de vue, et qu'il faut bien distinguer les fermentations qui ont lieu dans l'extrait, de celle qui se prépare dans les feuilles, pour éclater par ses effets à l'époque où les fermentations précédentes ont fini. Les deux premières espèces de fermentations ne s'exercent que sur une petite quantité de matière que l'eau a pu enlever aux feuilles à des températures peu propres à favoriser son action, et n'ont lieu que sur des combinaisons particulières de principes immédiats de la plante, qui, par leur nature, ou, ce qui paraît encore plus probable, par le siége qu'ils occupent sur la feuille même, sont les premiers exposés à son action et à se dissoudre, parce que tout porte à croire que ces combinaisons et principes n'existent que sur l'épiderme de la feuille. En effet, l'eau que l'on fait réagir d'une manière quelconque sur ces feuilles se trouve chargée, et avoir dissous ces combinaisons particulières que je viens de désigner, dès l'instant que la couche cireuse qui enduit les feuilles et leur fait refuser l'eau, a disparu.

Cela posé, il n'est pas difficile de concevoir que, ces principes une fois enlevés par un dissolvant qui est commun à beaucoup d'autres que la plante contient, une réaction toute différente doit alors avoir lieu entre l'eau et les autres principes du végétal qui sont dissolubles dans ce liquide. Les combinaisons ci-dessus énoncées avaient, pour ainsi dire, garanti ces derniers; mais, du moment que ces combinaisons ont été enlevées, les principes en masse contenus dans la feuille se trouvant assujettis à l'action de l'eau, ils doivent alors se dissoudre, et ensuite subir le cours que la nature leur a assigné d'après leurs propriétés particulières. Le mucilage est un des plus abondans parmi ces principes; de là doit s'ensuivre la nouvelle fermentation fortement acéteuse qu'on a observée, d'abord parce que la liqueur dans laquelle elle s'excite est fortement chargée du principe muqueux fermentescible, et ensuite parce que la fermentation de ce principe se trouve favorisée par quelques fermens, par exemple, par les acides libres, malique, carbonique, et acétique, et une matière végéto-animale différente de celle que l'eau a dissoute la première avec l'indigogène. M. Chevreul vient de faire connaître l'existence de ces deux corps dans sa nouvelle analyse du pastel.

Ces connaissances une fois acquises, tous les phénomènes que la fermentation d'une plante indigofère dans l'eau peut offrir à ses différentes périodes, peuvent être regardés comme une conséquence des faits sus-énoncés; et il n'y en a aucun dont on ne trouve point dans l'application de ces faits une explication satisfaisante.

Si l'on cherche, par exemple, à se rendre raison de ce que cette fermentation des feuilles dans laquelle on reconnaît la formation de l'acide carbonique, n'est pas tumultueuse comme celle des matières muqueuses communes, on la trouve dans la petite quantité de cet acide en proportion de la quantité d'eau dans laquelle elles sont plongées, et dans la formation de l'ammoniaque, qui, en se neutralisant, en absorbe une portion considérable.

Si l'on veut connaître la raison de la couleur verte que prend l'extrait, on la trouve dans la combinaison de cet alcali avec le corps indigogène avec lequel il doit se comporter de la même manière qu'il se comporte avec les autres alcalis et l'eau de chaux.

Si l'on veut savoir pourquoi la couleur verte étant bien déterminée dans la liqueur il arrive ensuite qu'on voit se dégager des bulles d'acide carbonique, c'est que l'ammoniaque en est alors saturé autant que la liqueur qui ne peut plus en retenir.

Si l'on demande pourquoi la couleur verte disparaît et la liqueur devient brune, en continuant la fermentation, c'est parce que, par la nouvelle fermentation excitée, et dont le produit est de l'acide acétique, l'ammoniaque a elle-même cessé d'exister en se combinant avec cet acide; et c'est parce que, dans cette nouvelle réaction, de nouveaux principes ont été dissous par l'eau en quantité considérable.

Si l'on demande encore pourquoi, lorsque ces phénomènes ont lieu, la liqueur ne fournit plus que difficilement et peu d'indigo bleu, et un indigo constamment altéré, on en trouvera la raison dans la propriété dont jouissent les acides, de diminuer et même de détruire la combustibilité de l'indigogène, comme je l'ai démontré en traitant de l'action des acides sur ce principe particulier des plantes indigofères. Il n'est pas difficile de voir que l'acide acétique formé par cette nouvelle fermentation étant très-abondant, il doit en rester beaucoup de libre dans la liqueur, outre la portion qui a dû saturer l'ammoniaque. L'action de cet acide libre doit être celle de se combiner avec l'indigogène. Cela étant arrivé, il doit nécessairement s'ensuivre que l'action de l'eau de chaux employée comme précipitant est nulle, en ce qu'elle se trouve neutralisée par cet acide. Si on en emploie une grande quantité suffisant à-la-fois à saturer l'acide acétique et à réagir ensuite sur le corps indigogène, on ne peut obtenir alors que peu ou point d'indigo, et constamment altéré. On en trouvera la raison, si on réfléchit que dans ce cas plusieurs principes de la feuille ayant été dissous par l'eau, les molécules d'indigo s'y réunissent; il s'ensuit de cette réunion, que la faculté combustible de l'indigogène est affaiblie si ces principes n'y concourent qu'en petite proportion ; qu'elle est entièrement détruite, si cette proportion est un peu consirable, et, en tout cas, que s'il se précipite de l'indigo comme il se trouve associé à des matières étrangères, il doit être terne, peu éclatant, ou enfin un indigo altéré.

Les phénomènes que présente l'action de l'eau chauffée à différentes températures considérables, sur les feuilles d'isatis, sont très-d'accord avec cette manière de rendre raison de ceux que présente une fermentation trop prolongée.

On sait maintenant que si, lorsqu'on verse de l'eau bouillante sur des feuilles de pastel, on la laisse

A a 4

séjourner trop long-temps , on obtient beaucoup moins d'indigo que par une infusion presque momentanée. C'est ce qu'ont observé MM. Kulenkamp et Cioni, dont j'ai fait connaître les observations. Si, au lieu d'infuser simplement les feuilles, on les soumet à l'ébullition, alors la liqueur, qui, cependant, doit avoir bien dissous l'indigogène, ne manifestera plus le moindre indice d'indigo par aucun des moyens que nous employons pour l'oxider et le précipiter. La raison en est évidemment l'union ou le mélange qui a eu lieu des principes extractifs avec l'indigogène, dont ils ont détruit la combustibilité.

On trouve enfin dans l'application de ces principes la raison de ce que les feuilles d'isatis qu'on n'a pas bien conservées et qui se sont échauffées, soit dans le transport, soit en les conservant trop en tas, ne donnent plus qu'un indigo altéré. C'est que, par cette fermentation commencée, des principes extractifs de la plante ont été disposés à une dissolution trop prompte dans l'eau, qui, dans ce cas, les enlève avec les combinaisons particulières dans lesquelles l'indigogène se trouve lié.

Par la même raison, l'expérience prouve que, si, au lieu de soumettre à l'action de l'eau les feuilles de pastel entières , on les écrase auparavant, on n'obtient plus rien du tout, ou très-peu d'indigo, et constamment un indigo très-altéré. Ainsi encore les feuilles sèches qui donnent, dans la manière de Henry, un excellent extrait par leur macération dans l'eau, n'y donnent plus qu'un très-mauvais extrait, ne produisant point ou que fort peu d'indigo très-altéré, si, avant de les soumettre à l'action de l'eau, on les a réduites en poudre.

CHAPITRE VIII.

Des Précipitans en général et de la Précipitation.

DANS l'acception qu'on donne au mot *précipitant* dans l'art de l'indigotier, on doit rapporter soit les corps, soit les moyens qui, d'une manière quelconque, facilitent le passage de l'indigogène à l'état d'indigo bleu insoluble. Ainsi la potasse, la soude et la chaux, qui sont des êtres matériels, sont des précipitans ; mais le battage qui n'est qu'une opération mécanique, est encore un véritable précipitant.

Dans l'état actuel de nos connaissances sur l'art de l'indigotier, il paraît qu'on n'a pas reconnu d'autres précipitans que ceux dont je viens de faire mention, le battage et les alcalis auxquels on rapporte l'eau de chaux.

La partie pratique de cet ouvrage fait déjà assez voir qu'il faut en adopter une troisième, qui est le calorique. Des faits frappans et assez nombreux prouvent même que le calorique peut presque être regardé comme le précipitant exclusif, ou du moins comme le précipitant par excellence.

Ce qu'il y a de bien certain, c'est que ce seul précipitant par lui-même, et sans l'action accessoire des autres, peut suffire à remplir parfaitement cette fonction; au lieu que les précipitans reconnus ne suffisent jamais isolément, ou l'un sans le secours de l'autre; et, de plus, jamais ne suffisent, même par leur secours réciproque, si leur action réunie n'est pas aidée de celle du précipitant calorique.

D'après tout ce qu'on vient d'observer dans les chapitres précédens, il n'est pas difficile de voir que, quoique si fort différens entr'eux, ces corps, et l'opération même du battage, remplissent cependant cette fonction par une manière d'agir qui leur est commune.

On peut réduire à deux les obstacles qui s'opposent à cette précipitation, ou à ce changement de l'indigogène en indigo bleu, 1.° le défaut de combustibilité de l'indigogène; 2.° les acides, et sur-tout le carbonique, qui se forme dès l'instant où la combustion commence à être déterminée, et qui empêche, par sa qualité acide, toute combustion ultérieure.

D'après ce principe, toute action des précipitans peut être bornée à vaincre ces deux obstacles, savoir, à augmenter l'attraction ou la réaction du combustible avec l'oxigène, et à détruire l'acide carbonique à proportion qu'il se produit.

Les alcalis caustiques, l'eau de chaux, le battage, le calorique remplissent tous ces deux buts. Les alcalis caustiques et l'eau de chaux remplissent évidemment celui d'anéantir les effets de l'acide carbonique en l'absorbant et en formant des carbonates, et remplissent celui d'augmenter l'attraction de l'indigogène sur l'oxigène atmosphérique par sa combinaison avec le premier, avec lequel ils forment, comme avec le phosphore et avec le soufre, un composé beaucoup plus combustible que l'indigogène.

Le battage, quoique d'une manière moins forte, remplit aussi les deux mêmes buts ; il opère, par la violente agitation qui en est l'effet, le développement d'une très-grande partie d'acide carbonique qui se dissipe dans l'air, à proportion qu'il se produit ; et il contribue à une plus facile oxidation de l'indigogène, et à la combustion de son carbone, en favorisant sa réaction avec l'air.

Le calorique enfin remplit encore et plus éminemment ces deux mêmes fonctions. Comme l'acide carbonique n'est pas miscible à l'eau à des températures bien élevées, il commence à le chasser, et finit par en priver entièrement les extraits, lorsqu'il s'y trouve accumulé dans une proportion suffisante. Le calorique remplit ensuite la deuxième fonction, d'augmenter la combustibilité de l'indigogène, en exerçant sur ce corps la même action qu'il exerce sur tous les combustibles en général ; il augmente, par sa réunion avec l'indigogène, la combustibilité de ces corps, par la même raison et de la même manière qu'il augmente celle du soufre et des métaux qui ne subissent aucune combustion à l'air, aux températures ordinaires, et cependant en subissent une très-marquée à des températures élevées.

Quoique ces différens précipitans remplissent tous les mêmes fonctions d'une manière bien marquée, il ne s'ensuit pas de là que tous doivent et puissent la remplir dans le même degré ; et il ne s'ensuit pas non plus que quelqu'un d'entr'eux ne puisse exercer en même temps une action secondaire, ou une action particulière sur d'autres principes associés à l'indigogène, et qui se trouvent dans les extraits ou liqueurs indigofères.

Les phénomènes que l'art de l'indigotier présente tous les jours et l'expérience prouvent qu'il existe entre ces précipitans des différences très-grandes dans leurs effets. L'action, par exemple, qu'exerce le calorique est si fortement efficace, qu'elle suffit par elle seule pour remplir parfaitement ces deux conditions. Dans les autres précipitans, on la trouvera plus marquée dans l'eau de chaux, que l'on a toujours jugée meilleure ; moins dans les alcalis caustiques, dont on a de tout temps reconnu l'efficacité ; et moins encore dans le battage que dans les précédens alcalins, quoique celui-ci soit d'un emploi général. Mais, dans tous ces cas, on trouvera que l'action de l'un est insuffisante sans le secours de celle de l'autre ; et même, ce qui plus est, on trouvera que l'action réunie de tous est encore insuffisante sans le secours du précipitant par excellence, le calorique.

Quoique cela résulte de beaucoup de faits dont j'ai eu occasion de rendre compte dans le cours de cet ouvrage, il ne sera peut-être pas inutile d'en rapprocher ici un certain nombre de fort simples qui établissent cette vérité.

Si on prend, par exemple, une liqueur indigofère bien chargée d'indigogène, ou ce qu'on appelle *un bon extrait* dans l'art de l'indigotier ; si on le chauffe jusqu'à l'ébullition, et si on le fait réellement bouillir pendant quelque temps ; si, après cette ébullition, on livre l'extrait au repos, on trouvera que l'indigo bleu s'y est très-bien formé, que la liqueur est devenue brune, parfaitement transparente, qu'un sédiment d'indigo s'est recueilli au fond du récipient, et qu'on ne peut plus en rien trouver dans la liqueur par le moyen des autres précipitans. Dans cette

expérience, que j'ai été frappé de trouver dans l'ouvrage de Cossigni, l'action du calorique a donc suffi
pour remplir, d'une manière complète et par lui
seul, les deux conditions, de la réaction avec l'óxi-
gène, et du dégagement de l'acide carbonique.

Le contraire aura lieu constamment avec tous les
autres précipitans, si l'action du calorique ne vient
pas à leur secours ; et si ce calorique n'y concourt pas
en proportion suffisante, l'action de l'un sera toujours
nulle, si elle n'est point aidée de celle de l'autre.

Si l'on prend, par exemple, le même extrait, et
si on y mêle du précipitant eau de chaux, même à
une température de 18 à 20 degrés, l'action de l'eau
de chaux sera tout-à-fait nulle, et il ne se formera
point d'indigo bleu.

De même, si cet extrait reçoit une température
égale de 18 à 20 degrés de Réaumur, et est soumis
au battage, on n'aura non plus aucun indice d'indigo bleu.

Dans le premier cas, donc, l'action de l'eau de
chaux, et dans le second, celle du battage, même
aidés par une proportion considérable de calorique, non-seulement ne suffisent point à la formation complète de l'indigo ; mais ne suffisent pas même
pour déterminer un commencement sensible de combustion.

Cependant si, dans le premier cas, on ajoute à

l'action de l'eau de chaux, celle du battage, et, *vice versâ*, si, dans le second, on ajoute à l'action du battage, celle de l'eau de chaux, sans qu'il soit besoin d'augmenter la proportion du calorique, non-seulement il se formera de l'indigo bleu, mais la précipitation aura lieu d'une manière très-complète. Il n'est pas nécessaire de prouver que l'action même de ces deux précipitans réunis serait nulle, sans le secours du calorique. Il suffit de battre ces liqueurs avec l'eau de chaux, à une température de 5 à 6 degrés ; on n'aura plus alors de l'indigo bleu ; cela est très-connu dans la pratique de l'art de l'indigotier.

Ce principe du secours mutuel que les précipitans se prêtent, pour ainsi dire, réciproquement, est applicable de même à l'action qu'exerce le calorique. Quoiqu'il suffise par lui-même pour remplir parfaitement ses fonctions, son action aussi ne reçoit pas même de secours des deux autres, soit qu'ils y concourent séparément, soit que l'action de tous les deux soit réunie. Le résultat de ce concours est constamment la formation de l'indigo, par l'action d'une quantité plus ou moins grande de calorique, soit que ce concours soit de l'un ou de l'autre en particulier, ou de tous deux réunis.

Si l'on prend, par exemple, un extrait ou liqueur indigofère à la température de 40 degrés, la formation de l'indigo bleu n'aura pas lieu à cette température, ou par le seul calorique; mais si à l'action de celui - ci, on joint celle du battage, on aura l'indigo bleu aussi parfaitement formé qu'on peut le desirer.

On prend, d'autre part, la même liqueur indigo-fère, ou extrait, auquel on donne une température de 50 à 60 degrés; on mêle à cet extrait une quantité suffisante d'eau de chaux, et on livre ce mélange au repos, sans le soumettre à aucun battage. L'indigo sera formé de même, et le sera très-promptement, même il sera trop oxidé.

On n'a pas oublié ce qu'on a remarqué ci-devant, savoir, que si les deux précipitans, eau de chaux et battage réunis, y concourent, ni la température de 50 à 60 degrés, ni celle de 35 à 40, ne sont plus nécessaires pour une précipitation complète, qu'on a vu avoir lieu commodément, à la température beaucoup moins forte de 20 degrés.

Si, d'une part, on peut donc régler l'action de l'eau de chaux par celle du battage, *et vice versâ;* si, par le calorique, on peut régler l'action des deux précipitans réunis, on peut encore, soit par l'action de l'un, soit par l'action réunie de tous les deux, régler de même celle du calorique.

Les conséquences qui découlent de ces principes sont si simples, et ont d'ailleurs trouvé si souvent une application dans la seconde partie de cet ouvrage,

que

que ce serait une répétition inutile de les rappeler. C'est sur ces principes que doit poser principalement la base de l'art de l'indigotier; mais j'ai observé, au commencement de cet article, que, quoique les différens précipitans dont je viens de parler, exercent une action générale commune à tous, et dans des degrés différens, il ne s'ensuit pas que quelqu'un d'entre eux puisse en exercer en même temps une particulière sur d'autres principes, qui se trouvent unis à l'indigogène, dans les extraits. Il n'est pas difficile de sentir qu'il peut s'ensuivre, de cette circonstance, des inconvéniens qu'il est très-important de connaître et d'éviter, s'il est possible. Cette action appartient particulièrement aux alcalis; j'ai souvent annoncé que je traiterais séparément cet objet, et j'y ai renvoyé. C'est ce que je vais faire dans le chapitre suivant.

CHAPITRE IX.

De l'action particulière des Alcalis sur l'indigogène, et sur les extraits ou liqueurs indigofères.

Les faits que je viens de rappeler dans le chapitre précédent, comparés avec ceux dont j'ai parlé en traitant de la réaction de l'indigogène avec les acides, font connaître que les alcalis exercent sur ce corps une action tout opposée. Si, d'une part, les acides détruisent dans l'indigogène la faculté combustible, les alcalis au contraire la favorisent et l'augmentent.

Il est très-difficile de se représenter la promptitude et l'énergie d'action des alcalis sur ce principe indigogène. Dès l'instant que ces corps sont en contact, les propriétés de ce dernier sont changées. On sait que les alcalis qui verdissent les couleurs bleues des végétaux, trouvent une exception dans la matière colorante végétale et bleue par excellence, ou l'indigo bleu commun, dont ils n'altèrent point la couleur. Il paraît qu'afin que cette exception n'existe pas, la nature a dû établir que les alcalis devaient le verdir à l'état d'indigogène. Dès l'instant que l'on jette, dans une dissolution incolore d'indigogène, un peu de dissolution de potasse ou autre matière alcaline, la liqueur prend une couleur du plus beau vert-émeraude, et, du même instant aussi, les propriétés particulières de l'indigogène sont changées. Je suis porté à croire, d'après les principes que j'ai fait connaître, qu'un commencement de décarbonisation arrive dès l'instant de cette réaction, et que l'indigogène passe à l'état d'indigo désoxidé. Ce qui est bien certain, c'est qu'il s'identifie, ou du moins se rapproche infiniment de l'état où se trouve l'indigo commun dans nos cuves de teinture, après avoir été désoxidé par les moyens désoxigénans ordinaires et connus, et qu'il en a acquis toutes les propriétés. En effet, tant qu'il n'était dissous que par l'eau, et à l'état d'indigogène, il était sans couleur, il n'avait aucune attraction pour les étoffes, il n'avait aucune faculté de teindre. Au contraire, on a vu que, lorsqu'au lieu de procéder à sa dissolution avec de l'eau pure, on procède avec une eau légèrement alcalisée, l'extrait qu'on en obtient est une véritable cuve d'inde, servant très-bien à la teinture, en proportion de la quantité d'indigo qu'elle retient.

Si cette idée d'une décarbonisation momentanée, qui me paraît exacte, peut être admise, il doit nécessairement s'ensuivre une formation d'acide carbonique proportionnée à la partie de carbone qui s'est brûlée. Je n'ai ni cherché à constater ce fait, ni cherché à en trouver la quantité, dans le cas que cela arrive réellement; je n'en avais ni le moyen, ni le loisir, dans les circonstances où je me trouvais placé; mais une expérience qu'a faite M. Michelotti, d'après des vues fort différentes, m'a confirmé dans cette opinion. Je rapporterai cette expérience, parce que ses résultats, lorsqu'ils seront bien constatés, non-seulement, serviront à éclaircir ce sujet, mais me paraissent propres à répandre beaucoup de lumière sur l'art de la teinture, et à exciter toute l'attention des chimistes. Cette expérience prouverait, d'après ma manière de voir, que non-seulement l'indigogène, mais aussi l'indigo commun, souffrent une véritable décarbonisation, toutes les fois qu'ils réagissent avec les alcalis. Voici cette expérience.

On fait, avec l'indigo commun, la cuve ordinaire à froid, avec le sulfate de fer et la chaux. La cuve étant parfaitement à couleur, on remplit une cloche du bain vert qui s'est formé, et on y fait passer de l'air vital, qu'on agite avec la liqueur; par cette agitation, l'air vital est absorbé, il se forme un précipité d'indigo bleu, et avec cet indigo bleu, on trouve aussi une quantité assez considérable de carbonate de chaux. Comme, dans cette expérience, de tous les corps qui réagissent, il n'y a de charbonneux que l'indigo, on est forcé de dériver de lui le carbone dont la combustion a produit l'acide carbonique (1).

Il ne sera pas inutile de rappeler ici une consé-

______

(1) Le fait de la coloration et précipitation en bleu de l'indigo, dissous en cuve de teinture, par les alcalis, est très-connu, et confirmé par le résultat des opérations de teinture.

J'ai rendu compte d'une expérience de M. Chevreul, dans laquelle l'indigogène traité par l'eau de chaux bouillie, absorbe l'air vital, et se colore en bleu.

L'exactitude dans la manière d'observer de M. Michelotti m'est bien connue; cependant, comme, quand on cherche la vérité, il faut tenir compte de tout ce qui paraît y opposer quelques doutes, je ne dois pas dissimuler ici que, dans les Mémoires dont Son Excellence le Ministre du commerce et des manufactures m'a donné connaissance, j'ai trouvé une expérience de M. Cioni fort remarquable, et dont le résultat, si jamais il vient à se confirmer, dé-

quence naturelle à laquelle le résultat de cette expérience conduit; c'est que, comme l'indigo bleu, qui,
dans ce cas et après avoir été ainsi décarbonisé, se
précipite avec le carbonate de chaux, est encore un
indigo d'un bleu superbe, et même d'un bleu plus
éclatant que l'indigo commun, après que, par un
acide, on l'a séparé du carbonate de chaux ; il s'ensuivrait de là qu'il peut exister, et qu'il existe par
le fait des indigos bleus à différentes proportions de
matière charbonneuse dans leur composition. Ce qui
se passe lorsqu'on traite au feu de l'indigo commun
dans des vaisseaux fermés, en fournit une preuve
propre à porter la conviction. Si l'on purifie l'indigo
commun par la sublimation, suivant la manière de
M. Chevreul, quels que soient les soins qu'on aura
portés, il reste toujours dans le récipient une partie

---

truirait les principes adoptés sur les phénomènes que l'indigo
produit dans les opérations de teinture.

L'expérience de M. Cioni présente les résultats suivans :

La liqueur d'une cuve d'indigo, ne se colore, ni ne donne
de l'indigo bleu par l'action de l'air vital, qu'elle n'absorbe pas.

Si au lieu de l'air vital, on fait réagir, avec cette liqueur, l'air
atmosphérique, alors la coloration et la précipitation de l'indigo
ont lieu.

La coloration en bleu et la précipitation de l'indigo, qu'on attribue à l'oxigène, sont, dans ce cas, dues à l'azote.

M. Cioni, en rendant compte de cette expérience curieuse,
avertit qu'il se propose de la confirmer. Je l'annonce, afin que
d'autres chimistes puissent en même temps la constater.

plus ou moins grande de matière charbonneuse. L'indigo sublimé n'est pas moins un indigo éminemment beau ; et cependant il a perdu une partie de carbone. On dirait, dans une différente manière de s'exprimer, que l'indigogène peut commencer à paraître bleu, n'ayant perdu qu'une petite partie de son carbone ; qu'il se présenterait sous l'apparence d'un bleu plus brillant encore, par la soustraction d'une nouvelle partie de principe charbonneux, et ainsi de suite, jusqu'à un certain terme. Ce résultat serait conforme à ce que nous voyons arriver sur l'indigo récemment précipité, et soumis à la fermentation, dont l'effet peut très-bien s'étendre à le priver encore d'une partie de carbone, et est certainement celui de lui donner beaucoup d'éclat.

Cette même conséquence se trouve appuyée encore, à ce qu'il me semble, par les phénomènes que nous présente la dissolution de l'indigo dans l'acide sulfurique, et nous conduirait à une explication suffisante de ces phénomènes, dont on doit dire qu'on a cherché en vain à se rendre raison dans l'état actuel de nos connaissances.

On sait que l'indigo dissous et précipité de sa dissolution dans l'acide sulfurique, quoique conservant sa couleur bleue dans un degré de beauté éminent, n'est cependant plus le même indigo d'auparavant. J'ai déjà eu occasion d'en remarquer les différences dans le premier chapitre de cette troisième partie ; je ne prendrai ici en compte que les plus importantes à cet égard. Il se dissout, par exemple, dans des acides qui auparavant n'exerçaient aucune action dissolvante sur lui ; et on sait sur-tout que les couleurs que cette solution fournit, sont beaucoup plus sensibles à l'action de l'air, ou moins solides, que celles que l'indigo commun donne constamment dans les différentes cuves de teinture.

L'explication de ces phénomènes, et en même temps une nouvelle preuve de l'existence de différentes espèces d'indigo bleu produites par des proportions différentes de carbone, se trouvent dans les changemens simultanés que subit l'acide sulfurique par cette même réaction. On sait qu'il brunit avec l'indigo comme avec toute autre substance charbonneuse, dès l'instant qu'il s'y trouve en contact ; on sait aussi qu'il se forme de l'acide sulfureux, &c. Or, cela doit arriver naturellement, si l'on veut reconnaître que l'action de l'acide sulfurique s'est exercée sur une partie du carbone de l'indigo, qui a été par là altéré dans sa nature, dans ses propriétés, mais qui n'a pas moins conservé sa couleur bleue.

La circonstance des couleurs moins solides que donne l'indigo dissous dans l'acide sulfurique, conduirait à soupçonner que la solidité des couleurs bleues que cette matière colorante fournit, est rela-

B b 4

tive à l'état de l'indigo ; savoir, que plus il est charbonneux, plus les couleurs qu'il fournit sont solides,
et vice versâ. La plus grande solidité des couleurs qui
proviennent de l'indigo, dans l'état où il se trouve
dans le pastel en coques, reconnue de tout le monde,
ou la plus grande solidité des teintures faites en cuve
de pur pastel, comparativement à celles faites par
pur indigo en cuve d'inde, en seraient à-la-fois la
conséquence et la preuve.

C'est d'après ces principes que j'ai élevé des soupçons sur la qualité des indigos qui proviendraient
des moyens de raffinage de Pugh, de Gresset et
Pavie, &c. et des dissolutions acides précipitées par
les alcalis ou l'eau de chaux, dans les procédés de
MM. Michelotti, Bonfico, Dive et Darraq.

Il ne peut paraître ni bien difficile, ni fort
embarrassant de constater ces principes ou de les
réfuter, soit par la chimie, soit par les opérations
de teinture. La chimie pourra décider cette question
par une détermination comparée de la quantité de
carbone contenu dans un poids donné de l'indigo
commun, de l'indigo précipité de la cuve à froid,
de l'indigo précipité de la cuve d'inde, et de l'indigo précipité dans sa dissolution dans l'acide sulfurique. La teinture pourra, de son côté, décider cette
question, par l'examen de la solidité des couleurs que
fourniraient des cuves qu'on nourrirait de même, et

séparément, avec les différentes qualités d'indigo obtenues par les moyens indiqués ci-dessus. Ce serait,
je pense, rendre un service important, soit à l'art
de la teinture, soit à l'art de l'indigotier, soit peut-
être à l'économie publique. Je croirai avoir beaucoup fait, si je parviens à exciter sur ce sujet quelque
attention de la part des chimistes et des teinturiers
instruits. Les alcalis qu'on fait réagir sur les extraits
ou liqueurs indigofères, n'exercent pas seulement
une action sur le corps indigogène, mais ils en
exercent une très-considérable et sur-tout très-importante par ses effets, sur d'autres principes, et
spécialement sur une matière particulière que les
chimistes ont désignée sous le nom de *matière végéto-
animale*, qui se trouve dans tous les extraits qu'on
tire des plantes indigofères, et sur-tout abondamment
dans ceux qu'on tire de l'isatis.

L'existence de cette matière étant généralement
reconnue par tous ceux qui ont travaillé à l'indigo,
parce qu'ils ont dû en essayer les effets malfaisans,
je me dispenserai de rapporter ici les faits qui pourraient servir à la faire reconnaître. C'est à cause de
l'action qu'ils exercent sur cette matière, que les
effets produits par les alcalis sont si fortement différens de ceux que produit l'eau de chaux ; et c'est
à l'égard de l'action sur cette matière, que les effets
produits par l'eau de chaux qu'on mêle aux extraits

avant le battage, sont si fortement différens de ceux que la même eau de chaux produit, en l'appliquant peu à-la-fois à la liqueur, et à différentes périodes de l'opération du battage.

Cette différence des effets qui résultent de l'action des deux précipitans alcalins, tire principalement sa source de ce que les combinaisons produites par les alcalis avec cette matière, et celles produites par l'eau de chaux, ont des propriétés opposées dans leurs rapports de dissolution avec l'eau. Les alcalis en sont saponifiés, et forment un savon qui est très-dissoluble par l'eau. Il s'ensuit de là qu'il reste dans la liqueur. La chaux, au contraire, forme avec cette matière un savon calcaire qui est parfaitement insoluble dans l'eau, et qui conséquemment doit se précipiter au fond des récipiens. Mais, comme il est bien prouvé qu'en général l'acide carbonique exerce sur la chaux une très-forte action, et qu'il peut la tenir en état de dissolution, lorsqu'il s'y trouve en quantité par excès, et que cela s'oppose à toute sorte d'union de matière végéto-animale avec le carbonate de chaux ; comme il est bien prouvé, d'autre part, que lorsqu'on a la faveur d'une température médiocre, l'action du battage peut suffire à la formation complète de l'indigo bleu, pourvu que, par quelque moyen que ce soit, on effectue la soustraction presque complète de l'acide carbonique de la liqueur, à proportion qu'il se forme, et sans qu'il soit nécessaire d'augmenter la combustibilité de l'indigogène par l'action d'aucune substance alcaline ; on peut borner l'action de l'eau de chaux à cette simple fonction d'absorber l'acide carbonique à fur et mesure de sa formation par le battage, ainsi qu'on l'a observé dans la seconde partie, *pag. 246*, au chapitre qui a pour objet d'indiquer la manière d'employer l'eau de chaux.

Ces mêmes observations peuvent servir à rendre raison des inconvéniens qu'entraîne l'application de l'eau de chaux à l'extrait, avant le battage, comme dans la manière presque généralement adoptée depuis Kulenkamp jusqu'à M. Henry. On se rappelle que l'acide carbonique se forme par le battage, et qu'il n'y en a point dans les extraits par infusion, et peu dans les extraits par fermentation, par les raisons qu'on a fait connaître dans le chapitre précédent. De cette absence d'acide carbonique il doit s'ensuivre que, pour peu que l'on porte d'eau de chaux, on en aura porté assez pour réagir à-la-fois et sur le principe indigogène et sur la matière végéto-animale. L'effet donc qui doit en résulter est que, du premier instant qu'il commence à se former de l'acide carbonique, il doit être absorbé par la chaux, et le carbonate qui se forme doit en même temps être enveloppé de matière végéto-animale avec laquelle il se réunit et doit se précipiter, parce que le composé qui en est résulté est insoluble par l'eau dans laquelle il s'est formé.

D'après ces mêmes considérations, il né sera pas difficile d'évaluer quelle doit être l'action des précipitans composés de dissolutions alcalines et d'eau de chaux, dont j'ai ailleurs observé qu'on fait quelquefois usage en Amérique, et dont on avait conseillé l'emploi, d'après le projet de M. Rouqués, d'Alby, dans la première instruction officielle de 1811.

Lorsque ces précipitans sont composés dans des proportions convenables, il doit s'ensuivre que l'eau de chaux s'emparera de l'acide carbonique, et que la potasse tiendra la matière végéto-animale en dissolution, sans qu'il puisse arriver que, lors même qu'il se forme et qu'il se précipite du carbonate de chaux, il puisse entraîner de la matière végéto-animale dans son union, parce que ce carbonate ne peut pas l'enlever à la potasse, qui, au contraire, peut l'enlever au carbonate de chaux, et qui, à ce titre, devient un excellent moyen de raffinage de l'indigo.

Il est cependant bon d'observer qu'on n'a pas un précipitant composé, toutes les fois qu'on mêle des dissolutions de potasse commune avec de l'eau de chaux. Celui, par exemple, employé par M. Rouqués, et décrit dans l'instruction officielle de 1811, n'est qu'un précipitant alcalin ; ce n'est qu'une dissolution de potasse caustique, et même imparfaitement privée d'acide carbonique par une quantité d'eau de chaux qui n'est pas suffisante pour saturer tout l'acide carbonique contenu dans la potasse que les cendres fournissent. Mais on vient de voir que sous les points de vue dont il est ici question, les précipitans alcalins ont des avantages marqués sur l'eau de chaux. Pour avoir un précipitant composé, il faut réunir les dissolutions de potasse auparavant rendue parfaitement caustique, avec l'eau de chaux ; et on reconnaîtra que la potasse était parfaitement caustique, lorsque, par ce mélange, les liqueurs subsisteront sans se troubler et sans recevoir une apparence laiteuse.

Les observations ultérieures auxquelles ce sujet peut donner lieu, ayant dû être anticipées dans la seconde partie de cet ouvrage, il suffira d'y renvoyer.

CHAPITRE X.

Conclusion. — Principes de l'art de l'Indigotier.

J'AI tâché, dans cet ouvrage, d'embrasser l'art d'extraire l'indigo, sous ses différens points de vue. J'ai soumis à l'examen toutes les matières qu'on peut y employer, toutes les opérations dont l'art se compose, et tous les moyens qu'on a proposés pour en faciliter la pratique et en assurer la marche. J'ai tâché d'éclairer la pratique par la théorie, et j'ai déduit ma théorie, soit de la pratique, soit des secours que la science chimique pouvait fournir.

De cet ensemble de faits, d'observations, et des conséquences qu'il est permis d'en tirer, il me paraît qu'on peut commencer à déduire quelques principes généraux dont l'application peut éclairer l'art et servir de guide dans la pratique. Sans doute, il n'est pas impossible que ces principes souffrent quelques modifications dans l'avenir. Il est dans l'ordre des choses que je me sois souvent trompé, et il est plus que possible que de quelques erreurs j'aie déduit quelques conséquences plus erronées encore. Je ne crois pas moins utile d'établir des principes destinés à servir de guide à cet art. S'il m'est arrivé de me tromper, je forme des vœux ardens pour que ce soit fortement, afin que mes erreurs, étant promptement reconnues, puissent se trouver promptement rectifiées. L'histoire des sciences prouve que les plus grandes erreurs ont souvent ouvert la route aux découvertes les plus importantes ; ce n'est pas d'ailleurs du premier pas que l'on parvient à la perfection. C'est dans cette conviction que je vais exposer en peu de lignes les principes sur lesquels me paraît reposer l'ensemble de l'art de faire l'indigo.

PRINCIPES GÉNÉRAUX.

I.

L'INDIGO, tel que nous le connaissons, n'existe point dans les végétaux, mais il se forme dans les opérations par lesquelles on a cru l'avoir extrait.

II.

Il existe dans un petit nombre de végétaux un principe particulier, différent de tous les matériaux immédiats des végétaux connus, disposé à se changer en indigo ; ce principe peut être désigné par le nom d'*indigogène.*

III.

Par sa nature, ce principe diffère de l'indigo commun, en ce qu'il est surchargé de carbone, dont il perd une partie, en passant à l'état d'indigo bleu, au moyen d'une petite portion d'oxigène qu'il reçoit.

IV.

La perte de cette partie de carbone est causée par une combustion que ce carbone subit ; ce qui produit de l'acide carbonique.

V.

Par ses propriétés, il diffère de l'indigo commun, 1.° en ce qu'il est sans couleur ; 2.° par sa dissolubilité dans l'eau ; 3.° par sa plus grande combustibilité, pouvant recevoir une combustion spontanée à des témpératures ordinaires de l'atmosphère.

V I.

Sa combustibilité est favorisée, 1.° par le calorique ou les températures ; 2.° par sa combinaison avec les alcalis, et sur-tout avec la chaux.

V I I.

Sa combustibilité est diminuée et détruite par l'action de tous les acides, même par le carbonique.

V I.I.

L'indigogène réside sur l'épiderme des feuilles des plantes indigofères ; il paraît exister en état de combinaison avec de la cire, et de la matière végéto-animale, qui l'accompagnent constamment dans sa dissolution.

I X.

Sa dissolution dans l'eau peut s'effectuer à toutes les températures au-dessus de zéro, mais dans des temps inégaux. Le calorique en favorise la dissolution, dont il suit les lois.

X.

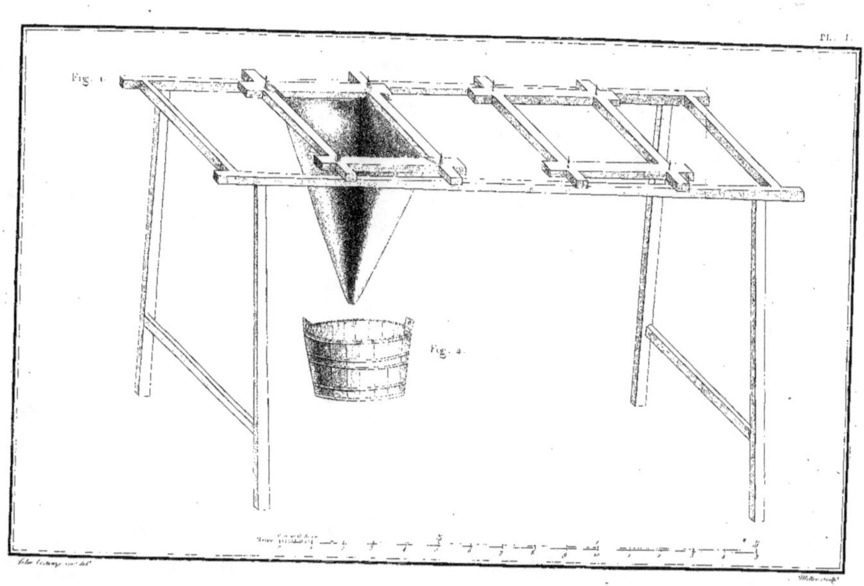

Fig. 1.
Fig. 2.

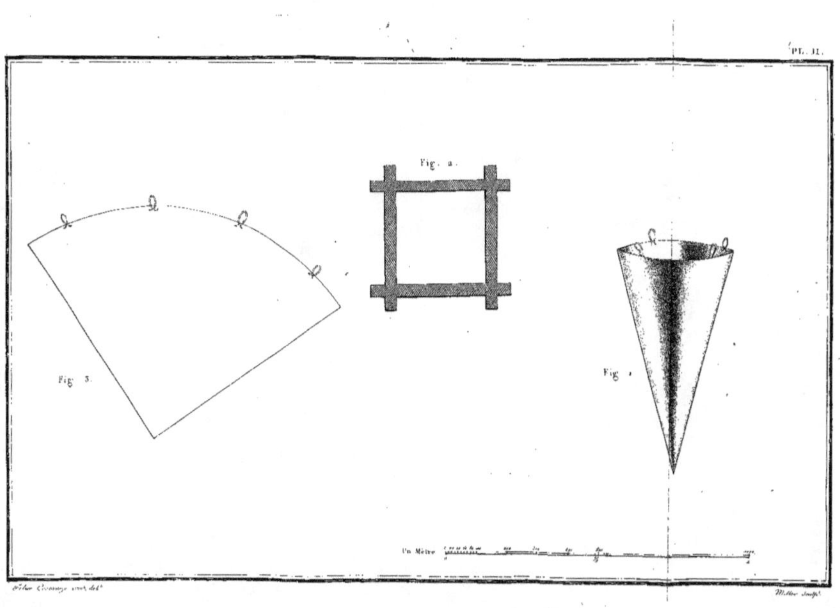

Fig. 2.
Fig. 3.
Fig. 1.
Un Mètre

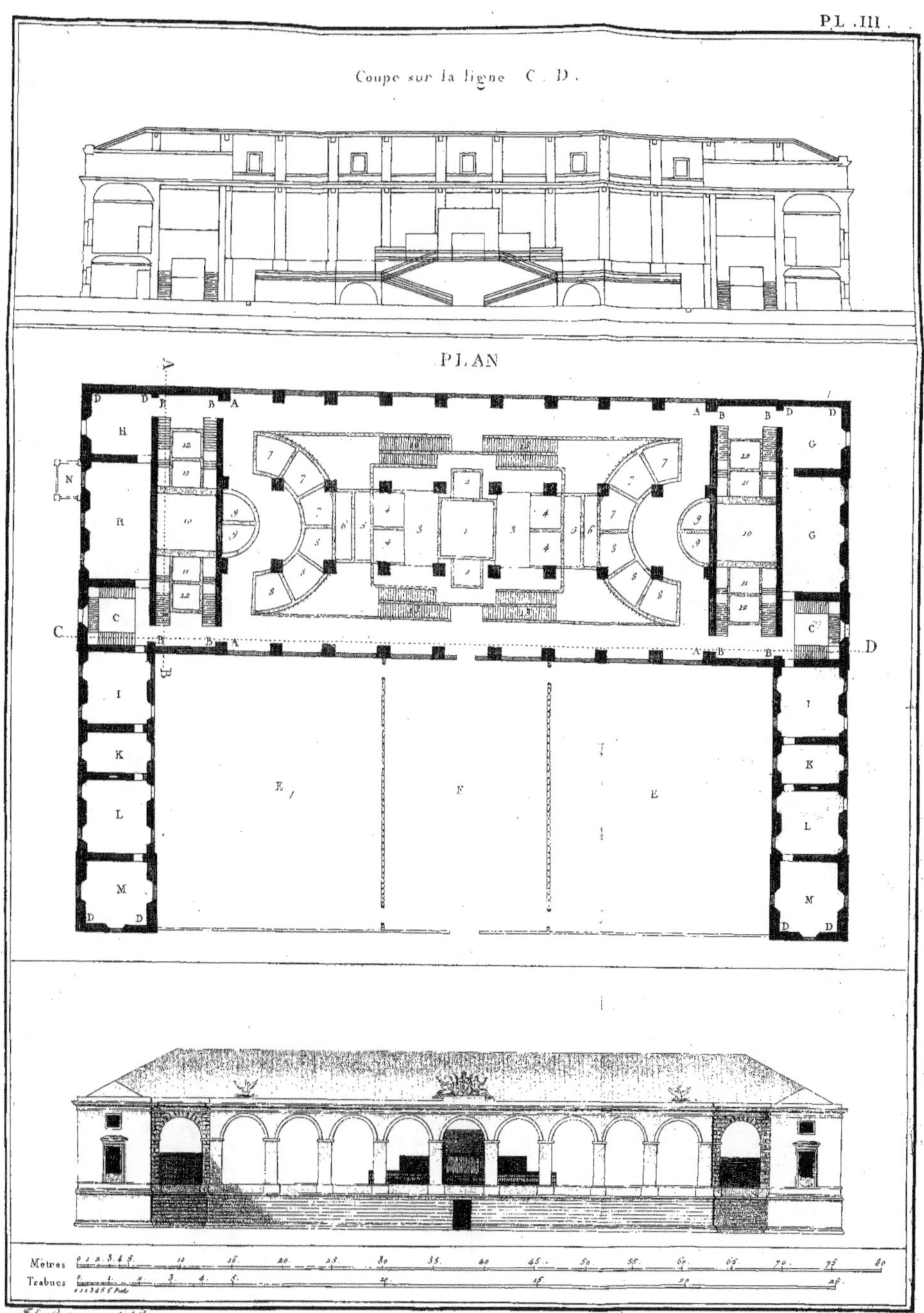

Coupe sur la ligne C. D.
PLAN
A
B A
A B
B D D
H
G
N
R
G
C
C
C
D
D
I
I
K
K
L
L
M
M
E
F
E
Metres
Trabucs
Felice Costanzo inv.t del.t
Miller sculp.t

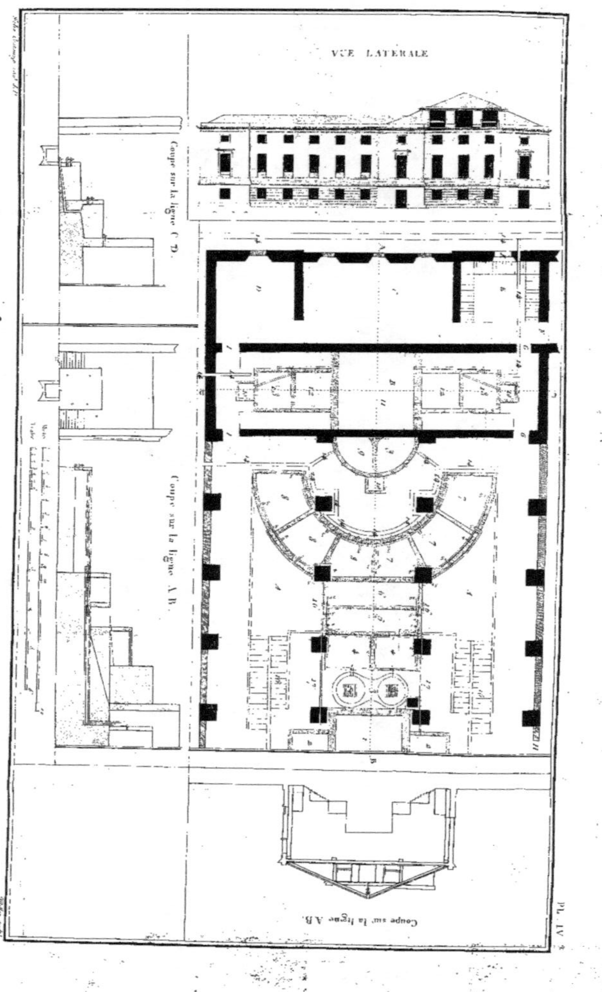

VUE LATERALE
Coupe sur la ligne C D.
Coupe sur la ligne A B.
Coupe sur la ligne A B.
PL. IV.

X.

A quelque température que l'on opère la dissolution de l'indigogène, le point essentiel est de ne
pas dissoudre en même-temps une forte proportion
d'autres principes de la plante ; ils terniraient l'indigo ; ils en diminueraient la quantité ; ils en empê-
cheraient même tout-à-fait la formation.

XI.

Les différens corps qui favorisent sa combustion,
ou son passage de l'état d'indigogène à celui d'indigo bleu, ne sont pas seulement, comme on l'a
cru jusqu'ici, l'eau de chaux, les alcalis caustiques
et l'opération du battage ; il faut y ajouter le calorique qui doit par conséquent occuper le premier rang
parmi les précipitans.

XII.

L'action des précipitans alcalins, celle de l'eau de
chaux, celle du battage, sont insuffisantes, soit par
elles-mêmes isolément, soit même réunies, si elles
ne sont pas aidées de celle du calorique.

XIII.

L'action précipitante du calorique est en cela
différente de celle des autres précipitans, qu'il

suffit par lui-même, sans le secours de l'action des autres.

XIV.

L'action d'un précipitant peut être aidée de celle d'un autre, comme celle du battage par l'eau de chaux, *et vice versâ ;* et l'une et l'autre, et même toutes les deux réunies, sont favorisées par celle du calorique.

XV.

De même l'action du calorique peut être réglée par le secours de l'action des autres précipitans, c'est-à-dire, que l'on peut diminuer le concours des températures, par celui des autres précipitans.

XVI.

Il existe une grande attraction entre l'indigo oxidé bleu, et la matière végéto-animale. Les précipités qui se forment sont toujours un composé d'indigo et de cette dernière, qui le ternit.

XVII.

L'action de tout précipitant se réduit à remplir ces deux conditions, 1.° à augmenter la combustibilité spontanée de l'indigogène ; 2.° à détruire l'action de l'acide carbonique qui s'opposerait à une combustion ultérieure.

XVIII.

L'eau de chaux diffère des autres précipitans, en ce qu'en précipitant l'indigo, elle fournit en même temps un autre précipité insoluble composé de chaux et de matière végéto - animale, dont les molécules entraînent celles de l'indigo.

XIX.

On peut éviter tout-à-fait l'emploi des précipitans alcalins, et sur-tout de l'eau de chaux. Lorsqu'on veut l'employer, on ne doit le faire que dans des proportions et dans des circonstances propres à ne remplir que les deux buts annoncés n.° XVII : il est même utile et prudent de la borner à n'opérer que la soustraction même partielle de l'acide carbonique.

XX.

Outre la matière animale, les molécules d'indigo entraînent dans sa précipitation, des molécules muqueuses qui paraissent se rapprocher de la matière amilacée. Elles sont insolubles à l'eau froide, sont dissolubles à l'eau chaude, et sont propres à subir la fermentation acéteuse. C'est pourquoi il est utile de laver à chaud, ou de soumettre à une fermentation préliminaire.

XXI.

L'indigo par la fermentation dans lequel on a forcé l'action de l'eau de chaux, est un composé d'indigo, de chaux unie à de l'acide carbonique, et à de la matière végéto-animale. Dans cet état, il faut le raffiner.

XXII.

Les alcalis caustiques, potasse, soude, décomposent, jusqu'à un certain point, cette union, en s'emparant de la matière végéto-animale. L'acide muriatique enlève la chaux.

L'application de ces principes généraux à l'art de l'indigotier, se trouve détaillée dans l'exposé des différens procédés, et dans la description des différentes opérations qui constituent la pratique de l'art.

ADDITION à la Note placée à la page 292 et suivantes sur les produits en Feuilles et en Indigo à espérer d'une étendue donnée de terrain.

AU moment où l'impression de cet ouvrage va finir, il vient de paraître dans le *Moniteur du 19 mars*, un résultat d'expériences qu'on a faites dans le département du Nord, tendant à constater les mêmes faits qui font le sujet de la note placée à la page 292 de ce volume. Comme cet objet est d'une grande importance, en ce qu'il doit offrir la base de toute entreprise, on ne peut assez s'enrichir de données; c'est dans ce but que je joins cet article à mon ouvrage. Le résultat des essais dont il est question paraîtra d'autant, plus important qu'il a été obtenu dans le département du Nord, un de ceux qui sont jugés les moins favorables à cette culture.

C'est à M. Gautier d'Agoty père qu'on doit ces expériences qui ont été complétées par MM. Escalier de la Grange, et Gautier d'Agoty fils.

Il en est résulté,

1.º Que la culture de l'isatis a parfaitement réussi dans le département du Nord;

2.º Que l'on en peut faire quatre récoltes par an;

3.º Qu'on peut obtenir onze mille kilogrammes de feuilles, ce qui fait deux cent vingt quintaux métriques par hectare;

4.º Que cette quantité de feuilles peut donner trente-trois kilogrammes d'indigo;

5.º Que cet indigo est de la meilleure qualité, ce qui est démontré (suivant cette annonce) par les produits qui ont été employés à la teinture de diverses étoffes, en laine, soie, lin et coton.

J'ai indiqué trois cent soixante quintaux de feuilles par hectare de bon terrain, en calculant sur dix ou douze récoltes. On en pourra certainement faire au moins huit dans le département du Nord, où sans doute on a récolté les feuilles à un grand degré de maturité, comme pour pastel; il ne s'agit que de semer en automne, et de récolter les feuilles de dix-huit à vingt jours. En ne calculant que sur huit récoltes, on aurait donc par hectare, quatre cent quarante quintaux de feuilles; ce qui suffit pour démontrer que la quantité que j'ai assignée dans ma note est très-modique.

La quantité d'indigo obtenue répond à un peu moins de cinq onces par quintal. En supposant même que cet indigo ne soit pas de première qualité, le produit est encore à-peu-près le même que dans les départemens méridionaux.

On a vu qu'on en a obtenu trois onces à Amsterdam. Il paraît par ces résultats, que l'art d'extraire l'indigo de l'isatis pourrait bien ne pas être borné aux départemens du midi : dans tous les cas, en comparant ce résultat avec ceux que j'ai annoncés comme pouvant servir de base, on trouvera la vérité de ce que j'ai établi à ce sujet.

FIN.

EXPLICATION DES PLANCHES.

PLANCHE I.re

Fig. 1. Chevalets montés, *voyez* pag. 150.

2. Baquet, *voyez* pag. 149.

PLANCHE II.

Fig. 1. Capuchon.

2. Cadre de chevalets.

3. Capuchon avec ses boutonnières, *voyez* pag. 150.

PLANCHE III.

Plan d'une grande Indigoterie.

AA. Grand atelier pour l'infusion des feuilles, battage de première précipitation.

BB. Grands ateliers pour le lavage de l'indigo.

CC. Escaliers donnant aux étages supérieurs.

DD. A l'étage supérieur, logement pour les principaux employés à la manufacture impériale; à l'entre-sol, 1 gement pour les ouvriers employés au service ordinaire de la manufacture, et au rez-de-chaussée, magasins, ateliers, &c.

EE. Emplacemens destinés à différens usages de la manufacture.

F. Entrée principale.

G. Bureau du directeur, au rez-de-chaussée.

H. Comptoir du sous-directeur ou commis.

I. Atelier pour l'écoulement de l'indigo dans les chausses.

K. Atelier pour la formation des pains d'indigo.

L. Atelier avec poêle pour la dessiccation de l'indigo.

M. Magasin pour les usages de la manufacture.

N. Poids à bascule.

Développemens.

1. Grand réservoir d'eau déposée pour l'appareil d'infusion, battage, &c.

2. Cuves pour l'eau de chaux.

3. Fours avec grandes chaudières.

4. Cuves pour l'infusion des feuilles.

5. Cuves à battoir pour la liqueur à battre, de seconde et troisième infusion.

6. Cuves à battoir pour la liqueur de première infusion.

7. Cuves pour laisser précipiter la liqueur battue, de première infusion.

8. Cuves pour laisser précipiter la liqueur battue, de seconde et troisième infusion.

9. Cuves destinées aux magasins de dépôt.

10. Grand réservoir pour l'appareil de lavage.

11. Cuves pour laver l'indigo.

12. Cuves pour les eaux bleues.

13. Escaliers du grand appareil.

PLANCHE IV.

Dispositions ou détail des Fours, grands et petits Réservoirs et Cuves des principaux appareils.

A. Grand appareil d'infusion, battage et première précipitation.

B. Grand appareil de lavage.

C. Bureau du directeur.

D. Cabinet du directeur communiquant aux grands ateliers d'infusion et lavage.

E. Escalier donnant aux étages supérieurs.

F. Porte donnant aux autres ateliers.

G. Portes de l'atelier de lavage, donnant l'une au grand atelier, l'autre aux autres.

H. Principale entrée de la manufacture.

I. Passage du cabinet du directeur aux ateliers de lavage et infusion.

K. Porte latérale d'entrée à la manufacture, donnant à la campagne.

Développemens.

1. Grand réservoir d'eau déposée pour l'appareil d'infusion, battage, &c.

2. Cuves pour l'eau de chaux, avec leurs tuyaux et robinets, pour la conduire dans tout l'appareil.

3. Four avec deux grandes chaudières ou appareils à vapeur, avec tuyaux, &c.

4. Cuves pour infusion des feuilles.

5. Cuves à battoir pour la liqueur de seconde et troisième infusion, avec tuyaux, &c.

6. Cuve à battoir pour la liqueur de première infusion, avec tuyaux, &c.

7. Grandes cuves pour précipiter la liqueur battue de première infusion.

8. Grandes cuves pour précipiter la liqueur battue, de seconde et troisième infusion.

9. Cuves destinées aux magasins de dépôt.

10. Trous pour placer un gros baquet, afin de tirer l'indigo des cuves.

11. Réservoir qui donne l'eau déposée à tout l'appareil de lavage.

12. Cuves pour le lavage de l'indigo.

13. Cuves pour les eaux bleues.

14. Conduits des eaux hors de la manufacture.

15. Escaliers du grand appareil, conduisant aux diverses galeries.

B. 16. Galerie pour les ouvriers destinés au battage.

17. Galerie pour les ouvriers destinés aux cuves d'infusion, fours, &c.

1. Canal en cuivre de la chaudière, tout autour de la cuve d'infusion.

2. Canal en plomb des cuves d'infusion aux battoirs.

3. Canal en plomb du battoir de la liqueur de seconde et troisième infusion aux cuves destinées à la précipitation.

4. Canal en plomb du battoir, et première infusion aux cuves de précipitation.

5. Canal en cuivre pour l'eau de chaux.

6. Canal en cuivre du grand réservoir aux chaudières.

7. Chaudières en cuivre.